高等学校计算机教育信息素养系列教材

U0233677

大学计算机机信息技术

Windows 10+Office 2016

朱立才 黄津津 李忠慧 / 主编

余群 王盈瑛 陈劲新 王植青 / 副主编

人民邮电出版社

北京

图书在版编目（CIP）数据

大学计算机信息技术：Windows 10 + Office 2016 / 朱立才，黄津津，李忠慧主编. -- 北京：人民邮电出版社，2021.9

高等学校计算机教育信息素养系列教材

ISBN 978-7-115-57234-9

Ⅰ．①大… Ⅱ．①朱… ②黄… ③李… Ⅲ．① Windows操作系统－高等学校－教材②办公自动化－应用软件－高等学校－教材 Ⅳ．①TP316.7②TP317.1

中国版本图书馆CIP数据核字(2021)第175607号

内 容 提 要

本书依据目前高校非计算机专业计算机基础课程的教学实际，以培养大学生计算思维、信息素养和提高大学生计算机应用能力为出发点，按照高校计算机公共基础教学的要求组织编写。本书共 6 章，内容包括计算机与计算思维、计算机系统、文字处理 Word 2016、电子表格 Excel 2016、演示文稿 PowerPoint 2016、计算机网络与 Internet 应用，每章最后附有练习题及部分参考答案。

本书基于 Windows 10+Office 2016，介绍大学计算机信息技术基础的相关知识，内容丰富，层次清晰，图文并茂，具有教材的基础性和实践性，旨在提高学生的计算机应用能力，为后续计算机相关课程和专业基础课程的学习打下良好的基础。本书不仅可作为普通高等学校计算机应用基础相关课程的教材，也可作为计算机等级考试的参考教材，还可作为计算机基础自学者的参考书。

◆ 主　　编　朱立才　黄津津　李忠慧

　　副 主 编　余　群　王盈瑛　陈劲新　王植青

　　责任编辑　李　召

　　责任印制　王　郁　马振武

◆ 人民邮电出版社出版发行　　北京市丰台区成寿寺路 11 号

　　邮编　100164　电子邮件　315@ptpress.com.cn

　　网址　https://www.ptpress.com.cn

　　北京天宇星印刷厂印刷

◆ 开本：787×1092　1/16

　　印张：18.25　　　　　　　　　2021 年 9 月第 1 版

　　字数：491 千字　　　　　　　2024 年 8 月北京第 9 次印刷

定价：62.00 元

读者服务热线：(010)81055256　印装质量热线：(010)81055316

反盗版热线：(010)81055315

广告经营许可证：京东市监广登字 20170147 号

前言 FOREWORD

为满足当前信息技术发展与人才培养的需要，积极配合计算机基础教学的课程体系改革，根据教育部"关于进一步加强高等学校计算机基础教学的意见"，编者在多年计算机基础课程教学与研发实践的基础上，依据目前高校非计算机专业计算机基础课程的教学实际，结合高校计算机公共基础课程教学的需要，以培养大学生信息素养和提高大学生计算机应用能力为出发点，按照计算机基础课程精品课的标准来精心设计、编写本书。

本书介绍计算机基础知识和常用的计算机应用软件，可使非计算机专业的学生既具备使用常用软件处理日常事务的能力，又了解计算机和信息处理的基本知识、原理与方法，以及信息技术的发展趋势，为专业学习奠定必要的计算机基础。另外，本书每章的最后安排了练习题，并提供了部分参考答案，旨在加深学生对知识点的认识与理解，有助于拓宽学生计算机方面的视野，激发学生的学习兴趣。

本书内容丰富，层次清晰，图文并茂，遵循教学规律。在内容编排上，本书充分考虑到初学者的实际阅读需求，兼顾计算机软件和硬件的更新发展，突出作为教材的基础性和实践性。与本书同时编写的《大学计算机信息技术实践教程（Windows 10+Office 2016）》可以与本书配套使用，其实用的操作指导让学生能够直观、迅速地掌握计算机的基础知识和基本操作，实现学与用的统一。

本书由朱立才、黄津津、李忠慧担任主编，余群、王盈瑛、陈劲新、王植青等担任副主编，由黄津津完成全书统稿。在本书的编撰过程中，编者得到了所在学校的大力支持和帮助，在此表示衷心的感谢，同时得到了许多教育专家与一线教师的宝贵意见和建议，在此表示诚挚的谢意。

由于编者水平有限，书中难免存在不足和疏漏之处，敬请专家和广大读者批评指正。

编　者

2021 年 8 月

目 录 CONTENTS

01 第1章 计算机与计算思维

电子计算机（Electronic Computer）是一种能自动、高速、精确地进行信息处理的电子设备，是20世纪最重要的发明之一。随着计算机技术和网络技术的飞速发展，计算机已渗透到人类社会的各个领域，对人类社会的发展产生了极其深刻的影响。了解必要的计算机知识，掌握一定的计算机操作技能，是当代社会人们应具备的基本素质。

1.1 计算机概述

1.1.1 计算机的诞生与发展

17世纪，德国数学家莱布尼茨发明了二进制，为计算机内部数据的表示创造了条件。20世纪初，电子技术得到了飞速发展，1904年，英国电气工程师弗莱明研制出了真空二极管；1906年，美国科学家福雷斯特发明了真空三极管，这些发明为计算机的诞生奠定了基础。

20世纪40年代后期，西方国家的工业技术发展迅猛，相继出现了雷达和导弹等高科技产品，原有的计算工具面对科技产品的大量计算需求无能为力，人们迫切需要在计算技术上有所突破。1943年，由于军事上弹道问题计算的需要，以宾夕法尼亚大学莫尔电机工程学院的莫奇利（Mauchly）和埃克特（Eckert）为首的研制小组在美国军方的大力支持下，开始了电子计算机的研究，并于1946年2月宣告人类第一台电子计算机研制成功，取名为ENIAC（Electronic Numerical Integrator And Computer，电子数字积分计算机），如图1-1所示。

图 1-1　世界上第一台电子计算机——ENIAC

ENIAC 的主要元件是电子管，计算速度为每秒 5000 次加法运算、300 多次乘法运算，比当时最快的计算工具要快 300 倍。ENIAC 重 30 多吨，占地 170 平方米，采用了 18000 多个电子管、1500 多个继电器、70000 多个电阻和 10000 多个电容，每小时耗电 150 千瓦。虽然 ENIAC 的体积庞大、性能差，但它的出现使信息处理技术进入了一个崭新的时代，使人类的计算工具产生了一次质的飞跃，标志着电子计算机时代的开始。

同一时期，针对 ENIAC 的缺点，ENIAC 项目组的一个美籍匈牙利研究人员冯·诺依曼开始研究 EDVAC（Electronic Discrete Variable Automatic Computer，离散变量自动电子计算机），其主要设计理论如下。

（1）使用二进制。计算机的程序和程序运行需要的数据以二进制形式存放在计算机的存储器中。

（2）存储程序。将程序和数据存放在计算机的存储器中，即"存储程序"的概念。计算机执行程序时，无须人工干预，就能自动、连续地执行程序，并得到预期的结果。

冯·诺依曼提出的计算机原理和思想，进一步明确了计算机应由运算器、控制器、存储器、输入设备和输出设备 5 个部分组成。

EDVAC 对 ENIAC 进行了重大的改进，是现代计算机的雏形。直至今天，绝大部分的计算机还是采用冯·诺依曼体系结构。冯·诺依曼提出的这些原理和思想，对后来计算机的发展起到了决定性的作用。冯·诺依曼被誉为"现代电子计算机之父"。

第一台电子计算机诞生后的几十年里，计算机技术成为发展最快的现代技术之一。根据计算机采用的逻辑元件，计算机的发展可划分为 4 个阶段，如表 1-1 所示。

表 1-1　　　　　　　　　　　　　　　　计算机发展的 4 个阶段

年代 部件	第一阶段 （1946—1958 年）	第二阶段 （1959—1964 年）	第三阶段 （1965—1970 年）	第四阶段 （1971 年至今）
主要逻辑元件	电子管	晶体管	中小规模集成电路	大规模、超大规模集成电路
主存储器	汞延迟线、静电存储器、磁鼓等	磁芯存储器	半导体存储器	半导体存储器
外存储器	纸带、卡片、磁带等	磁带、磁盘	磁带、磁盘	磁盘、光盘等大容量存储器
运算速度 （每秒处理指令数）	几千条至几万条	几十万至几百万条	几百万至几千万条	千万至万亿条

第一代计算机（1946—1958 年）。这个时期被称为"电子管计算机时代"。第一代计算机采用的主要逻辑元件是真空电子管，其特点是体积庞大、速度慢、容量小、成本高、可靠性差。主存储器采用汞延迟线、静电存储器、磁鼓等，容量很小；1953 年，IBM 701 首次采用磁鼓作为主存储器使用。外存储器采用纸带、卡片、磁带等。软件方面确定了程序设计概念，采用机器语言编程，即用"0"和"1"组成序列来表示指令和数据；运算速度每秒仅为几千次至几万次。这一代计算机被应用于数值计算和军事科学方面的研究。

第二代计算机（1959—1964 年）。由于第二代计算机采用了比电子管更先进的晶体管，所以这个时期被称为"晶体管计算机时代"。晶体管与电子管相比，特点是体积小、耗电少、速度快、价格低、寿命长。主存储器采用磁芯存储器，外存储器采用磁盘、磁带，存储器容量有较大提高；软件方面出现了以批处理为主的操作系统、高级程序设计语言及其编译程序。由此，计算机开始进入实时过程控制和数据处理领域，运算速度达到每秒几十万条至几百万条。这一代计算机的应用领域以科学计算和事务处理为主，并开始进入工业控制领域。

第三代计算机（1965—1970 年）。这个时期被称为"中小规模集成电路计算机时代"。第三代计算机采用的主要逻辑元件是小规模集成电路（Small Scale Integrated circuits，SSI）和中规模集成电路（Medium Scale Integrated circuits，MSI），与第二代计算机相比，其特点是体积更小、价格更低、可靠性更高。主存储器采用半导体存储器，存储容量大幅度提高；软件方面出现了分时操作系统及结构化、模块化程序设计语言；运算速度达到每秒几千万条。这一代计算机开始进入文字处理和图形图像处理领域。

第四代计算机（1971 年至今）。这个时期被称为"大规模和超大规模集成电路计算机时代"，高度集成化是这一代计算机的主要特征。第四代计算机采用的主要逻辑元件是大规模集成电路（Large Scale Integrated circuits，LSI）和超大规模集成电路（Very Large Scale Integrated circuits，VLSI），使得很小的硅片上能够容纳数万至数百万个晶体管，计算机走向微型化，运行速度可达每秒千万条到万亿条，制造成本更低。主存储器采用半导体存储器，容量已达第三代计算机的辅存水平；作为外存的移动存储设备的容量大幅度增加；软件方面出现了数据库管理系统、网络管理系统、面向对象程序设计语言等。计算机应用的深度和广度有了更大的发展，开始渗入人类生活的各个方面。

1.1.2　计算机的特点

计算机能够按照程序确定的步骤，对输入的数据进行加工处理、存储或传送，以获得期望的输出信息，从而利用这些信息来提高工作效率和社会生产率，以及提高人们的生活质量。计算机之所以具有如此强大的功能，能够应用于各个领域，是由它的特点决定的。

计算机作为一种通用的信息处理工具，主要具有以下特点。

1. 运算速度快

计算机的运算速度（也称处理速度）是计算机的一个重要性能指标，通常用计算机平均每秒钟执行指令的条数来衡量，其单位是 MIPS（Million Instructions Per Second），即百万条指令每秒。目前，计算机的运算速度已由早期的几千条指令每秒发展到现在的几十个 MIPS，巨型计算机可达到千万个 MIPS。计算机如此快的运算速度是其他任何计算工具都无法比拟的，这极大地提高了人们的工作效率，使许多复杂的工程计算能在很短的时间内完成。尤其是在对响应速度要求很高的实时控制系统中，计算机运算速度快的特点能够得到更好的展现。

2. 计算精度高

计算精度高是计算机又一显著的特点。在计算机内部，数据采用二进制数码表示，二进制位数越多，表示数的精度越高。目前大部分计算机的计算精度已经能达到几十位有效数字。从理论上来说，随着计算机技术的不断发展，计算机的计算精度可以提高到任意精度。

3. 准确的逻辑判断能力

计算机的运算器除了能够进行精确的算术运算，还能够对信息进行比较、判断等逻辑运算。具有这种逻辑判断能力是计算机处理逻辑推理问题的前提，也是计算机能实现信息处理高度智能化的重要因素。

4. 强大的存储能力

计算机具有许多存储记忆载体，可以存储大量的信息。计算机的存储器能够将输入的原始数据、计算的中间结果及程序保存起来，供计算机系统在需要的时候反复调用。随着计算机技术的发展，计算机所能存储的信息也由早期的文字、数据、程序发展到如今的图形、图像、声音、动画、视频等。

5. 自动控制功能

计算机的工作原理是"存储程序控制"，就是将程序和数据通过输入设备输入并保存在存储器中，计算机执行程序时按照程序中指令的逻辑顺序自动、连续地把指令取出来并执行，整个过程无须人为干预，完全由计算机自动控制执行。

6. 网络与通信功能

可以将不同城市、不同国家的计算机通过计算机网络技术连在一起形成一个计算机通信网，网络中的所有计算机用户都可以共享资料和交流信息，这改变了人类的交流方式和获取信息的方式。

1.1.3　计算机的应用领域

计算机的应用已经渗透到社会的各个领域，正在深刻地改变着人们的工作、学习和生活的方式，推动着社会的发展。计算机的应用领域大致可分为以下几个方面。

1. 科学计算

科学计算也被称为数值计算，是指利用计算机来完成科学研究和工程设计中的一系列复杂的数学问题的计算，这是计算机最早、最重要的应用领域。计算机不仅能进行数值计算，还可以计算微积分方程及不等式。由于计算机具有较快的运算速度，因此以往人工难以完成甚至无法完成的数值计算问题，计算机都可以完成，如气象资料分析和卫星轨道的测算等。目前，基于互联网的云计算也发挥着越来越重要的作用。

2. 数据处理

使用计算机可以完成对大量数据的分析、加工和处理等工作，数据不仅包括"数"，还包括文字、图像和声音等。现代计算机的运算速度快、存储容量大，在数据处理和信息加工方面的应用十分广泛，如企业的财务管理、事务管理、资料和人事档案的处理等。利用计算机进行信息管理，为实现办公自动化和管理自动化创造了有利条件。

3. 过程控制

过程控制也称为实时控制，它是指利用计算机自动监测生产过程和其他过程并自动控制设备工作状态的一种控制方式，广泛应用于各种工业环境中，并代替人在危险、有害等环境中作业，不受疲劳等因素的影响，并可完成人类不能完成的有高精度和高速度要求的操作，从而节省了大量的人力、物力，大大提高了经济效益。

4. 人工智能

人工智能（Artificial Intelligence，AI）是用计算机模拟人类的某些智力活动。利用计算机可以识别图像和物体，模拟人的学习过程和探索过程。人工智能研究期望赋予计算机更多人的智能行为，如机器翻译程序、智能机器人等，都是利用计算机模拟人类的智力活动。人工智能一直是计算机科学中处于前沿的研究领域，其主要研究内容包括自然语言处理、专家系统、机器人及定理自动证明等。目前，人工智能已应用于机器人、医疗诊断、故障诊断、案件侦破和经营管理等方面。

5. 计算机辅助

计算机辅助也称为计算机辅助工程，是指利用计算机协助人们完成各种工作。计算机的辅助功能是目前正在迅速发展并不断取得成果的重要应用领域，主要包括计算机辅助设计（Computer

Aided Design，CAD）、计算机辅助制造（Computer Aided Manufacturing，CAM）、计算机辅助测试（Computer Aided Test，CAT）、计算机辅助工程（Computer Aided Engineering，CAE）、计算机辅助教学（Computer Aided Instruction，CAI）、计算机仿真（Computer Simulation）等。

6. 网络通信

网络通信是计算机技术与现代通信技术相结合的产物。网络通信是指利用计算机网络实现信息的传递功能，随着网络技术的快速发展，人们可以在不同地区和国家间进行数据传递，并可通过计算机网络进行各种商业活动。

7. 多媒体技术

多媒体技术（Multimedia Technology）是指通过计算机对文本、图形、图像、声音、动画、视频等多种媒体信息进行综合处理和管理，使用户可以通过多种感官与计算机进行实时信息交互的技术。多媒体技术拓宽了计算机的应用领域，使计算机广泛应用于教育、广告宣传、视频会议、服务和文化娱乐等领域。同时，多媒体技术与人工智能技术的有机结合还促进了虚拟现实（Virtual Reality）、虚拟制造（Virtual Manufacturing）技术的发展。

8. 嵌入式系统

并不是所有计算机都是通用的，有许多特殊的计算机只能用于特定的设备中，例如大量的电子产品和工业制造系统都是把处理器芯片嵌入其中，以完成特定的处理任务。这些系统称为嵌入式系统。例如，数码相机、数码摄像机及高档电动玩具等都使用了具有不同功能的处理器。

1.1.4　计算机的分类

计算机的分类方法很多，一般可根据计算机的性能、规模等，把计算机分成巨型机、大型通用机、微型计算机、工作站和服务器等几类。

1. 巨型机

巨型机也称超级计算机或高性能计算机，在所有类型的计算机中占地最大、价格最贵、功能最强，其浮点运算速度极快。巨型机多用于国家高科技领域和尖端技术研究，是一个国家科研实力的体现，现有的超级计算机运算速度大多可以达到每秒一太（Trillion，万亿）次。2021 年 6 月，在世界超级计算机 500 强排行榜上，无论以峰值性还是持续性能排名，中国的超级计算机"神威·太湖之光"位居第 4，峰值性能为 125435.90TFlop/s/每秒万亿次浮点运算，持续性能为 93014.60TFlop/s。

2. 大型通用机

大型通用机的特点是大型、通用，具有极强的处理能力和管理能力，运算速度为每秒一百万至几千万次，在一台大型通用机中可以使用几十台微机或微机芯片，用以完成特定的操作，可同时支持上万个用户，可支持几十个大型数据库。大型通用机主要应用在政府管理部门、大企业、高校和科研院所。大型通用机通常又被称为"企业级"计算机，通用性强，但价格较高，覆盖国内通常所说的大中型机。

3. 微型计算机

微型计算机简称微机，即通常说的个人计算机（Personal Computer，PC）。微机技术在近十年发展迅速，平均每两年计算机微芯片上集成的晶体管数目就翻一番，性能提高一倍而价格降低一半。微机以其设计先进（总是率先采用高性能的微处理器）、软件丰富、功能齐全、价格便宜等优势而拥有众多的用户，大大推动了计算机的普及应用。微机分为可独立使用的微机和嵌入式微机（又称嵌入式系统）两类。

可独立使用的微机分为台式机、一体机、笔记本计算机、平板计算机、掌上计算机等。在掌上计算机基础上加上手机功能，就成了智能手机。平板计算机、掌上计算机的核心技术是嵌入式操作系统，各种产品之间的竞争也主要集中在此。

嵌入式微机作为一个应用系统的部件被安装在应用设备里，最终用户直接使用的是该应用设备而非微机，如智能数字电视机、数码相机、自动售货机、微波炉、电梯等生活中常用的各种电器设备，以及工业自动化仪表与医疗仪器等。嵌入式微机有单片机和单板机之分：把微处理器、一定容量的存储器及输入/输出接口电路等集成在一张芯片上，就构成了单片机嵌入式系统，其一般用作专用机或用来控制高级仪表、家用电器等；把微处理器、存储器、输入/输出接口电路安装在一块印刷电路板上，就成了单板机嵌入式系统，其主要用于工业控制、微型机教学和实验，或作为计算机控制网络的前端执行机。

4. 工作站

工作站是一种高端的通用微型计算机。它具有较高的运算速度，具有大小型机的多任务、多用户功能，且兼具微型计算机的操作便利特点和良好的人机交互界面。它可以连接到多种输入/输出设备，具有易于联网、处理功能强等特点。其应用领域也已从最初的计算机辅助设计扩展到商业、金融、办公领域，并充当网络服务器的角色。

5. 服务器

服务器专指能通过网络为客户端计算机提供各种服务的高性能计算机。服务器的构成与普通计算机类似，但相对于普通计算机，它对稳定性、安全性、可扩展性、可管理性、性能等方面的要求更高，因此在 CPU、芯片组、内存、磁盘系统、网络设备等硬件上和普通计算机有所不同。服务器是网络的节点，可以存储、处理网络上 80%的数据、信息，在网络中起到举足轻重的作用。服务器可以是大型机、小型机、工作站或高性能微机。服务器可以提供信息浏览、收发电子邮件、文件传送、数据存储等多种服务。

1.1.5 计算机的发展趋势

1. 计算机的发展方向

（1）巨型化。巨型化是指计算机的运算速度更快、存储容量更大、功能更强、可靠性更高。巨型化计算机的应用领域主要包括天文、天气预报、军事、生物仿真等，这些领域需进行大量的数据处理和运算，需要性能强劲的计算机才能完成。

（2）微型化。微型化是指利用微电子技术和超大规模集成电路技术，将计算机的体积进一步缩小。随着超大规模集成电路的进一步发展，个人计算机微型化发展迅速，膝上型、书本型、笔记本型、掌上型等微型化计算机不断涌现，并受到越来越多的用户的喜爱。

（3）网络化。网络化是指利用现代通信技术和计算机技术，把分布在不同地点的计算机互联起来，按照网络协议相互通信，使网络内众多的计算机系统共享硬件、软件和数据等资源。计算机网络是在计算机技术发展过程中崛起的又一重要分支，是现代通信技术与计算机技术结合的产物。从单机走向互联，是计算机发展的必然结果。随着计算机的普及，计算机网络也逐步深入人们工作和生活的各个部分。

（4）智能化。智能化是指让计算机具有模拟人的感知、行为和思维过程的能力，这是现代计算机的发展目标。它让计算机模拟人的感知、行为、思维过程，使计算机具备视听、语言表达、行动、思考、逻辑推理、学习等能力，发展成智能型、超智能型计算机。智能化突破了"计算"这一含义，从本质上扩充了计算机的能力，使计算机能够更多地代替人类在某些方面的脑力劳动。

2. 新一代计算机

由于计算机中最重要的部件是芯片，因此计算机芯片技术的不断发展也是推动计算机发展的动力。Intel 公司的创始人之一戈登·摩尔在 1965 年预言了计算机集成技术的发展规律，那就是每 18 个月，在同样面积的芯片中集成的晶体管数量将翻一番，而成本将下降一半。

几十年来，计算机芯片的集成度近似按照摩尔定律发展，不过该技术的发展并不是无限的。因为计算机采用电流作为数据传输的信号，而电流主要靠电子的迁移产生，电子最基本的通路是原子，一个原子的直径约等于 1nm，目前芯片的制造工艺已经达到了 90nm 甚至更小，也就是说一条传输电流的导线的直径即为 90 个原子并排的长度，那么最终晶体管的尺寸将接近纳米级，即达到一个原子的直径长度，但是这样的电路是极不稳定的，因为电流极易造成原子迁移，原子迁移后电路也就断路了。

由于晶体管计算机存在上述物理极限，世界上许多国家在很早的时候就开始了各种非晶体管计算机的研究，如光子计算机、量子计算机、生物计算机和超导计算机等，这类计算机也被称为第五代计算机或新一代计算机，它们能在更大程度上实现"人工智能"化，这类技术也是目前世界各国计算机技术发展研究的重点。

（1）光子计算机。光子计算机是利用光信号进行数据运算及信息处理、传输和存储的新型计算机。在光子计算机中，以光子代替电子，用不同波长的光代表不同的数据，用光运算代替电运算，具有超快的运算速度、强大的并行处理能力、大存储量、非常强的抗干扰能力。1990 年 1 月底，美国贝尔实验室成功研制出世界上第一台光子计算机。它采用砷化镓光学开关，运算速度可达每秒 10 亿次，尽管其装置粗糙，但已显示出强大的生命力，而且人类利用光缆传输数据已经有很多年的历史，用光信号来存储信息的光盘技术也已广泛应用，这些技术为光子计算机的研制、开发和应用奠定了基础。

（2）量子计算机。量子计算机是根据量子力学原理设计，基于原子的量子效应构建的完全以量子比特为基础的计算机。它利用每一位量子比特可同时存储"0"和"1"两个状态的相应量子态叠加来表示不同的数据，从而进行多位量子比特并行计算。量子计算机具有运算速度快、存储容量极大、功耗低、高度微型化和集成化的特点，理论上其性能能够超过任何可以想象的标准计算机。2007 年，加拿大计算机公司 D-Wave 展示了全球首台量子计算机"Orion（猎户座）"，但它只能进行特定问题的计算。

（3）生物计算机。生物计算机是利用蛋白质的开关特性，采用蛋白质分子作为元件制成生物芯片，并用这种生物电子元件构建而成的计算机。生物计算机中的信息以波的形式沿着蛋白质分子链传播时，会使蛋白质分子链中的单键、双键的结构顺序改变，其性能由酶之间电流启闭的开关速度来决定，用蛋白质制成的计算机芯片的一个存储点只有一个分子大小，由蛋白质构成的集成电路大小仅相当于硅片集成电路的十万分之一，因此其存储容量可以达到普通计算机的 10 亿倍，运算速度比当今最新一代传统计算机快 10 万多倍，能耗仅相当于普通台式机的十分之一。生物计算机的发展还需要经历较长的过程。

（4）超导计算机。超导计算机是用超导材料代替半导体制作芯片元器件的计算机。其具有能耗小、运算速度快等特点，超导计算机耗电量仅为半导体计算机的几千分之一，执行一条指令只需十亿分之一秒，比半导体计算机快几十倍。以目前的技术制造出的超导计算机的集成电路芯片只有 $3mm^2 \sim 50mm^2$。超导计算机目前尚有许多待突破的技术难关。

1.1.6 信息技术

以计算机技术、通信技术和网络技术为核心的信息技术已深入人类社会的各个领域，对人类的生活和工作方式产生了巨大的影响。半个多世纪以来，人类社会由工业社会进入了信息社会，而随着科学技术的不断进步，信息技术将得到更深、更广和更快的发展。

1. 信息与信息技术

信息在不同的领域有不同的定义。一般来说，信息是对客观世界中各种事物的运动状态和变化的反映。简单地说，信息是经过加工的数据，或者说信息是数据处理的结果，泛指人类社会传播的一切内容，如声音、消息、通信系统传输和处理的对象等。在信息社会中，信息已成为科技发展日益重要的资源。

信息技术（Information Technology，IT）是一门综合的技术，人们对信息技术的定义，因其使用的目的、范围和层次不同而有不同的表述。联合国教科文组织对信息技术的定义为"应用在信息加工和处理中的科学、技术与工程的训练方法和管理技巧与应用；计算机及其与人、机的相互作用，与人相应的社会、经济和文化等诸种事物"。该定义强调的是信息技术的现代化应用与高科技含量，主要指一系列与计算机相关的技术。狭义范围内的信息技术是指对信息进行采集、传输、存储、加工和表达的各种技术的总称。

信息技术是指用来扩展人们信息器官功能，协助人们更有效地进行信息处理的技术，主要包括传感技术、通信技术、计算机技术和缩微技术。

（1）传感技术。传感技术是关于从自然信源获取信息，并对之进行处理（变换）和识别的一门多学科交叉的现代科学与工程技术，它涉及传感器及信息处理和识别的规划设计、开发、建造、测试、应用及评价改进等活动。传感技术、计算机技术和通信技术一起被称为信息技术的三大支柱。传感技术的主要任务是延长和扩展人的感觉器官收集信息的功能。目前，传感技术已经发展出了一大批敏感元件。例如，人们可通过红外、紫外等光波波段的敏感元件来提取人眼看不到的重要信息，可通过超声和次声传感器来获得人耳听不到的信息。

（2）通信技术。通信技术又称通信工程，主要研究的是通信过程中的信息传输和信号处理的原理与应用。目前，通信技术得到了飞速发展，从传统的电话、电报、收音机、传真、电视到如今的移动电话（手机）、卫星通信、光纤通信和无线技术等通信方式，数据和信息的传递效率得到大大提高，通信技术已成为办公自动化的重要支撑技术之一。

（3）计算机技术。计算机技术是信息技术的核心内容，其主要研究任务是扩展人的思维器官处理信息和做出决策的功能。计算机技术作为一个完整系统运用的技术，主要包括系统结构技术、系统管理技术、系统维护技术和系统应用技术等。随着计算机技术的飞速发展，计算机的体积越来越小，但应用功能却越来越强大。

（4）缩微技术。缩微技术是一种涉及多学科与多部门、综合性强且技术成熟的现代化信息处理技术，其主要研究任务是扩展人的记忆器官存储信息的功能。例如，金融系统、卫生系统、保险系统、工业系统均采用缩微技术复制了纸质载体的文件，改变了传统的文件管理方法，提高了对档案文件、文献资料的管理水平，提高了经济效益。

总的来说，现代信息技术是一个内容十分广泛的技术群，它包括微电子技术、光电子技术、通信技术、网络技术、感测技术、控制技术和显示技术等。此外，物联网和云计算作为信息技术新的高度和形态被提出，并得到了发展。根据中国物联网校企联盟的定义，物联网为当下大多数技术与计算机互联网技术的结合，它能更快、更准确地收集、传递、处理和执行信息，是科技的最新呈现形式与应用。

2. 现代信息技术的发展趋势

现代信息技术的发展趋势可以概括为数字化、多媒体化、高速度、网络化、宽频带、智能化等。

（1）数字化。当信息被数字化并经由数字网络流通时，一个拥有无数可能性的全新世界便揭开序幕。大量信息可以被压缩，并被高速传输，数字信号传输的品质比模拟信号传输的品质要好得多。许多种信息形态能够被结合、被创造，如多媒体文件。在世界的任何地方都可以立即存储和取用信息。新的数字产品也将被制造出来，有些小巧得可以放进你的口袋里，有些则足以对商业和个人生活的各层面产生重大影响。

（2）多媒体化。随着信息技术的发展，多媒体技术将文字、声音、图形、图像、视频等信息媒体与计算机集成在一起，使计算机的应用由单纯的文字处理发展为文、图、声、影集成处理。随着数字化技术的发展和成熟，以上每一种媒体都将被数字化，并容纳进多媒体的集合里，系统将信息整合在人们的日常生活中，以接近于人类工作和思考的方式来设计与操作。

（3）高速度、网络化、宽频带。目前，大多数国家都在进行最新一代的信息基础设施建设，即建设宽频信息高速公路。尽管今日的 Internet 已经能够传输多媒体信息，但其仍然被认为是一条频带宽度低的网络路径，被形象地称为一条花园小径。下一代 Internet 技术会更安全、速度会更快、普及更广。实现宽频的多媒体网络是未来信息技术的发展趋势之一。

（4）智能化。随着信息技术向着智能化的方向发展，在超媒体的世界里，"软件代理"可以替人们在网络上漫游。"软件代理"不再需要浏览器，它本身就是信息的寻找器，它能够收集任何可能想要在网络上获取的信息。

1.2　信息的表示与存储

计算机最基本的功能是对信息进行采集、存储、处理和传输。信息的载体是数据，数据包括数值、字符、图形、图像、声音、视频等多种形式。计算机内部采用二进制数码表示数据，因此各类数据均需要转换为二进制数，以便计算机进行运算处理与数据存储。

1.2.1　计算机中的数据及其单位

1．计算机中的数据

数据是对客观事物的符号表示。数值、文字、图形、图像等都是不同形式的数据。

一般来说，信息既是对各种事物的变化和特征的反映，又是事物之间相互作用和联系的表征。人通过接收信息来认识事物，从这个意义上来说，信息是一种知识，是接收者原来不了解的知识。

在计算机中，各种信息都是以数据的形式出现的，对数据进行处理后产生的结果为信息，因此数据是计算机中信息的载体。尽管数据与信息是两个不同的概念，但人们在许多场合把这两个词互换使用。信息有意义，而数据本身没有意义，只有经过处理和描述，才能赋予数据实际意义。例如，37℃是一个数据，没有实际意义，但当它表示气温或体温时，就变成了有意义的信息。

计算机内部均用二进制数码来表示各种信息。二进制只有 "0" 和 "1" 两个数码。相对十进制而言，用二进制表示数据不但运算简单、易于物理实现、通用性强，而且占用空间和消耗的能量更少，机器可靠性高。计算机与外部进行交互时仍采用人们熟悉和便于阅读的数据形式，如十进制数据、文字显示及图形描述等，这之间的转换则由计算机系统来完成。

2．计算机中数据的单位

在计算机内存储和运算数据时，常用的数据单位有以下几种。

（1）比特（bit）和字节（Byte）

比特（位）是度量数据的最小单位。在数字电路和计算机技术中采用二进制数码表示数据，数码只有"0"和"1"。一字节由 8 位二进制数字组成，字节是计算机中组织和存储信息的基本单位，也是计算机体系结构的基本单位。

在计算机中，通常用 Byte（字节）、KB（千字节）、MB（兆字节）、GB（吉字节）或 TB（太字节）为单位来表示存储器（如内存、硬盘、U 盘等）的存储容量或文件的大小。存储容量是指存储器中能够包含的字节数，存储单位 Byte、KB、MB、GB 和 TB 的换算关系如下：

千字节   1KB=1024B=2^{10}Byte

兆字节   1MB=1024KB=2^{20}Byte

吉字节   1GB=1024MB=2^{30}Byte

太字节   1TB=1024GB=2^{40}Byte

（2）字长

在计算机诞生初期，受各种因素限制，计算机一次只能够同时（并行）处理 8 个二进制位。人们将计算机一次能够并行处理二进制的位数称为机器字长，也称为计算机的一个"字"。随着电子技术的发展，计算机的并行能力越来越强，计算机的字长通常是字节的整数倍，其从 8 位、16 位、32 位发展到微型机的 64 位、大型机的 128 位。

字长是计算机的一个重要性能指标，可以直接反映一台计算机的计算能力和计算精度。在相同的某些条件下，字长越长，计算机处理数据的速度越快。

1.2.2 常用数制及其转换

日常生活中人们会使用许多数制，如表示时间的六十进制，表示星期的七进制，表示月份的十二进制，还有最常用的十进制。计算机中采用的是二进制数制，任何信息必须转换成二进制数码后才能被计算机处理。

1. 进位计数制

数制是指用一组特定的数字、符号和统一的规则来表示数值的方法。其中，按照从低位向高位进位方式计数的数制称为进位计数制。

数制中有数位、基数和位权 3 个要素。"数位"是指数码在某个数中所处的位置。"基数"是指在某种数制中，每个数位上能使用的数码的个数。"位权"是指数码在不同的数位上表示的数值的大小。位权以指数形式表示，以基数为底，其指数是数位的序号。数位的序号以小数点为界，其左边（个位）的数位序号为 0，向左每移一位序号加 1，向右每移一位序号减 1。

如果采用 R 个数码（如 0，1，2，…，$R-1$）表示数值，则相邻两位之间为"逢 R 进一"的关系，它的位权可表示成 R^i，i 为数位序号。任何一个 R 进制数都可以表示为"按位权展开"的多项式之和，下面的表达式就是 R 进制数 D 的一般展开表达式。

$$(D)_R = \sum_{i=-m}^{n-1} k_i \times R^i$$

其中，R 为基数，k_i 为第 i 位的数码，R^i 称为第 i 位的位权，m 为 D 的小数位数。计算机中常用的几种进位计数制如表 1-2 所示。

表 1–2   计算机中常用的几种进位计数制的表示

进位计数制	基数	基本符号（数码）	位权	形式表示
二进制	2	0、1	2^i	B
八进制	8	0、1、2、3、4、5、6、7	8^i	O
十进制	10	0、1、2、3、4、5、6、7、8、9	10^i	D
十六进制	16	0、1、2、3、4、5、6、7、8、9、A、B、C、D、E、F	16^i	H

其中，十六进制是人们在计算机指令代码和数据的书写中经常使用的数制。在十六进制中，数用 0～9 和 A～F 共 16 个符号来描述，十六进制数与十进制数的对应关系是：0～9 对应 0～9；A～F 对应 10～15。

一般地，用括号后加进位制基数下标的方式，或者用括号后加进位制英文首字母下标的方式来表示不同数制的数，如 $(23)_{10}$、$(25F.5A3)_{16}$、$(101101.011)_2$，或者表示为 $(23)_D$、$(25F.5A3)_H$、$(101101.011)_B$ 等。

表 1-3 列出了几种常用数制之间的对应关系。

表 1–3　　　　　　　　　　　**常用数制之间的对应关系表**

十进制数	二进制数	八进制数	十六进制数
0	0000	0	0
1	0001	1	1
2	0010	2	2
3	0011	3	3
4	0100	4	4
5	0101	5	5
6	0110	6	6
7	0111	7	7
8	1000	10	8
9	1001	11	9
10	1010	12	A
11	1011	13	B
12	1100	14	C
13	1101	15	D
14	1110	16	E
15	1111	17	F

可以看出，采用不同的数制表示同一个数时，基数越大，使用的位数越少。例如十进制数 15，可以用 4 位二进制数表示，两位八进制数表示，一位十六进制数表示。这也是在编写程序时一般采用八进制或十六进制表示数据的原因。

2．R 进制数转换为十进制数

R 进制数（如十进制数、二进制数、八进制数和十六进制数等）遵循"逢 R 进一"的进位规则，采用"按位权展开"并求和的方法，可得到等值的十进制数。

以下是 R 进制数转换为十进制数的方法（即"按权展开"法）。

（1）十进制（Decimal）数

任意一个十进制数都可用由 0、1、2、3、4、5、6、7、8、9 共 10 个数码组成的字符串来表示。它的基数 $R=10$，其进位规则是"逢十进一"，它的位权可表示成 10^i。

例如：

$(123.45)_D = 1 \times 10^2 + 2 \times 10^1 + 3 \times 10^0 + 4 \times 10^{-1} + 5 \times 10^{-2}$

（2）二进制（Binary）数转换为十进制数

任意一个二进制数都可用由 0、1 共两个数码组成的字符串来表示。它的基数 $R=2$，其进位规则是"逢二进一"，它的位权可表示成 2^i。

例如：

$(1101.11)_B = 1 \times 2^3 + 1 \times 2^2 + 0 \times 2^1 + 1 \times 2^0 + 1 \times 2^{-1} + 1 \times 2^{-2}$

$\qquad\qquad = 8 + 4 + 0 + 1 + 0.5 + 0.25$

$\qquad\qquad = 13.75$

转换结果为：$(1101.11)_B = (13.75)_D$

（3）八进制（Octal）数转换为十进制数

任意一个八进制数都可用由 0、1、2、3、4、5、6、7 共 8 个数码组成的字符串来表示。它的基数 $R=8$，其进位规则是"逢八进一"，它的位权可表示成 8^i。

例如：

$$(345.04)_O = 3×8^2+4×8^1+5×8^0+0×8^{-1}+4×8^{-2}$$
$$= 192+32+5+0+0.0625$$
$$= 229.0625$$

转换结果为：$(345.04)_O = (229.0625)_D$

（4）十六进制（Hexadecimal）数转换为十进制数

任意一个十六进制数都可用由 0、1、2、3、4、5、6、7、8、9、A、B、C、D、E、F 共 16 个数码组成的字符串来表示，其中 A、B、C、D、E、F 分别代表十进制数 10、11、12、13、14、15。它的基数 $R=16$，其进位规则是"逢十六进一"，它的位权可表示成 16^i。

例如：

$$(2AB.8)_H = 2×16^2+10×16^1+11×16^0+8×16^{-1}$$
$$= 512+160+11+0.5$$
$$= 683.5$$

转换结果为：$(2AB.8)_H = (683.5)_D$

3. 十进制数转换为 R 进制数

将十进制数转换为 R 进制数时，对于具有整数和小数两部分的十进制数，要将其整数部分和小数部分分别转换，然后用小数点连接起来。

整数部分的转换采用"除 R 取余，逆序排列"法：将待转换的十进制数的整数部分连续除以 R，直到商为 0，每次得到的余数按相反的次序（即第一次除以 R 得到的余数排在最低位，最后一次除以 R 得到的余数排在最高位）排列起来就是相应的 R 进制数的整数部分。

小数部分的转换采用"乘 R 取整，顺序排列"法：将待转换的十进制纯小数反复乘以 R，每次相乘乘积的整数部分作为 R 进制数的相应位的数码。由高位向低位逐次进行，直到剩下的纯小数部分为 0 或达到要求的精度为止。

下面以十进制数转换为二进制数为例，具体说明十进制数转换为 R 进制数的过程。

例如，将 $(124.8125)_D$ 转换成二进制数：

最终转换结果为：$(124.8125)_D = (1111100.1101)_B$

4. 二进制数与八进制数、十六进制数的相互转换

二进制数非常适合计算机内部数据的表示和运算，但书写起来位数比较长，如将一个十进制数 1024 写成等值的二进制数就需 11 位，既不方便，也不直观。而八进制数和十六进制数比等值

的二进制数的长度短得多，而且它们之间的转换也非常方便。因此在程序和数据中要用到二进制数的地方，往往采用八进制数或十六进制数的形式。

由于二进制数、八进制数和十六进制数之间存在特殊关系：$8^1=2^3$，$16^1=2^4$，即一位八进制数需要用 3 位二进制数表示，一位十六进制数需要用 4 位二进制数表示，因此转换就比较容易。八进制数、十六进制数与二进制数之间的关系如表 1-4 所示。

表 1-4 八进制数、十六进制数与二进制数之间的关系

八进制数	对应二进制数	十六进制数	对应二进制数	十六进制数	对应二进制数
0	000	0	0000	8	1000
1	001	1	0001	9	1001
2	010	2	0010	A	1010
3	011	3	0011	B	1011
4	100	4	0100	C	1100
5	101	5	0101	D	1101
6	110	6	0110	E	1110
7	111	7	0111	F	1111

（1）二进制数转换为八进制数或十六进制数

二进制数转换为八进制数时，以小数点为界向左右两边分组，每 3 位为一组，两头不足 3 位补 0，参照表 1-4 将每一个分组写成对应的一位八进制数。同样，二进制数转换为十六进制数时，按每 4 位为一组分组进行转换即可。

例如：

$(1101010.110101)_B = (\underline{001}\ \underline{101}\ \underline{010}.\underline{110}\ \underline{101})_B = (152.65)_O$
$\qquad\qquad\qquad\qquad\quad 1\quad 5\quad 2\quad 6\quad 5$

$(10101011.11010100)_B = (\underline{1010}\ \underline{1011}.\underline{1101}\ \underline{0100})_B = (AB.D4)_H$
$\qquad\qquad\qquad\qquad\quad A\quad B\quad D\quad 4$

（2）八进制数或十六进制数转换为二进制数

八进制数或十六进制数转换为二进制数时，只要将一位八进制数或十六进制数转换为 3 位或 4 位二进制数即可。

例如：

$(6237.26)_O = (\underline{110}\ \underline{010}\ \underline{011}\ \underline{111}.\ \underline{010}\ \underline{110})_B$
$\qquad\qquad\qquad 6\quad 2\quad 3\quad 7\quad 2\quad 6$

$(2D5C.74)_H = (\underline{0010}\ \underline{1101}\ \underline{0101}\ \underline{1100}\ .\underline{0111}\ \underline{0100})_B$
$\qquad\qquad\qquad 2\quad D\quad 5\quad C\quad 7\quad 4$

1.2.3 计算机字符编码

1. 西文字符的编码

计算机除了处理数值型数据外，还经常处理字符型数据（不可做算术运算的数据）。字符型数据包括字母、数字、各种符号等西文字符和中文字符。由于计算机只能识别二进制代码，为了能够对字符进行识别和处理，需要对字符进行二进制编码。对字符进行编码时，要先确定总字符数，再按顺序为每一个字符分配序号，每一个西文字符和一个确定的编码相对应。

西文字符主要用 ASCII 进行编码，ASCII 是"美国信息交换标准代码"（American Standard Code for Information Interchange）的缩写，该标准已经被国际标准化组织（International Organization for

Standardization，ISO）指定为国际标准，是使用最广泛的一种字符编码。

国际通用的 ASCII 的编码规则是：每个字符用 7 位二进制数（$b_6b_5b_4b_3b_2b_1b_0$）表示，共有 $2^7=128$ 个编码值，如表 1-5 所示。

表 1–5　　　　　　　　　　　　　　　　　标准 7 位 ASCII

低 4 位 $b_3b_2b_1b_0$	高 3 位 $b_6b_5b_4$							
	000	001	010	011	100	101	110	111
0000	NUL	DLE	SP	0	@	P	`	p
0001	SOH	DC1	!	1	A	Q	a	q
0010	STX	DC2	"	2	B	R	b	r
0011	ETX	DC3	#	3	C	S	c	s
0100	EOT	DC4	$	4	D	T	d	t
0101	ENQ	NAK	%	5	E	U	e	u
0110	ACK	SYN	&	6	F	V	f	v
0111	BEL	ETB	'	7	G	W	g	w
1000	BS	CAN	(	8	H	X	h	x
1001	HT	EM	)	9	I	Y	i	y
1010	LF	SUB	*	:	J	Z	j	z
1011	VT	ESC	+	;	K	[	k	{
1100	FF	FS	,	<	L	\	l	|
1101	CR	GS	-	=	M	]	m	}
1110	SO	RS	.	>	N	^	n	~
1111	SI	US	/	?	O	_	o	DEL

ASCII 表中有 95 个可打印字符，也称为图形字符。在这些字符中，0～9、A～Z、a～z 都是按顺序排列的，且小写字母比大写字母的码值大 32，即位值 b_5 为 0 或 1，这有利于大、小写字母之间进行编码转换。有些特殊字符的编码是比较容易记忆的。例如：

"0" 数字字符的编码为 0110000，对应的十进制数是 48，则 "1" 的编码值是 49；

"A" 字符的编码为 1000001，对应的十进制数是 65，则 "B" 的编码值是 66；

"a" 字符的编码为 1100001，对应的十进制数是 97，则 "b" 的编码值是 98；

"SP"（Space）的编码是 0100000，代表 "空格" 字符。

ASCII 表中有 33 个非图形字符（又称为控制字符）。例如：

"BS"（Back Space）的编码是 0001000，表示退格；

"CR"（Carriage Return）的编码是 0001101，表示回车；

"DEL"（Delete）的编码是 1111111，表示删除。

计算机的内部用一字节（8 个二进制位）存放一个 7 位 ASCII 值，最高位置为 0。

2. 中文字符的编码

要想让计算机能够处理汉字信息，就必须对汉字进行编码。

汉字信息的编码体系包括机内码、输入码、字形码、交换码、地址码和控制码。其中最主要的是机内码、输入码和字形码。

（1）国标码

我国于 1980 年颁布了汉字编码国家标准 GB 2312—80，全称是《信息交换用汉字编码字符集》。GB 2312—80 汉字编码标准是 "中华人民共和国国家标准信息交换汉字编码"，汉字信息交换码简称交换码，也叫国标码（或 GB 码）。该标准收录了 6763 个常用汉字（分成两级：一级汉字有 3755 个，按汉语拼音字母的次序排列；二级汉字有 3008 个，按部首排列），以及 682 个非汉字图形符，国标码的基本集共有 7445 个符号。

由于一字节只能表示 256 种编码，不足以表示 6763 个汉字。所以，国标码规定，任何汉字编码都必须包括该标准规定的这两级汉字，每个汉字字符用两字节代码长度的一个编码表示。每一字节的最高位恒为"0"，其余 7 位用于组成各种不同的码值，如图 1-2 所示。

b_7	b_6	b_5	b_4	b_3	b_2	b_1	b_0
0	×	×	×	×	×	×	×

b_7	b_6	b_5	b_4	b_3	b_2	b_1	b_0
0	×	×	×	×	×	×	×

图 1-2　汉字国标码的编码

为避开 ASCII 表中的控制码，将 GB 2312—80 中的 6763 个汉字分为 94 行、94 列，代码表分为 94 个区（行）和 94 个位（列）。由区号（行号）和位号（列号）构成了区位码。区位码最多可以表示 94×94=8836 个汉字。区位码由 4 位十进制数字组成，前两位为区号，后两位为位号。在区位码中，01～09 区为特殊字符，16～55 区为一级汉字（汉字按拼音排序），56～87 区为二级汉字（汉字按偏旁部首排序），10～15 区、88～94 区为用户自定义符号区（未编码）。例如，汉字"中"的区位码为 5448，即它位于第 54 行、第 48 列。

区位码是一个 4 位十进制数，国标码是一个 4 位十六进制数。为了与 ASCII 兼容，汉字区位码与国标码之间有一种简单的转换关系。具体方法是：将一个汉字的十进制区号和十进制位号分别转换成十六进制数；然后分别加上$(20)_H$（转换为十进制数就是 32），就成了该汉字的国标码。所以，汉字的国标码与区位码有下列关系：

汉字国标码=汉字的区位码+$(2020)_H$

例如，已知汉字"中"的区位码为 5448、3630，则根据上述关系式可得：

汉字"中"的国标码=$(3630)_H$+$(2020)_H$=$(5650)_H$

二进制表示为：$(00110110\ 00110000)_B$+$(00100000\ 00100000)_B$

$= (01010110\ 01010000)_B$

（2）汉字在计算机中的处理过程

计算机内部使用二进制来处理汉字，从汉字输入计算机，到计算机处理汉字，再到汉字输出，需要多种汉字编码的支持和相互转换才能实现。这些编码主要包括汉字输入码、汉字机内码、汉字地址码、汉字字形码等。这一系列的汉字编码及转换、汉字信息处理中的各编码及流程如图 1-3 所示。

图 1-3　汉字信息的处理流程

（3）汉字输入码

输入码是利用计算机标准键盘按键的不同排列组合来对汉字进行输入时使用的编码，也叫外码。目前汉字输入码的种类繁多，基本上可分为音码、形码、语音、手写输入或扫描输入等。对于同一个汉字，输入法不同，则输入码也不同，不管使用何种输入法，当用户向计算机输入汉字时，最终存入计算机中的总是它的机内码，与采用的输入法无关。这是因为输入码与国标码之间存在一个对应关系，不同输入法的汉字输入码会通过输入字典统一转换为国标码。

（4）汉字机内码

机内码是计算机内部进行文字（字符、汉字）信息处理时使用的编码，简称内码。当汉字信息输入计算机中后，都要先转换为机内码，才能进行各种存储、加工、传输、显示和打印等处理。

ASCII 是 7 位单字节编码，最高位为"0"。国标码中每个汉字采用两字节表示，故称为双字节编码，最高位也为"0"。为了实现中、英文兼容，在汉字机内码中，通常利用字节的最高位来区分某个码值是代表汉字还是代表 ASCII 字符。具体方法是，最高位为"1"则视为汉字，为"0"则视为 ASCII 字符。所以，汉字机内码是在国标码的基础上，把两字节的最高位一律由"0"改为"1"而构成的。由此可见，同一汉字的国标码与机内码并不相同，而对 ASCII 字符来说，机内码与国标码的码值是一样的。所以，汉字的国标码与其机内码有下列关系：

　　汉字的机内码=汉字的国标码+(8080)$_H$

　　例如，已知汉字"中"的国标码为(5650)$_H$，则根据上述公式可得：

　　汉字"中"的机内码=(5650)$_H$+(8080)$_H$ =(D6D0)$_H$

　　二进制表示为：(01010110 01010000)$_B$ + (10000000 1000000)$_B$

　　　　　　　　　　= (11010110 11010000)$_B$

（5）汉字字形码

　　汉字字形码是指汉字字形存储在字库中的数字化代码，用于计算机显示和打印汉字的外形，即称为"字模"。同一汉字可以有多种"字模"，也就是字体或字库。字形码通常有点阵表示方式和矢量表示方式。

　　用点阵表示汉字的字形时，汉字字形显示通常使用 16×16 点阵，汉字打印可选用 24×24、32×32、48×48 等点阵。点数越多，打印的字体的细节越多，但汉字占用的存储空间也越大，而不同的字体又对应不同的字库。图 1-4 所示为汉字"景"的 24×24 点阵构成示意图。

　　由图 1-4 可知，用 24×24 点阵表示一个汉字时，一个汉字占 24 行，每行有 24 个点，在存储时用 3 字节存放一行上 24 个点的信息，对应位置为"0"表示该点为"白"，为"1"表示该点为"黑"。因此，汉字"景"的点阵字库的总占用空间为 24×24÷8=72 字节。

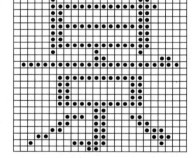

图 1-4　"景"的 24×24 点阵构成示意图

　　矢量字库存储的是描述汉字字形轮廓特征的数学模型。矢量字库中的汉字可以随意放大、缩小而不失真，而且所需存储空间和字符大小无关。矢量字符的输出分为两步，先从字库中取出它的字符信息，然后根据数学模型进行计算，生成所需大小和形状的汉字点阵。

（6）汉字地址码

　　汉字地址码是指汉字库（这里主要指字形的点阵式字库）中存储汉字字形信息的逻辑地址码。需要向输出设备输出汉字时，必须通过地址码访问汉字库。因为汉字库中的字形信息都是按一定顺序（大多数按标准汉字交换码中汉字的排列顺序）连续存放在存储介质中的，所以汉字地址码也大多是连续有序的，而且与汉字机内码间有简单的对应关系，以简化汉字机内码到汉字地址码的转换过程。

（7）其他汉字内码

　　GB 2312—80 国标码只能表示和处理 6763 个汉字，为了统一表示世界各国、各地区的文字，便于在全球范围内进行信息交流，各级组织公布了各种汉字内码，常用的有 GBK 码、UCS 码、Unicode 码、Big5 码等。

　　GBK 的全称为《汉字内码扩展规范》，是在 GB 2312—80 标准基础上的内码扩展规范，共收录了 21003 个汉字，完全兼容 GB 2312—80 标准，支持国际标准 ISO10646-1 和国家标准 GB 13000.1。GBK 编码方案于 1995 年 10 月制定，并于 1995 年 12 月正式发布，目前各主流操作系统都支持 GBK 编码方案。

UCS 码是国际标准化组织为各种语言字符制定的另一种国际编码标准，是所有其他字符集标准的一个超集。它保证与其他字符集是双向兼容的，包含了用于表达所有已知语言的字符，即不仅包含字母文字、音节文字，还包含中文、日文和韩文这样的象形文字等。

Unicode 码（又称统一码、万国码、单一码）是由一个名为 Unicode 的学术学会机构制定的国际字符编码标准。由于不同国家和地区采用的字符集不一致，所以会出现无法正常显示所有字符的情况，为了满足跨语言、跨平台进行文本转换、处理的需求，Unicode 于 1990 年开始研发 Unicode 码，于 1994 年正式公布。该国际编码标准为每种语言中的每个字符设定了统一并且唯一的二进制编码，成为能用双字节编码统一地表示几乎世界上所有书写语言的字符编码标准，可容纳 65536 个字符编码。目前，Unicode 码在网络、Windows 系统和很多大型软件中得到应用。

Big5 码（又称大五码）是目前我国台湾、香港等地区普遍使用的一种繁体汉字编码标准，它包括 408 个符号，一级汉字 5401 个、二级汉字 7652 个，共计 13461 个汉字。

1.3　多媒体技术

1.3.1　多媒体技术的概念

媒体（Media）一词来源于拉丁语 "Medius"，意为两者之间。所谓的媒体就是指承载和传播信息的载体。按照国际电信联盟制定的广义媒体分类标准，可以将媒体分为感觉媒体（视觉、听觉、触觉）、表示媒体（计算机数据格式）、表现媒体（输入、输出）、存储媒体（存取信息）和传输媒体（网络传输介质）五大类。在计算机领域里，媒体主要是指传输和存储信息的载体。传输的信息包括文本、图形、图像、声音、动画、视频等；存储信息的载体包括磁盘、磁带、光盘、半导体存储器等。

多媒体（Multimedia）是融合两种或两种以上的媒体信息的载体，信息借助这些载体进行处理和集中呈现。可以将多媒体理解为文本、图形、图像、声音、动画、视频等多种形式的信息进行科学的整合后形成的一种信息媒体。

多媒体技术（Multimedia Technology）是指利用计算机技术将多种不同形式的媒体信息进行综合处理和控制，使这些媒体信息的各个要素之间建立逻辑连接，完成一系列随机性交互式操作的信息技术。它是一种以计算机技术为核心的综合技术，包括数字化处理技术、数字化音频视频技术、现代通信技术、现代网络技术、计算机硬件和软件技术、大众媒体技术、虚拟现实技术、人机交互技术等，因此它是一门跨学科的综合性技术。

1.3.2　多媒体技术的特征

多媒体技术除信息载体的多样化以外，还具有交互性、集成性、多样性、实时性、非线性等关键特性，它使得高效而方便地处理多种媒体信息成为可能。

（1）交互性。交互性是指多媒体技术可以让人按照自己的思维习惯和意愿对信息进行主动选择和控制，实现人机交互。交互性是多媒体技术的关键特征，没有交互性的系统就不是多媒体系统。多媒体系统通过交互性向用户提供交互使用、加工和控制信息的手段，从而为应用开辟了更加广阔的领域，也为用户提供了更加自然的信息存取手段。

（2）集成性。集成性是指以计算机为中心，采用数字信号将多种媒体信息（文本、图形、图像、声音、动画、视频等）有机地组织在一起，共同表达一个完整的概念。此外，多媒体处理工具和设备的集成能够为多媒体系统的开发与实现建立理想的集成环境。

（3）多样性。多样性是指多媒体信息是多样化和多维化的，同时也指多媒体信息输入、传播、再现和展示手段的多样化。多媒体技术使人们的思维不再局限于有顺序、单调和狭小的范围。它扩大了计算机所能处理的信息空间，使计算机不再局限于处理数值、文本等信息，使人们能得心应手地处理更多种类的信息。

（4）实时性。实时性是指声音与视频图像必须在时间上保持同步和连续。多媒体系统提供了对这些媒体进行实时处理和控制的能力。多媒体系统除了像一般计算机一样能够处理离散媒体，如文本、图像外，还能够综合处理带有时间关系的媒体，如音频、视频和动画，甚至是实况信息媒体。

（5）非线性。多媒体技术的非线性特点将改变人们传统循序性的读写模式。以往人们读写内容时大都采用章、节、页的框架，循序渐进地获取知识，而多媒体技术将借助超文本链接的方法，把内容以一种更灵活、更具变化的方式呈现给人们。

目前，多媒体技术主要处理的对象（元素）有文字、声音、静态图像（包括图形、图像）、动态图像（包括视频、动画），主要研究和解决的问题是图像、声音、视频等表示媒体的数据编码、压缩与解压缩等。

1.3.3　声音的编码

声音（Audio）是人们进行交流最直接、最方便的形式，也是计算机领域最常用的媒体形式之一。一般人耳听见的声音信号是一种通过空气传播的连续的模拟信号（声波），在计算机中处理声音信号时，要将其转换为数字信号，并以文件的形式保存，常见的声音文件格式有 WAV、MIDI、MP3 等。

1．声音的数字化

声音的主要物理特征包括频率和振幅。声音用电信号表示时，声音信号是在时间上和幅度上都连续的模拟信号，而计算机只能存储和处理离散的数字信号。将连续的模拟信号变成离散的数字信号就是数字化，声音的数字化主要包括采样、量化、编码 3 个基本过程。

（1）采样。采样就是以固定的时间间隔在声音波形上获取一个幅度值，把时间上连续的信号变成时间上离散的信号。该时间间隔称为采样周期，其倒数称为采样频率。

采样频率可用每秒采样次数表示，如 44.1kHz 表示将 1s 的声音用 44100 个采样点数据表示。显而易见，采样频率越高，数字化音频的质量越高，需要的存储空间越大。因此，需要确定一个合适的时间间隔，来达到既能记录足够复现原始声音信号的信息，又不浪费过多的存储空间的目的。

根据奈奎斯特采样定理，当采样频率大于或等于声音信号最高频率的两倍时，就可以从采样中恢复成原声音信号。

（2）量化。量化就是将每个采样点得到的幅度值以数字形式存储。表示采样点幅度值的二进制位数被称为量化位数，它是决定数字音频质量的另一重要参数，一般为 8 位、16 位，又称为采样精度。量化位数越大，采样精度越高，声音的质量越好，需要的存储空间也就越多。

记录声音时，若每次只产生一组声波数据，则称为单声道；若每次产生两组声波数据，则称为双声道。双声道具有空间立体效果，但所占存储空间比单声道多一倍。

（3）编码。编码就是将量化的结果用二进制数的形式表示。编码常用的基本技术是脉冲编码调制（Pulse Code Modulation，PCM）。

每秒音频数据量（字节数）可按如下公式计算：

音频数据量=采样频率（Hz）×量化位数（bit）×声道数/8

2. 声音文件格式

（1）WAV（.wav）。WAV 是波形声音文件存储格式，主要存储外部设备（麦克风、录音机）录制的声音信息，然后经声卡将其转换成数字信息，播放时还原成模拟信号输出。WAV 文件直接记录了真实声音的二进制采样数据，通常文件较大，多用于存储简短的声音片段。

（2）MIDI（.midi）。乐器数字接口（Musical Instrument Digital Interface，MIDI）是电子乐器与计算机之间交换音乐信息的规范，是数字音乐的国际标准。MIDI 文件中的数据记录的是乐曲演奏的每个音符的数字信息，而不是实际的声音采样，因此 MIDI 文件要比 WAV 文件小很多，而且易于编辑、处理。

（3）MP3（.mp3）。MP3 是采用 MPEG 音频标准对信息进行压缩的文件格式。MPEG 音频文件的压缩是一种有损压缩，根据压缩质量和编码复杂程度的不同，可分为 3 层（MPEG-1 Audio Layer 1/2/3），分别对应 MP1、MP2、MP3 这 3 种音频文件。其中 MP3 文件具有压缩比高、音质接近 CD、制作简单、便于交换等优点，非常适合在网上传播，是目前使用最多的音频格式文件，其音质稍逊于 WAV 文件。

（4）RA（.ra）。RA 是由 RealNetworks 公司开发的网络音频文件格式，压缩比较高，采用了"音频流"技术，可实时传输音频信息。

（5）WMA（.wma）。WMA 是微软公司开发的 Windows 平台音频标准，压缩比高，音质比 MP3 和 RA 格式好，适合网络实时传播。

还有其他的音频文件格式，如 Au（.au）、AIF（.aif）等。

1.3.4　图像的编码

图像是多媒体中最基本、最重要的数据。图像是自然界中的客观景物通过某种系统的映射，使人们产生的视觉感受，一般有静止和活动两种表现形式。静止的图像称为静态图像，活动的图像称为动态图像。

1. 静态图像的数字化

一幅静态图像可以看成是由许许多多的点组成的，这些点称为像素。静态图像的数字化就是采集组成一幅图像的点，再将采集到的信息进行量化，最后编码为二进制数据。每像素的值表示其颜色、属性等信息。一幅图像像素点的行数×列数称为图像的分辨率；存储图像颜色的二进制数的位数称为颜色深度。例如，3 位二进制数可以表示 8 种不同的颜色，因此 8 色图的颜色深度是 3；真彩色图的颜色深度是 24，可以表示 16777216 种颜色。

2. 动态图像的数字化

将静态图像以每秒 n 幅的速度播放就构成了动态图像，当 $n \geqslant 25$ 时，显示在人眼中的就是连续的画面。

动态图像又分为视频和动画。习惯上将通过光学镜头拍摄得到的动态图像称为视频，而将用计算机或绘画的方法生成的动态图像称为动画。

3. 图像文件格式

（1）BMP（.bmp）。BMP 是 Windows 系统采用的图像文件存储格式。

（2）GIF（.gif）。GIF 是供联机图形交换使用的一种图像文件格式，目前在网络上应用广泛，压缩比高，占用空间小，但颜色深度不能超过 8，即 256 色。

（3）JPEG（.jpg/.jpeg）。JPEG 是利用 JPEG 方法压缩的图像格式，压缩比高，适用于处理真彩大幅面图像，可以把文件压缩到很小，是互联网中最受欢迎的图像文件格式之一。

（4）TIFF（.tiff）。TIFF 是一种二进制图像文件格式，广泛用于桌面出版系统、图形系统和广告制作系统，并用于跨平台图形转换。

（5）PNG（.png）。PNG 是适合网络传播的无损压缩位图文件格式。

4. 视频文件格式

（1）AVI（.avi）。AVI 是 Windows 操作系统中数字视频文件的标准格式。

（2）MOV（.mov）。MOV 是 QuickTime for Windows 视频处理软件采用的视频文件格式。MOV 文件的图像画面的质量比 AVI 文件要好。

（3）ASF（.asf）。ASF 是高级流视频格式，主要优点包括支持本地或网络回放、支持部件下载，它是一种可伸缩的媒体类型。

（4）WMV（.wmv）。WMV 是微软公司开发的 Windows 媒体视频文件格式，是 Windows Media 的核心。

（5）MPG（.mpeg/.dat/.mp4）。MPG 是包括 MPEG-1、MPEG-2 和 MPEG-4 在内的多种视频格式的总称，MPEG 系列标准已成为国际上影响力最大的多媒体技术标准之一。

（6）FLV（.flv）。FLV 是 Flash Video 的简称，FLV 流媒体格式是一种新的视频格式。由于它形成的文件极小、加载速度极快，所以使得人们可以通过网络观看视频文件。

（7）RMVB（.rmv/.rmvb）。其前身为 RM 格式，是 RealNetworks 公司制定的视频压缩规范。其根据不同的网络传输速率制定出不同的压缩比率，从而实现在低速率的网络上进行影像数据实时传输和播放，具有体积小、品质接近于 DVD 的优点，是主流的视频格式之一。

1.3.5 多媒体数据压缩

多媒体信息被数字化之后，其数据量往往非常庞大。为了解决视频、图像、音频信号数据的大容量存储和实时传输问题，除了提高计算机本身的性能及通信信道的带宽外，更重要的是要有效压缩多媒体数据文件。

数据压缩实际上是一个编码过程，即对原始的数据进行编码压缩。因此，数据压缩方法也称为编码方法。数据压缩可以分为无损压缩和有损压缩两种类型。

1. 无损压缩和有损压缩

无损压缩是利用数据的统计冗余进行压缩，又称为可逆编码。其原理是通过统计被压缩数据中重复数据的出现次数来进行编码。解压缩后的重构数据是对原始对象的完整复现。无损压缩的压缩比较低，一般为 2:1～5:1，通常广泛应用于文本数据、程序及重要图形和图像（如指纹图像、医学图像）的压缩。WinZip 和 WinRAR 软件可用来压缩任何类型的文件。无损压缩没有解决多媒体信息存储和传输的所有问题，常用的无损压缩算法包括行程编码、霍夫曼编码（Huffman Coding）、算术编码等。

有损压缩是指压缩后的数据不能够完全还原成原始数据的压缩方法，又称为不可逆编码。有损压缩以损失文件中对视觉和听觉感知不重要的信息为代价，来换取较高的压缩比，压缩比一般为几十到几百比一，常用于音频、图像和视频的压缩。典型的有损压缩编码方法有预测编码、变换编码、基于模型编码、分形编码和矢量量化等。

2. 多媒体数据压缩标准

目前已公布的数据压缩标准有：用于静止图像压缩的 JPEG 标准；用于视频和音频编码的

MPEG 系列标准（包括 MPEG-1、MPEG-2、MPEG-4 等）；用于视频和音频通信的 H.261、H.263 标准等。

（1）JPEG 标准。JPEG（Joint Photographic Experts Group，联合图像专家组）标准是第一个针对静止图像压缩的国际标准。JPEG 标准制定了两种基本的压缩编码方案：以离散余弦变换为基础的有损压缩编码方案和以预测技术为基础的无损压缩编码方案。

（2）MPEG 标准。MPEG（Motion Picture Experts Group，运动图像专家组）标准规定了声音数据和电视图像数据的编码和解码过程、声音和数据之间的同步等问题。大部分 VCD 都是用 MPEG-1 格式压缩的；MPEG-2 标准则应用在 DVD 和一些 HDTV（High Definition Television，高清晰电视广播）的制作中；MPEG-4 是基于第二代压缩编码技术制定的国际标准，它以视听媒体对象为基本单元，采用基于内容的压缩编码，以实现数字视频和音频、图形合成应用及交互式多媒体的集成。

（3）H.261、H.263 标准。H.216 标准是 CCITT 所属专家组主要为可视电话和电视会议而制定的标准，是关于视像和声音的双向传输标准。H.261 标准最初是针对在 ISDN 上实现电信会议应用，特别是面对面的可视电话和视频会议而设计的。实际的编码算法类似于 MPEG 算法，但不能与后者兼容。在实时编码时 H.261 标准比 MPEG 标准所占用的 CPU 运算量少得多，此算法为了优化带宽占用量，引进了图像质量与运动幅度之间的平衡折中机制，也就是说，剧烈运动的图像比相对静止的图像质量要差。因此，这种方法是属于恒定码流可变质量编码而非恒定质量的可变码流编码。H.263 标准的编码算法与 H.261 标准一样，但做了一些改善，以提高性能和纠错能力。H.263 标准在低码率的情况下能够提供比 H.261 标准更好的图像效果。

1.4　计算机病毒及其防治

1.4.1　计算机病毒的概念

计算机病毒（Computer Virus）是一种特殊的程序，它能自我复制到其他程序体内，影响和破坏程序的正常执行和数据的正确性，或者非法入侵并隐藏在存储媒体中的引导部分、可执行程序或数据文件中，在一定条件下被激活，从而破坏计算机系统。

在《中华人民共和国计算机信息系统安全保护条例》中，计算机病毒被明确定义为："计算机病毒，是指编制或者在计算机程序中插入的破坏计算机功能或者毁坏数据，影响计算机使用，并能自我复制的一组计算机指令或者程序代码。"

1.4.2　计算机病毒的特征和分类

1. 计算机病毒的特征

计算机病毒是人为制造出来专门威胁计算机系统安全、网络安全和信息安全的程序，一般具有寄生性、破坏性、传染性、潜伏性和隐蔽性等特征。

（1）寄生性

计算机病毒不是通常意义上的完整的计算机程序，而是一种特殊的、依附于系统区或其他文件的寄生程序（被依附的程序叫作宿主程序），即需要寄生于宿主程序中才能生存。通常情况下，在宿主程序启动之前病毒是不易被人发觉的。只有宿主程序被执行，病毒才有机会被激活。

（2）破坏性

几乎所有的计算机病毒都具有不同程度的破坏性，只是表现出来的破坏情况不一致。病毒入侵计算机后，表现为降低计算机运行速度，或是篡改、删除系统数据并使之无法恢复，导致系统崩溃，甚至破坏计算机主板等硬件系统。

（3）传染性

传染性是计算机病毒的基本特性，病毒能够通过 U 盘、网络等途径入侵计算机。在入侵之后，病毒往往能够实现扩散，会主动将自身的复制品或变种传染到其他未染病毒的程序上，其速度之快令人难以预防，进而造成被传染的计算机工作失常甚至瘫痪。

（4）潜伏性

大部分计算机病毒感染系统之后一般不会马上发作，它隐藏在系统中，就像定时炸弹一样，只有在满足其特定的条件时，才开始启动并发挥破坏作用（如黑色星期五病毒）。通常，病毒的潜伏性越强，其在系统中的存在时间就会越长，传染范围就会越大。

（5）隐蔽性

计算机病毒具有较强的隐蔽性，往往以隐含文件或程序代码的方式存在，在通常的病毒软件检查过程中，难以实现及时有效的查杀。有些病毒在感染系统之后，系统仍能正常工作，用户觉察不到病毒的存在；有些病毒伪装成正常程序，计算机扫描文件时难以发现病毒；有些病毒被设计成病毒修复程序，诱导用户使用；有的病毒不定时启动，变化无常。因此计算机病毒处理起来通常很困难。

2. 计算机病毒的分类

计算机病毒的分类方法很多，按计算机病毒的感染方式可分为如下 5 类。

（1）引导区型病毒。使用 U 盘、光盘及各种移动存储介质时，可能感染引导区型病毒。当硬盘主引导区感染病毒后，病毒就会试图感染每个连接计算机进行读写的移动盘的引导区。这类病毒常常用其病毒程序替代主引导区中的系统程序。引导区型病毒一般先于系统文件装入内存储器，获得控制权并进行传染和破坏。

（2）文件型病毒。这类病毒主要感染扩展名为 ".com" ".exe" ".drv" ".bin" ".ovl" ".sys" 等的可执行文件，通常寄生在文件的首部或尾部，并修改程序的第一条指令。当计算机执行染了病毒的文件时，会先跳转去执行病毒程序，并使病毒进行传播和破坏。这类病毒只有当带病毒的文件被执行时才能进入内存，一旦符合激活条件，它就发作。

（3）混合型病毒。这类病毒既可以传染磁盘的引导区，也可以传染可执行文件。混合型病毒综合引导区型和文件型病毒的特性，它的"性情"比引导区型和文件型病毒更为"凶残"。这种病毒通过这两种方式来传染，增强了病毒的传染性并增大了病毒的存活率。不管以哪种方式传染，计算机只要中毒，就很容易在开机或执行程序时感染其他的磁盘或文件，此种病毒也是最难杀灭的。

（4）宏病毒。宏病毒是寄存在 Microsoft Office 文档或模板的宏中的病毒。它只感染 Microsoft Word 文档文件（DOC）和模板文件（DOT），与操作系统没有特别的关联。它们大多由 Visual Basic 或 Word 提供的宏程序语言编写，比较容易制造。它能通过 E-mail 下载 Word 文档附件等途径蔓延。当操作感染宏病毒的 Word 文档时，病毒就进行破坏和传播。宏病毒还可衍生出各种变形病毒，这种传播方式让许多系统防不胜防，也使宏病毒成了威胁计算机系统的"第一杀手"。Word 被宏病毒破坏的后果是：不能正常打印；改变文件名称或封闭存储路径，删除或随意复制文件；封闭有关菜单，最终导致无法正常编辑文件。

（5）Internet 病毒（网络病毒）。Internet 病毒大多是通过 E-mail 或网站传播的。网络病毒是危害计算机系统的源头之一，"黑客"利用通信软件，通过网络非法进入他人的计算机系统，截取或篡改数据，危害信息安全。一些"黑客程序"可以监控被控制的计算机系统，进而盗取用户的个人私密数据或信息，甚至控制计算机的摄像头。病毒迫使受感染的操作系统主动访问互联网中指定的 Web 服务器，下载木马等恶意程序，给计算机用户和其操作系统等带来更大的危害。

1.4.3　计算机病毒的防治

1. 计算机感染病毒的常见症状

尽快发现计算机病毒是有效减少病毒危害的关键。检查计算机有无病毒，主要靠反病毒软件进行检测，另外要细心留意计算机运行时的异常状况，下列异常现象可作为检查计算机病毒的参考。

（1）系统剩余的内存空间明显变小。

（2）磁盘文件数目无故增多。

（3）文件或数据无故丢失，或文件长度自动发生了变化。

（4）系统引导或程序加载的速度明显减慢，或正常情况下可以运行的程序突然因内存不足而不能运行。

（5）计算机经常出现异常死机和重启现象。

（6）系统不能识别硬盘或硬盘不能引导系统。

（7）显示器上经常出现一些莫名其妙的信息或其他异常现象。

（8）文件的日期/时间值被修改成最近的日期或时间（用户自己并没有主动修改）。

（9）编辑文本文件时，文件频繁地自动存盘。

2. 计算机病毒的清除

发现计算机病毒后应立即清除，将病毒危害降低到最低限度。清除计算机病毒的方法如下。

（1）启动最新的杀毒软件，对整个计算机系统进行病毒扫描和清除，使系统或文件恢复正常。

（2）如果可执行文件中的病毒不能被清除，一般应将其删除，然后重新安装应用程序。

（3）某些病毒在原操作系统运行时无法完全清除，此时应用事先准备好的安全的系统引导盘引导系统，然后运行杀毒软件进行清除。

（4）如果计算机染上了病毒，杀毒软件也被破坏了，最好立即关闭系统，以免因继续使用而使更多的文件遭到破坏。然后应用事先准备好的安全的系统引导盘引导系统，安装并运行杀毒软件对病毒进行清除。

目前较流行的杀毒软件有 360、瑞星、诺顿、卡巴斯基、金山毒霸及江民杀毒软件等。

3. 计算机病毒的防范

计算机感染病毒后，用杀毒软件检测和消除病毒是被动的处理措施，况且很多病毒会永久性地破坏被感染程序，如果没有备份将很难恢复。因此，做好计算机病毒的防范，是防治病毒的关键。所谓防范，是指通过合理、有效的防范体系及时发现计算机病毒，并能采取有效的手段阻止病毒的破坏和传播，保护系统和数据安全。

计算机病毒主要通过移动存储介质（如 U 盘、移动硬盘）和计算机网络两大途径进行传播。人们在工作实践中总结出一些预防计算机病毒的简易可行的措施，这些措施实际上是要求用户养成良好的使用计算机的习惯。具体归纳如下。

（1）有效管理系统内建的 Administrator 账户、Guest 账户及用户创建的账户，包括密码管理、权限管理等。使用计算机系统的口令来控制对系统资源的访问，以提高系统的安全性，这是预防病毒最容易和最经济的方法之一。

（2）安装有效的杀毒软件并根据实际需求进行安全设置。同时，定期升级杀毒软件并经常全盘查毒、杀毒，也是预防病毒的重中之重。

（3）打开系统中杀毒软件的"系统监控"功能，从注册表、系统进程、内存、网络等方面对各种异常操作进行主动防御。

（4）扫描系统漏洞，及时更新系统补丁。

（5）对于未检测过是否感染病毒的光盘、U 盘或移动硬盘等移动存储设备，在使用前应用杀毒软件查毒，未经检查的可执行文件不要复制入硬盘，更不要使用。

（6）不使用盗版或来历不明的软件，浏览网页、下载文件时要选择正规的网站，并使用杀毒软件检查下载的文件是否感染病毒。

（7）尽量使用具有查毒功能的电子邮箱，尽量不要打开可疑邮件。

（8）禁用远程功能，关闭不需要的服务。

（9）修改 IE 浏览器中与安全相关的设置。

（10）关注目前流行的计算机病毒的感染途径、启动形式及防范方法，做到预先防范，感染后及时杀毒，以避免遭受更大损失。

（11）准备一张安全的系统引导光盘或 U 盘，并将常用的工具软件复制到该盘上，然后妥善保存。此后一旦系统受到病毒侵犯，就可以使用该盘引导系统，进行检查、杀毒等操作。

（12）分类管理数据，对各类重要数据、文档和程序应分类备份保存。

计算机病毒的防治是一项系统工程，除了技术手段之外，还涉及法律、教育、管理制度等诸多因素。要通过教育，使广大用户认识到计算机病毒的严重危害，了解计算机病毒的防治常识，提高尊重知识产权的意识，增强法律、法规意识，最大限度地减少计算机病毒的产生与传播。

1.5　计算思维与计算机新技术

1.5.1　计算思维

1. 计算思维的定义

2006 年 3 月，美国卡内基梅隆大学计算机科学系主任周以真（Jeannette M. Wing）教授在美国计算机权威期刊 *Communications of the ACM* 上给出并定义计算思维（Computational Thinking）一词。周教授认为：计算思维是运用计算机科学的基础概念进行问题求解、系统设计以及人类行为理解等涵盖计算机科学之广度的一系列思维活动。

周教授为了让人们更易于理解，又将计算思维进一步地定义为：通过约简、嵌入、转化和仿真等方法，把一个看起来困难的问题重新阐释成一个我们知道怎样解决的问题；是一种递归思维，是一种并行处理，是一种把代码译成数据又能把数据译成代码的方法，是一种多维分析推广的类型检查方法；是一种采用抽象和分解来控制庞杂的任务或进行巨大复杂系统设计的方法，是基于关注分离的方法（SoC 方法）；是一种选择合适的方式去陈述一个问题，或对一个问题的相关方面建模使其易于处理的思维方法；是按照预防、保护及通过冗余、容错、纠错的方式，并从最坏情况进行系统恢复的一种思维方法；是利用启发式推理寻求解答，也即在不确定情况下的规划、学习和调度的思维方法；是利用海量数据来加快计算，在时间和空间之间，在处理能力和存储容量之间进行折中的思维方法。

2. 计算思维的特性

（1）计算思维是概念化的抽象思维，而非程序化思维。计算机科学不是计算机编程。像计算机科学家那样去思考意味着人类不只能为计算机编程，还能够在多个抽象的层次上思考。

（2）计算思维是根本的技能，而非刻板的技能。根本技能是每一个人为了在现代社会中行使职能所必须掌握的。刻板技能意味着机械地重复。

（3）计算思维是人的思维，而非机器的思维。计算思维是人类求解问题的一条途径，但绝不是要人类像计算机那样思考。计算机枯燥且沉闷，人类聪颖且富有想象力。是人类赋予计算机"激情"，配置了计算设备，人类就能用自己的智慧去解决那些在"计算时代"之前无法解决的问题，达到"只有想不到，没有做不到"的境界。

（4）计算思维是数学和工程思维的互补与融合。计算机科学本质上源自数学思维，因为同所有的科学一样，其形式化基础建造于数学之上。计算机科学从本质上又源自工程思维，因为我们建造的是能够与真实世界互动的系统，基本计算设备的限制迫使计算机科学家必须计算性地思考，不能只是数学性地思考。构建虚拟世界的自由使我们能够设计不同于物理世界的各种系统。

（5）计算思维是思想，而非人造物。计算思维不是我们生产的软硬件等人造物以物理形式到处呈现并时时刻刻触及我们的生活，而是我们用以接近和求解问题、管理日常生活、与他人交流和互动的计算概念。

（6）计算思维适合于任何人、任何地方。当计算思维真正融入人类活动的整体时，计算思维就不再是一种显示的哲学，它将成为一种现实。

3. 计算思维的问题求解步骤

计算思维的本质是抽象（Abstract）和自动化（Automation）。运用计算思维进行问题求解一般要经过以下 4 个步骤。

① 把实际问题抽象为数学问题并建模，也就是将人对问题的理解用数学语言描述。

② 模型映射，将数学模型中的变量和规则用特定的符号表示。

③ 把解决问题的逻辑分析过程和算法用特定计算机语言描述，即把解题思路变成计算机指令。

④ 计算机根据指令，按逻辑顺序自动执行，从而解决问题。

综上所述，计算思维是与人类思维活动同步发展的思维模式，它结合了数学思维（求解问题的方法）、工程思维（设计、评价大型复杂系统）和科学思维（理解可计算性、智能、心理和人类行为），涵盖了计算机科学等一系列思维活动。计算思维是一直存在的科学思维方式，它的明确和建立经历了较长的时间，计算机的出现和应用促进了计算思维的发展和应用。

1.5.2　计算机新技术

1. 云计算

（1）云计算的定义与特点

云计算（Cloud Computing）是分布式计算的一种，指的是用网络"云"将巨大的数据计算处理程序分解成无数个小程序，然后通过多台服务器组成的系统处理和分析这些小程序，得到结果并返回给用户这一过程。

云计算发展早期，只是简单的分布式计算，用于解决任务分发问题，并进行计算结果的合并，因此云计算又称为网格计算。这项技术可以在很短的时间内（几秒钟）完成对数以万计的数据的处理，从而提供强大的网络服务。现阶段我们所说的云计算服务已经不单单是一种分布式计算，而是分布式计算、效用计算、负载均衡、并行计算、网络存储、热备份冗余和虚拟化等计算机技术融合演进并跃升的结果。

"云"实质上就是一个计算网络，从狭义上讲，云计算就是一种提供资源的网络，使用者可以随时获取"云"上的资源，按需使用，并且可以看成是可无限扩展的，只要按使用量付费就可以。从广义上说，云计算是与信息技术、软件、互联网相关的一种服务，这种计算资源共享池叫作"云"。云计算把许多计算资源集合起来，通过软件实现自动化管理，只需要很少的人参与，就能将资源快速提供给用户。也就是说，计算能力可以作为一种商品在互联网上流通，可以方便地取用，且价格会较为低廉。

总之，云计算不是一种全新的网络技术，而是一种全新的网络应用概念，云计算的核心概念就是以互联网为中心，在网络上提供快速且安全的计算服务与数据存储服务，让每一个使用互联网的人都可以使用网络上的庞大计算资源与数据中心。

云计算的可贵之处在于其具有高灵活性、高可扩展性和高性价比等，与传统的网络应用模式相比，其优势与特点如下。

① 虚拟化技术

必须强调的是，虚拟化技术突破了时间、空间的界限，是云计算最为显著的特点，虚拟化技术包括应用虚拟和资源虚拟两种。众所周知，物理平台与应用部署的环境在空间上是没有直接联系的，用户通过虚拟平台操作相应终端完成数据备份、迁移和扩展等工作。

② 动态可扩展

云计算具有高效的运算能力，在原有服务器基础上增加云计算功能能够使计算速度迅速提高，通过虚拟化达到对应用进行动态扩展的目的。

③ 按需部署

计算机包含了许多应用，不同的应用对应的数据资源库不同，所以用户运行不同的应用时需要使用较强的计算能力对资源进行部署，而云计算平台能够根据用户的需求快速配备计算能力及资源。

④ 灵活性高

目前市场上大多数 IT 资源、软件、硬件都支持虚拟化，例如存储网络、操作系统，以及开发软件和硬件等。虚拟化要素统一放在云系统资源虚拟池当中进行管理，可见云计算的兼容性非常强，不仅可以兼容低配置机器、不同厂商的硬件产品，还能够通过外设获得更高性能的计算。

⑤ 可靠性高

即使服务器发生故障也不影响计算与应用的正常运行。因为单点服务器出现故障时，可以通过虚拟化技术对分布在不同物理服务器上面的应用进行恢复或利用动态扩展功能部署新的服务器进行计算。

⑥ 性价比高

将资源放在虚拟资源池中统一管理，在一定程度上优化了物理资源的分配和使用，用户不再需要单独购买存储空间大的昂贵主机，可以选择相对廉价的个人计算机组成"云"，一方面能减少费用，另一方面计算性能不逊于大型主机。

⑦ 可扩展性高

用户可以利用应用软件的快速部署条件来更为简单快捷地对自身所需的已有业务及新业务进行扩展。例如，计算机云计算系统中设备出现故障，对用户来说，无论是在计算机层面上，还是在具体运用上，均不会受到阻碍，可以利用计算机云计算具有的动态扩展功能对其他服务器开展有效扩展。这样一来，就能够确保任务有序完成。在对虚拟化资源进行动态扩展的同时，还能够高效扩展应用，提高计算机云计算的操作水平。

（2）云计算的服务类型

云计算的服务类型通常分为 3 类，分别为基础设施即服务、平台即服务和软件即服务。这 3 种云计算服务位于不同层级，它们构建堆栈，因此有时称为云计算堆栈。

① 基础设施即服务（Infrastructure as a Service，IaaS）

基础设施即服务是主要的服务类别之一，即云计算提供商向个人或组织提供虚拟化计算资源，如虚拟机、存储服务、网络和操作系统。

② 平台即服务（Platform as a Service，PaaS）

平台即服务是一种服务类别，即云计算提供商为开发人员提供通过全球互联网构建应用程序和服务的平台，为开发人员开发、测试和管理软件应用程序按需提供开发环境。

③ 软件即服务（Software as a Service，SaaS）

软件即服务也是云计算服务的一类，即云计算提供商通过互联网提供按需付费应用程序，托管应用程序，并允许其用户通过全球互联网连接并访问应用程序。

（3）云计算的应用

云计算已经融入现今的社会生活，如电子政务、教育、科研、电信、装备制造、网络安全、金融、能源、军事、医学、天文学等领域。云计算正朝着更广泛的领域迈进。以下是几种常见的云计算应用。

① 存储云

存储云又称云存储，是在云计算技术上发展起来的一种新的存储技术。云存储是一个以数据存储和管理为核心的云计算系统。用户可以将本地的资源上传至云端，可以通过在任何地方连入互联网来获取"云"上的资源。例如，谷歌、微软等公司均有云存储的服务；在国内，阿里云是市场上占有量最大的存储云。存储云向用户提供了存储服务、备份服务、归档服务和记录管理服务等，大大方便了使用者对资源的管理。

② 医疗云

医疗云是指在云计算、移动技术、多媒体、4G 通信、大数据及物联网等技术的基础上，结合医疗技术创建的医疗健康服务云平台，实现了医疗资源的共享和医疗范围的扩大。因为云计算技术的运用与结合，医疗云提高了医疗机构的工作效率，方便居民就医。现在医院的预约挂号、电子病历、医保等线上服务都是云计算与医疗领域结合的产物，医疗云还具有数据安全、信息共享、可动态扩展、覆盖范围广的优势。

③ 金融云

金融云是指利用云计算的模型，将各金融机构及相关机构的数据中心互联互通，众多分支机构形成联网"云"，为银行、保险和基金等金融机构提供互联网服务，同时共享互联网资源，从而解决现有问题并且达到提高效率、降低成本的目标。2013 年，阿里云整合阿里巴巴旗下资源并推出了阿里金融云服务。因为金融与云计算的结合，我们只需要在手机上进行简单的操作，就可以完成银行存款、购买保险和基金买卖等操作。现在，不仅阿里巴巴推出了金融云服务，苏宁金融、腾讯等企业也推出了自己的金融云服务。

④ 教育云

教育云实质上是指教育信息化的一种发展。具体来说，教育云可以将所需要的任何教育硬件资源虚拟化，然后将其传入互联网中，为教育机构、学生和老师提供一个方便快捷的平台。现在流行的大型开放式网络课程就是教育云的一种应用。慕课（MOOC）指的是大规模开放的在线课程。现阶段开设 MOOC 的三大优秀平台为 Coursera、edX 及 Udacity。2013 年 10 月 10 日，清华大学推出了 MOOC 平台——学堂在线，许多大学现已使用学堂在线开设了一些课程的 MOOC。

2. 大数据

（1）大数据的定义与特征

大数据（Big Data）又称巨量数据，是指无法在一定时间范围内用常规软件或工具进行捕捉、管理和处理的数据集合，是需要使用新处理模式才能具有更强的决策力、洞察力和流程优化能力的海量、高增长率和多样化的信息资产。

在维克托·迈尔-舍恩伯格及肯尼斯·库克耶编写的《大数据时代》中写道，当数据处理技术已经发生了翻天覆地的变化时，在大数据时代进行抽样分析就像在汽车时代骑马一样。一切都改变了，我们需要的是所有的数据"样本=总体"。IBM 提出的大数据的"5V"特征包括：Volume（大量性）、Velocity（高速性）、Variety（多样性）、Value（价值性）、Veracity（真实性）。具体内容如下。

大量性：数据的采集量、计算量、存储量都非常庞大。

高速性：数据被创建、移动和获取的速度快。

多样性：数据类型多样。

价值性：合理运用大数据，以低成本创造高价值。

真实性：数据的准确性和可信度，即数据的质量。

大数据技术的意义不在于掌握庞大的数据信息，而在于对这些有意义的数据进行专业化处理。换言之，如果把大数据比作一种产业，那么这种产业营利的关键在于提高对数据的"加工能力"，通过"加工"实现数据的"增值"。

从技术上看，大数据与"云计算"的关系就像一枚硬币的正反面一样密不可分。大数据必然无法用单台计算机进行处理，必须采用分布式架构对海量数据进行分布式数据挖掘；它必须依托云计算的分布式处理、分布式数据库和云存储、虚拟化技术。

（2）大数据的结构

大数据包括结构化、半结构化和非结构化数据，非结构化数据越来越重要。IDC 的调查报告显示：企业中 80%的数据都是非结构化数据，这些数据每年都按指数增长 60%。大数据是互联网发展到现阶段的一种表象或特征，在以云计算为代表的新技术的支持下，这些原本看起来很难收集和使用的数据变得容易被利用了，通过各行各业的不断创新，大数据会逐步为人类创造更多的价值。

如果要系统地认识大数据，必须全面而细致地分解它，可以从以下 3 个层面着手。

第一层面是理论，理论是认知的必经途径，也是被广泛认同和传播的基线。从大数据的特征定义理解行业对大数据的整体描绘和定性；从对大数据价值的探讨深入解析大数据的珍贵所在；洞悉大数据的发展趋势；从大数据隐私这个特别而重要的视角审视人和数据之间的长久博弈。

第二层面是技术，技术是体现大数据价值的手段和前进的基石。分别从云计算、分布式处理技术、存储技术和感知技术的发展来说明大数据从采集、处理、存储到形成结果的整个过程。

第三层面是实践，实践是大数据最终价值的体现。分别从互联网的大数据、政府的大数据、企业的大数据和个人的大数据 4 个方面来描绘大数据已经展现的美好景象及蓝图。

（3）大数据的处理流程

大数据的处理流程可以定义为：在合适工具的辅助下，对不同结构的数据源进行采集和集成，并将结果按照一定的标准统一存储，再利用合适的数据分析技术对其进行分析，最后从中提取出有益的知识并利用可视化的方式将结果展示给终端的用户。

① 数据采集与集成

大数据的数据来源广泛，而其第一步处理操作是对数据进行采集和集成，从中找出关系和实体，经过关联、聚合等操作，再按照统一的格式对数据进行存储。现有的数据采集和集成引擎有3种：基于物化或 ETL 方法的引擎、基于中间件的引擎、基于数据流方法的引擎。

② 数据分析

数据分析是研究大型数据集的过程，其中包含各种类型的数据。大数据能够揭示隐藏的信息模式、未知事物的相关性、市场趋势、客户偏好和其他有用的商业信息，其分析结果可用于市场营销，提供新的收入机会、更好的客户服务，提高运营效率、竞争优势和其他商业利益。数据分析是大数据处理流程的核心步骤，通过数据采集和集成环节，从不同结构的数据源中获得了用于大数据处理的原始数据，用户根据需求对这些数据进行分析处理，如数据挖掘、机器学习、数据统计。数据分析可以用于决策支持、商业智能、推荐系统、预测系统等。

③ 数据可视化

数据可视化主要是指借助图形化手段，清晰有效地传达与沟通信息。数据可视化技术的基本思想是将数据库中的每一个数据项作为单个图形元素，用大量的数据集合构成数据图像，同时将数据的各个属性值以多维数据的形式表示，然后从不同的维度观察数据，从而对数据进行更深入的观察和分析。使用可视化技术可以将处理结果通过图形方式直观地呈现给用户，如标签云、历史流、空间信息等；而人机交互技术可以引导用户对数据进行逐步分析并理解数据分析结果。

（4）大数据的应用

大数据创造价值的关键在于大数据的应用。随着大数据技术的飞速发展，大数据应用已经融入各行各业。大数据产业正快速发展为新一代信息技术和服务业态，即对数量巨大、来源分散、类型多样的数据进行采集、存储和关联分析，并从中发现新知识、创造新价值、获得新能力。例如，在以下列举的某些领域的细分行业中，大数据已经实现落地应用，未来大数据的应用领域必定会越来越广泛。

电商领域：淘宝、京东等电商平台利用大数据技术对用户信息进行分析，推送用户感兴趣的产品，从而刺激消费。

政府领域："智慧城市"已经在多地尝试运营，通过大数据技术，政府部门得以感知社会的发展变化需求，从而更加科学、精准、合理地为市民提供相应的公共服务及资源配置。

医疗领域：医疗行业通过临床数据对比、实时统计分析、远程病人数据分析、就诊行为分析等，辅助医生进行临床决策，规范诊疗途径，提高医生的工作效率。

传媒领域：传媒相关企业通过收集各式各样的信息，对信息进行分类筛选、清洗、深度加工，实现对用户个性化需求的准确定位和把握，并追踪用户的浏览习惯，不断进行信息优化。

安防领域：安防行业借助大数据技术可实现视频和图像模糊查询、快速检索、精准定位，并能够进一步挖掘海量视频监控数据背后有价值的信息，反馈内含信息以辅助决策判断。

金融领域：在用户画像的基础上，银行可以根据用户的年龄、资产规模、理财偏好等，对用户群进行精准定位，分析出用户潜在的金融服务需求。

电信领域：电信行业拥有庞大的数据，大数据技术可以应用于网络管理、客户关系管理、企业运营管理等，并且使数据对外商业化，实现单独营利。

教育领域：通过大数据进行学习分析，能够为每一名学生创设一个量身定做的个性化课程，为学生提供一个合适的学习计划。

交通领域：大数据技术可以预测未来的交通情况，提供优化方案改善交通状况，有助于交通部门提高对道路交通的把控能力，缓解交通拥堵的情况，提供更加人性化的服务。

3. 虚拟现实技术

（1）虚拟现实技术的定义

虚拟现实（Virtual Reality，VR）技术，又称灵境技术，是 20 世纪发展起来的一项全新的实用技术。所谓虚拟现实，顾名思义，就是虚拟和现实相互结合。从理论上来讲，虚拟现实技术是一种可以创建和体验虚拟世界的计算机仿真系统，它利用计算机生成一种模拟环境，使用户沉浸到该环境中。虚拟现实技术利用现实生活中的数据，通过计算机技术产生的电子信号与各种输出设备结合，使其转化为能够让人们感受到的现象，这些现象可以是现实中真实的物体，也可以是我们肉眼所看不到的或是想象出来的物质，将这些现象通过三维模型表现出来。因为这些现象不是我们能直接看到的，而是通过计算机技术模拟出来的，故称为虚拟现实。

虚拟现实技术受到越来越多人的认可，用户可以在虚拟现实世界获得最真实的体验，模拟环境与现实世界难辨真假，让人有种身临其境的感觉；同时，虚拟现实具有一切人类所拥有的感知功能，例如听觉、视觉、触觉、味觉、嗅觉等感知系统；它还具有超强的仿真系统，真正实现了人机交互，使人在操作过程中，可以随意操作并且得到环境最真实的反馈。虚拟现实技术的存在性、多感知性、交互性等特征使它受到了许多人的喜爱。

（2）虚拟现实技术的特征

① 沉浸性

沉浸性是虚拟现实技术最主要的特征，即让用户成为并感受到自己是计算机系统所创造环境中的一部分，虚拟现实技术的沉浸性取决于用户的感知系统，当使用者感知到虚拟世界的刺激时，包括触觉、味觉、嗅觉、运动感知等，便会产生思维共鸣，实现心理沉浸，感觉如同进入真实世界。

② 交互性

交互性是指模拟环境内物体的可操作程度和用户从环境得到反馈的自然程度。用户进入虚拟空间，相应的技术让用户跟环境产生相互作用，当用户进行某种操作时，周围的环境也会做出某种反应。例如，用户接触到虚拟空间中的物体，那么用户应该能够产生触感，若用户对物体有所动作，物体的位置和状态也应改变。

③ 多感知性

多感知性表示计算机技术应该拥有很多感知方式，例如听、触、嗅等。理想的虚拟现实技术应该能实现一切人所具有的感知功能。由于相关技术，特别是传感技术的限制，目前大多数虚拟现实技术所具有的感知功能仅限于视觉、听觉、触觉、运动感知等几种。

④ 构想性

构想性也称想象性，用户在虚拟空间中可以与周围物体进行互动，可以拓宽自身的认知范围，创造客观世界不存在的场景或不可能发生的事件。构想可以理解为用户进入虚拟空间，根据自己的感觉与认知能力吸收知识，发散并拓宽思维，创立新的概念和环境。

⑤ 自主性

自主性是指虚拟环境中物体依据物理定律改变状态。如当物体受到力的推动时，会沿合力的方向移动等。

（3）VR 系统的分类

VR 技术涉及众多学科，应用领域广泛，VR 系统种类繁杂，这是由其研究对象、研究目标和应用需求决定的。从不同角度出发，可对 VR 系统做出不同分类。

① 从沉浸式体验角度分类

沉浸式体验分为非交互式体验、人—虚拟环境交互式体验和群体—虚拟环境交互式体验等几类。该角度强调用户与设备的交互体验，相比之下，非交互式体验系统中的用户更为被动，所体验内容均为提前规划好的，即便允许用户在一定程度上引导场景数据的调度，也没有实质性交互行为，如场景漫游等，用户几乎全程无事可做；而在人—虚拟环境交互式体验系统中，用户则可通过诸如数据手套、数字手术刀等设备与虚拟环境进行交互，如驾驶战斗机模拟器等，此时的用户可感知虚拟环境的变化，进而也就能产生在相应现实世界中可能产生的各种感受；如果将人—虚拟环境交互式体验系统网络化、多机化，使多个用户共享一套虚拟环境，便可得到群体—虚拟环境交互式体验系统，如大型网络交互游戏等，此时的 VR 系统与真实世界无甚差异。

② 从系统功能角度分类

系统功能分为规划设计、展示娱乐、训练演练等几类。规划设计类系统可用于新设施的实验验证，可大幅缩短研发时长，降低设计成本，提高设计效率，城市排水、社区规划等领域均可使用此类系统，如 VR 模拟给排水系统，可大幅减少原本需用于实验验证的经费；展示娱乐类系统可以使用户获得逼真的观赏体验，如数字博物馆、大型 3D 交互式游戏、影视制作等，又如 VR 技术早在 20 世纪 70 年代便被 DISNEY 公司用于拍摄特效电影；训练演练类系统则可应用于各种危险环境及一些难以获得操作对象或实操成本极高的领域，如外科手术训练、空间站维修训练等。

（4）虚拟现实技术的关键技术

① 动态环境建模技术

虚拟环境的建立是 VR 系统的核心内容，目的就是获取实际环境的三维数据，并根据应用的需要建立相应的虚拟环境模型。

② 实时三维图形生成技术

三维图形的生成技术已经较为成熟，其关键就是"实时"生成。为保证实时，至少要保证图形的刷新频率不低于 15 帧/秒，最好高于 30 帧/秒。

③ 立体显示和传感器技术

虚拟现实的交互能力依赖于立体显示和传感器技术的发展，现有的设备不能满足需要，力学和触觉传感装置的研究也有待进一步深入，虚拟现实设备的跟踪精度和跟踪范围也有待提高。

④ 应用系统开发工具

虚拟现实应用的关键是合适的场合和对象，选择适当的应用对象可以大幅度提高生产效率，减轻劳动强度，提高产品质量。想要达到这一目的，则需要研究虚拟现实的开发工具。

⑤ 系统集成技术

由于 VR 系统中包括大量的感知信息和模型，因此系统集成技术至关重要，系统集成技术包括信息的同步技术、模型的标定技术、数据转换技术、创建数据管理模型的技术、识别与合成技术等。

（5）虚拟现实技术的应用

① 虚拟现实技术在影视娱乐领域中的应用

近年来，由于虚拟现实技术在影视业应用广泛，以虚拟现实技术为主的第一现场 9DVR 体验馆得以实现。第一现场 9DVR 体验馆自建成以来，在影视娱乐市场中的影响力非常大，此体验馆可以让体验者沉浸在影片所创造的虚拟环境之中。同时，随着虚拟现实技术的不断创新，此技术在游戏领域也得到了快速发展。虚拟现实技术利用计算机创建三维虚拟空间，三维游戏刚好建立在此技术之上，三维游戏几乎应用了虚拟现实的全部技术，在保持游戏实时性和交互性的同时，也大幅度提升了游戏的真实感。

② 虚拟现实技术在教育领域的应用

如今，虚拟现实技术已经成为促进教育业发展的一种新型教育手段。传统的教育只是一味地给学生灌输知识，而现在利用虚拟现实技术可以帮助学生打造生动、逼真的学习环境，使学生通过真实感受来增强记忆，相比于被动灌输知识，利用虚拟现实技术来进行自主学习更容易让学生接受，更容易激发学生的学习兴趣。此外，各大院校还利用虚拟现实技术建立了与学科相关的虚拟实验室来帮助学生更好地学习。

③ 虚拟现实技术在设计领域的应用

虚拟现实技术在设计领域小有成就，例如室内设计，设计师可以把室内结构、房屋外形通过虚拟技术表现出来，使之变成可视的物体和环境。同时，在设计初期，设计师可以将自己的想法通过虚拟现实技术模拟出来，可以在虚拟环境中预先看到室内设计的实际效果，这样既节省了时间，又降低了成本。

④ 虚拟现实技术在医学方面的应用

医学专家利用计算机在虚拟空间中模拟出人体组织和器官,让学生可以在其中进行模拟操作，并且能让学生感受到手术刀切入人体肌肉组织、触碰到骨头的感觉，使学生能够更快地掌握手术要领。另外，主刀医生们在手术前，可以建立一个病人身体的虚拟模型，在虚拟空间中先进行一次手术预演，这样能够大大提高手术的成功率。

⑤ 虚拟现实技术在军事方面的应用

在军事方面，人们将地图上的山川地貌、海洋湖泊等数据结合虚拟现实技术，在计算机中编写程序，能将原本的平面地图变成一幅立体的地形图，再通过全息技术将其投影出来，这有助于进行军事演习等训练，提高我国的军事能力。

除此之外，现在的战争是信息化战争，战争机器都朝着自动化方向发展，无人机便是信息化战争的最典型产物。无人机由于它的自动化及便利性深受各国喜爱，在战士训练期间，可以利用虚拟现实技术去模拟无人机的飞行、射击等工作模式。战争期间，军人也可以通过眼镜、头盔等机器操控无人机进行侦察和暗杀任务，减小战争中军人的伤亡率。由于虚拟现实技术能将无人机拍摄到的场景立体化，能降低操作难度、提高侦查效率，所以无人机和虚拟现实技术的发展刻不容缓。

⑥ 虚拟现实技术在航空航天方面的应用

人们利用虚拟现实技术和计算机的统计模拟技术，在虚拟空间中重现了现实中的飞行器与飞行环境，使飞行员或宇航员可以在虚拟空间中进行飞行训练和实验操作，极大地降低了实验成本和实验的危险系数。

练习题 1

【选择题】

（1）1946 年 ENIAC 问世后，冯·诺依曼在研制 EDVAC 时，提出了两个重要的改进，它们是（　　　）。

    A. 引入 CPU 和内存储器   B. 采用十六进制的概念

    C. 采用二进制和"存储程序"的概念   D. 采用机器语言和汇编语言

（2）按电子计算机传统的分代方法，第一代至第四代计算机依次是（　　　）。

    A. 机械计算机、电子管计算机、晶体计算机、集成电路计算机

    B. 手摇机械计算机、电动机计算机、电子管计算机、晶体计算机

    C. 电子管计算机、晶体管计算机、中小规模集成电路计算机、大规模和超大规模集成电路计算机

    D. 晶体管计算机、集成电路计算机、大规模集成电路计算机、光器件计算机

（3）电子计算机最早的应用领域是（　　　）。

    A．文字处理　　　　B．科学计算　　　　C．工业控制　　　　D．数据处理

（4）计算思维的本质是（　　）和自动化。

    A．抽象　　　　　　B．计算机技术　　　　C．并行处理　　　　D．递归

（5）大数据的起源是（　　　）。

    A．金融　　　　　　B．电信　　　　　　C．互联网　　　　　D．公关管理

（6）以下不是大数据的特征的是（　　　）。

    A．价值密度低　　　B．数据类型繁多　　C．访问时间短　　　D．处理速度快

（7）假设某台式计算机的内存储器容量为256MB，硬盘容量为40GB，硬盘的容量是内存容量的（　　　）。

    A．160 倍　　　　　B．200 倍　　　　　C．100 倍　　　　　D．120 倍

（8）在计算机内部用来传送、存储、加工处理的数据或指令采用的形式是（　　　）。

    A．十进制　　　　　B．二进制　　　　　C．八进制　　　　　D．十六进制

（9）如果删除一个非零无符号二进制数尾部的两个0，则此数为原数的（　　　）。

    A．1/2　　　　　　B．4 倍　　　　　　C．1/4　　　　　　D．2 倍

（10）一个字长为8的无符号二进制数能表示的十进制整数范围是（　　　）。

    A．0～255　　　　　B．1～255　　　　　C．0～256　　　　　D．1～256

（11）$(55)_D$ 转换成无符号二进制整数是（　　　）。

    A．0111101　　　　B．0110111　　　　C．0111001　　　　D．0111111

（12）$(00111101)_B$ 转换成十进制数为（　　　）。

    A．57　　　　　　　B．59　　　　　　　C．61　　　　　　　D．63

（13）$(AB)_H$ 转换成二进制数为（　　　）。

    A．10101011　　　　B．10111100　　　　C．11001011　　　　D．10101100

（14）$(10011100)_B$ 转换成十六进制数为（　　　）。

    A．9C　　　　　　　B．8C　　　　　　　C．47　　　　　　　D．9B

（15）在标准 ASCII 表中，已知英文字母 A 的 ASCII 值是 01000001，则英文字母 E 的 ASCII 值是（　　　）。

    A．01000011　　　　B．01000010　　　　C．01000101　　　　D．01000100

（16）已知英文字母 m 的 ASCII 值为 6DH，那么 ASCII 值为 71H 的英文字母是（　　　）。

    A．r　　　　　　　　B．o　　　　　　　　C．p　　　　　　　　D．q

（17）已知 3 个字符为 a、Z、8，按它们的 ASCII 值升序排列，结果是（　　　）。

    A．a、Z、8　　　　　B．8、Z、a　　　　　C．a、8、Z　　　　　D．8、a、Z

（18）根据 GB2312-80 中的规定，汉字分为常用汉字和次常用汉字两级，次常用汉字的排列依据是（　　　）。

    A．汉语拼音字母　　B．笔画　　　　　　C．偏旁部首　　　　D．使用频率

（19）一个汉字的机内码与国标码之间的差是（　　　）。

    A．2020H　　　　　B．4040H　　　　　C．8080H　　　　　D．A0A0H

（20）下列 4 个 4 位十进制数中，属于正确的汉字区位码的是（　　　）。

    A．5601　　　　　　B．9596　　　　　　C．8799　　　　　　D．9678

（21）存储 1024 个 24×24 点阵的汉字字形码需要的字节是（　　　）。

    A．720Byte　　　　B．7000Byte　　　　C．7200Byte　　　　D．72KB

（22）一般来说，数字化声音的质量越高，则要求（　　　）。

    A. 量化位数越多、采样率越低　　　　　　B. 量化位数越多、采样率越高

    C. 量化位数越少、采样率越高　　　　　　D. 量化位数越少、采样率越低

（23）若对音频信号以 10 kHz 采样率、16 位量化精度进行数字化，则每分钟的双声道数字化声音信号产生的数据量约为（　　　）。

    A. 2.4MB　　　　　B. 1.6MB　　　　　C. 1.2MB　　　　　D. 4.8MB

（24）以 ".wav" 为扩展名的文件通常是（　　　）。

    A. 文本文件　　　　B. 视频信号文件　　C. 音频信号文件　　D. 图像文件

（25）下列叙述中，正确的是（　　　）。

    A. 计算机病毒可以通过读写移动存储器或 Internet 进行传播

    B. 计算机病毒是由于光盘表面不清洁造成的

    C. 计算机病毒被激活后，将造成计算机硬件永久性的物理损坏

    D. 只要把带病毒 U 盘的属性设置成只读状态，此盘上的病毒就不会因读盘而传给另外一台计算机

（26）下列关于计算机病毒的描述，正确的是（　　　）。

    A. 计算机病毒是一种特殊的计算机程序，因此数据文件中不可能携带病毒

    B. 任何计算机病毒都会有清除的办法

    C. 光盘上的软件不可能携带计算机病毒

    D. 正版软件不会受到计算机病毒的攻击

（27）下列关于计算机病毒的描述，错误的是（　　　）。

    A. 计算机病毒具有传染性

    B. 感染过计算机病毒的计算机会产生对该病毒的免疫性

    C. 计算机病毒具有潜伏性

    D. 计算机病毒是一个特殊的寄生程序

（28）计算机病毒的危害表现为（　　　）。

    A. 切断计算机系统电源

    B. 造成计算机芯片永久性失效

    C. 影响程序运行，破坏计算机系统的数据与程序

    D. 使磁盘霉变

（29）下列叙述中，正确的是（　　　）。

    A. 杀毒软件必须随着新病毒的出现而升级，提高查杀病毒的能力

    B. 计算机病毒是一种被破坏了的程序

    C. 感染过计算机病毒的计算机具有对该病毒的免疫性

    D. 杀毒软件可以查杀任何种类的病毒

（30）计算机安全是指计算机资产安全，即（　　　）。

    A. 信息资源不受自然和人为有害因素的威胁和危害

    B. 计算机硬件系统不受人为有害因素的威胁和危害

    C. 计算机信息系统资源不受自然有害因素的威胁和危害

    D. 计算机信息系统资源和信息资源不受自然和人为有害因素的威胁和危害

选择题答案

（1～10）CCBAC　CABCA　　　　　　（11～20）BCAAC　DBCCA

（21～30）DBACA　BBCAD

02

第2章 计算机系统

计算机系统由硬件系统和软件系统组成。硬件是计算机工作的基础，相当于人的躯体；软件是计算机的精髓，相当于人的思想和灵魂。它们共同协作运行应用程序并处理各种实际问题。

Windows 操作系统是当前应用范围最广、使用人数最多的个人计算机操作系统。Windows 10 操作系统是在之前的 Windows 版本基础上，改进出来的跨平台及设备的操作系统，为用户提供了易于使用和快速操作的应用环境。

2.1 计算机系统概述

2.1.1 计算机的工作原理

计算机的基本工作原理是存储程序和控制程序。计算机的工作过程就是执行程序的过程，即把预先设计好的操作序列（称为程序）和原始数据通过输入设备传输到计算机内存储器中，按照程序的逻辑顺序一步一步取出指令，自动完成指令规定的操作。

这一原理最初是由冯·诺依曼提出的，故也称为冯·诺依曼原理。

1. "存储程序"基本原理

"存储程序"基本原理可以概括为以下 3 个基本点。

（1）采用二进制数码表示数据和指令。

（2）将程序（数据和指令序列）预先存放在内存中，计算机在工作时，能够自动高速地从内存中逐条取出指令进行分析、处理和执行。

（3）由运算器、控制器、存储器、输入设备、输出设备五大基本部件组成计算机硬件体系结构。

2. 指令及其执行过程

指令是计算机能够识别和执行的一些基本操作，是指挥计算机工作的指示和命令。程序是一系列按一定顺序排列的指令。指令通常由操作码和操作数两部分组成。

操作码表示运算性质，对应计算机要执行的基本操作类型。

操作数指参加运算的数据及其所在的单元地址。

计算机系统中所有指令的集合称为计算机的指令系统。每种计算机都有一套自己的指令系统，它规定了该计算机能完成的全部基本操作，如数据传送、算术和逻辑运算、输入/输出（Input/Output，I/O）等。

一条指令的执行过程可以分为以下 4 步。

（1）取出指令。把当前要执行的指令从内存储器取出。

（2）分析指令。把指令送到控制器的指令译码器中，分析指令，即根据指令中的操作码确定计算机应进行什么操作。

（3）执行指令。根据指令译码器的分析结果，控制器发出完成操作所需的一系列控制信号，从而完成指令规定的操作。

（4）形成下条指令的地址，为执行下条指令做好准备。

程序是由若干条指令构成的指令序列。计算机的工作过程就是按逻辑顺序执行程序中包含的指令，即不断重复"取出指令、分析指令、执行指令"这个过程，直到构成程序的所有指令全部执行完毕，最后将计算的结果放入指令指定的存储器地址中，就完成了程序的运行，实现了相应的功能。

2.1.2 计算机系统的组成

一个完整的计算机系统由硬件系统及软件系统两大部分构成，如图 2-1 所示。硬件系统是指计算机系统中的实际装置，是构成计算机的看得见、摸得着的物理部件，它是计算机的"躯体"。软件系统是指计算机所需的各种程序及相关资源，它是计算机的"灵魂"。

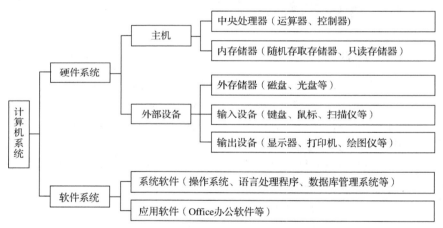

图 2-1　计算机系统的组成

（1）硬件系统。组成计算机的具有物理属性的部件统称为计算机硬件（Hardware），硬件系统是指由电子元器件和机电装置等组成的系统，它是整台计算机的物质基础。硬件也称硬设备。计算机的主机（由运算器、控制器和存储器等组成）及显示器、打印机等外部设备都是硬件。硬件系统的基本功能是运行程序。

（2）软件系统。计算机软件（Software）是指计算机运行时所需的各种程序、数据及其相关资源。众多可供经常使用的各种功能独立的成套程序及其相应文档组成了计算机的软件系统。

2.2　计算机的硬件系统

2.2.1 计算机硬件系统的组成

尽管各种计算机在性能、用途和规模上有所不同，但其基本结构都遵循冯·诺依曼体系结构，计算机硬件体系结构由运算器、控制器、存储器、输入设备和输出设备 5 个部分组成，如图 2-2 所示。

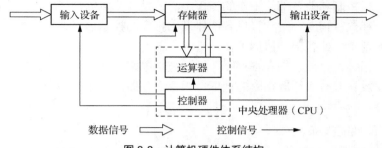

图 2-2 计算机硬件体系结构

2.2.2 中央处理器

运算器和控制器是整个计算机系统的核心部件，以这两部分为主集成在一起被称为中央处理单元（Central Processing Unit，CPU），又称为中央处理器。

微型计算机的中央处理器又称为微处理器，它可以直接访问内存储器，主要功能是解释计算机指令以及处理计算机软件中的数据。它安装在主板的 CPU 插座上，是由制作在一块芯片上的运算器、控制器、若干寄存器及内部数据通路构成的。CPU 的内部结构如图 2-3 所示。

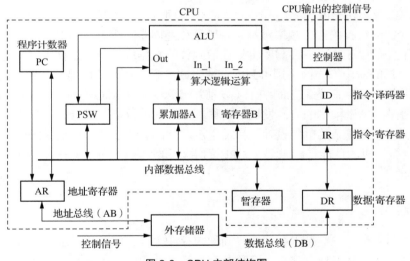

图 2-3 CPU 内部结构图

1. 运算器

运算器，是计算机对数据进行加工处理的主要部件之一，它的主要功能是执行各种算术运算和逻辑运算。算术运算是指各种数值运算，包括加、减、乘、除等运算。逻辑运算是进行逻辑判断的非数值运算，包括与、或、非、比较、移位等运算。运算器在控制器的控制下实现其功能，运算结果由控制器指挥送到内存储器中。

运算器主要由算术逻辑单元（ALU）、累加器、状态寄存器、通用寄存器组等组成，如图 2-4 所示。

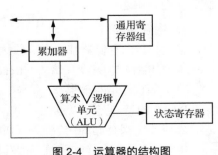

图 2-4 运算器的结构图

2. 控制器

控制器是计算机控制其他各部件工作的指挥中心，是计算机的神经中枢。它的基本功能就是从内存中取出指令和执行指令，对计算机各部件发出相应的控制信息，接收各部件反馈回来的信息，并根据指令的要求，使各部件协调工作。

控制器由指令指针寄存器、指令寄存器、控制逻辑电路和时钟控制电路等组成。其中指令指针寄存器用于产生及存放一条待取指令的地址；指令寄存器用于存放指令，指令从内存储器取出后放入指令寄存器。

3. CPU 主要的性能指标

由于 CPU 的性能指标对整台计算机具有重大影响，因此，往往用 CPU 的性能指标作为衡量微型机档次的标准。

CPU 主要的性能指标有主频、字长、缓存、制造工艺等。

（1）主频。主频也叫时钟频率，单位是 MHz（或 GHz），用来表示 CPU 的运算速度和处理数据的速度。主频=外频×倍频系数。主频是微型机性能的一个重要指标，它的高低在一定程度上决定了计算机运算速度的快慢。一般来说，主频越高，运算速度越快，性能也越好。

（2）字长。字长也是影响计算机性能和运算速度的一个重要因素。字长是指操作数寄存器的长度，其还要考虑出入处理器的数据宽度。字长越长，表示数的有效位数越多，精度也越高，目前微型机的字长已达到 64 位。

（3）缓存。缓存也是 CPU 的主要性能指标之一，而且缓存的结构和大小对 CPU 运算速度的影响非常大，CPU 内缓存的运行频率极高，一般是和处理器同频运作，工作效率远远大于系统内存和硬盘。实际工作时，CPU 往往需要重复读取同样的数据块，增大缓存容量就可以大幅度提升 CPU 内部读取数据的命中率，而不用再到内存或者硬盘上寻找，从而提高系统性能。

（4）制造工艺。CPU 制造工艺的纳米（以前用微米）数是指芯片内电路与电路之间的距离。制造工艺的趋势是向高密集度的方向发展，密集度更高的芯片电路设计，意味着同样面积的芯片拥有密度更高、功能更复杂的电路设计。目前主流芯片的制造工艺可达到 32nm。

因此，决定微型机的性能指标主要是 CPU 的主频和字长。另外，多核和多线程技术的应用也可以提高 CPU 的性能。

2.2.3 存储器

存储器分为两大类，一类是内存储器，简称内存或主存，主要用于临时存放当前运行的程序和所使用的数据；另一类是外存储器，简称外存或辅存，主要用于永久存放暂时不使用的程序和数据。程序和数据在外存中以文件的形式存储，一个程序需要运行时，先将其从外存调入内存，然后在内存中运行。

1. 内存储器

绝大多数内存储器都由半导体材料构成。内存按其功能可分为随机存取存储器（Random Access Memory，RAM）、只读存储器（Read Only Memory，ROM）、高速缓冲存储器（Cache）等。

（1）随机存取存储器

RAM 的特点是可以读出数据，也可以写入数据。读出时并不改变原来存储的内容，只有写入时才修改原来存储的内容。一旦断电（关机），存储内容立即消失，即具有易失性。

RAM 又可分为静态随机存取存储器（Static RAM，SRAM）和动态随机存取存储器（Dynamic RAM，DRAM）两种。其中，DRAM 的特点是集成度高，主要用作大容量内存储器；SRAM 的特点是存取速度快，主要用作高速缓冲存储器。计算机的内存条就是 DRAM，如图 2-5 所示。相对于 DRAM，SRAM 具有存取速度快、集成度低、功耗低、价格高等特点。

图 2-5　动态随机存取存储器

（2）只读存储器

ROM 的特点是只能读出原有的内容，用户不能写入新内容。存储的内容是由厂家一次性写入的，并永久保存下来。它一般用来存放专用的、固定的程序和数据，断电后信息不会丢失。

ROM 可分为可编程只读存储器（Programmable ROM，PROM）、可擦除可编程只读存储器（Erasable Programmable ROM，EPROM）、电擦除可编程只读存储器（Electrically Erasable Programmable ROM，EEPROM）等。其中，PROM 仅可写入一次；EPROM 可以通过紫外线光源照射来擦除原来的内容，这使它的内容可以被反复更改；EEPROM 使用高电场方式擦除原来的内容。

（3）高速缓冲存储器

Cache 是一种位于 CPU 与内存之间的存储器，即 CPU 的缓存，一般用 SRAM 芯片实现。它的存取速度比普通内存快得多，但容量有限。Cache 主要用于提高 CPU 读写程序、数据的速度，从而提高计算机整体的工作速度和整个系统的性能。一般来说，CPU 上的缓存（特别是二级缓存或三级缓存）容量越大，其处理速度就越快，当然价格也越高。

在计算机技术发展过程中，主存储器的存取速度一直比 CPU 的操作速度慢得多，这使 CPU 的高速处理能力不能充分发挥，导致整个计算机系统的工作效率受到影响。有很多方法可用来缓和 CPU 和主存储器之间速度不匹配的矛盾，如采用多个通用寄存器、多存储体交叉存取等，在存储层次上采用 Cache 也是常用的方法之一。

Cache 的容量一般只有主存储器的几百分之一，但它的存取速度能与 CPU 相匹配。根据程序的局部性原理，正在使用的主存储器某一单元邻近的那些单元将被用到的可能性很大。因而，当 CPU 存取主存储器某一单元时，计算机硬件就自动将包括该单元在内的那一组单元内容调入 Cache，CPU 即将存取的主存储器单元很可能就在刚刚调入 Cache 的那一组单元内。于是，CPU 就可以直接存取 Cache。在整个处理过程中，如果 CPU 绝大多数存取主存储器的操作能被存取 Cache 代替，计算机系统处理速度就能显著提高。

（4）内存储器的性能指标

内存储器的主要性能指标有两个：存储容量和存取速度。

① 存储容量。存储容量是指一个存储器包含的存储单元总数，这一概念反映了存储空间的大小。目前常用的 DDR4 内存条存储容量一般为 8GB 和 16GB。好的主板可以支持 32GB，服务器主板可以支持 128GB。

② 存取速度。存取速度一般用存取周期（也称读写周期）来表示。存取周期就是 CPU 从内存储器中存取数据所需的时间（读出或写入）。

2. 外存储器

由于需要处理的数据越来越多，而内存容量有限，因此就要配置用于备份和补充的外存储器。外存储器一般容量大，但存取速度相对于内存储器来说较慢。目前，常用的外存储器有硬盘、移动硬盘、U 盘和光盘等，如图 2-6 所示。由于外存储器设置在计算机外部，所以也可归属为计算机外部设备。

（1）硬盘

硬盘是微型计算机上主要的外部存储设备。当前市场上，硬盘主要分为 3 类，分别为机械硬盘（HDD）、固态硬盘（Solid State Drive，SSD）和混合硬盘。机械硬盘主要采用磁性盘片来存储。固态硬盘采用闪存颗粒来存储。混合硬盘是把磁性硬盘和闪存集成到一起的一种硬盘。硬盘具有容量大、相对于其他外存储器存取速度快等优点，操作系统、可运行的程序文件和用户的数据文件一般都保存在硬盘上。

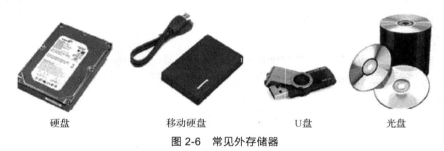

硬盘　　　　　　　移动硬盘　　　　　　U盘　　　　　　光盘

图 2-6　常见外存储器

一个传统机械硬盘内部包含多个盘片，这些盘片被安装在一个同心轴上，每个盘片有上下两个盘面，每个盘面被划分为多个磁道和扇区。磁盘是按扇区进行读写的。硬盘的每个盘面都有一个读写磁头，所有磁头保持同步工作状态，即在任何时刻，所有的磁头都保持在不同盘面的同一磁道上。硬盘读写数据时，磁头与磁盘表面始终保持很小的间隙，实现非接触式读写。维持这种微小的间隙，靠的不是驱动器的控制电路，而是硬盘高速旋转时带动的气流，由于磁头很轻，因此硬盘旋转时，气流可使磁头漂浮在磁盘表面。硬盘内部结构如图 2-7 所示，因为它的盘片、磁头、电机驱动部件乃至读写电路等被做成一个不可随意拆卸的整体并密封起来，所以硬盘的防尘性能好、可靠性高，对环境要求不高。

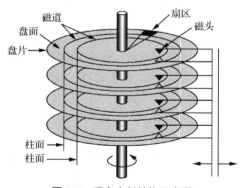

图 2-7　硬盘内部结构示意图

存储容量是硬盘的首要性能指标。目前常见的硬盘容量一般可达到 320GB、500GB、1TB、2TB、4TB 等规格。硬盘容量的计算公式为：

硬盘容量=磁头数×柱面数（磁道数）×扇区数×每扇区字节数

硬盘相对于 U 盘、光盘等外存储器，读写速度快，成本低，因此使用十分广泛，是计算机的标准配置。决定硬盘性能的关键参数还有转速、平均寻道时间、最大内部数据传输率等。

转速是指硬盘电机主轴的旋转速度。转速是决定硬盘内部传输率的关键因素之一，它的大小在很大程度上影响了硬盘的存取速度。同时转速的大小也是区分硬盘档次的重要标志之一，目前主流硬盘的转速一般在 7200r/min 以上。

平均寻道时间是指硬盘在盘面上移动读写磁头至指定磁道寻找目标数据所用的时间，用于描述硬盘读取数据的能力，单位为 ms。当单碟片容量增大时，磁头的寻道动作和移动距离减少，从而使平均寻道时间减少，数据读取速度加快。

最大内部数据传输率是指磁头与硬盘缓存之间的最大数据传输率，一般取决于硬盘的盘片转速和盘片数据线密度（指同一磁道上的数据间隔度）。

（2）U 盘

U 盘是一种新型的移动存储器，主要用于存储较小的数据文件，以便在计算机之间交换文件。U 盘不需要物理驱动器，也不需要外接电源，可热插拔，使用起来简单方便。U 盘体积小、质量轻、抗震防潮，特别适合随身携带，是移动办公及文件交换的理想存储器。

U 盘通过 USB 接口与计算机连接，USB 接口传输速率有以下几种：USB 1.1 为 12Mbit/s，USB 2.0 为 480Mbit/s，USB 3.0 为 5.0Gbit/s。

随着数码产品的普及，近年来与 U 盘工作原理相同的各类闪速存储卡也进入了高速发展时期，得到越来越广泛的应用，相机、平板计算机、智能手机中都能使用闪速存储卡。闪速存储卡有很多种类，常见的有 CF 卡、SD 卡、MMC 卡、记忆棒、SM 卡、Micro SD 卡等。

（3）光盘存储器

光盘存储器是利用光学原理进行信息读写的存储器。光盘存储器主要由光盘、光盘驱动器（CD-ROM 驱动器）和光盘控制器组成。

光盘驱动器是读取光盘信息的设备，通常固定在主机箱内，常用的光盘驱动器有 CD-ROM 和 DVD-ROM，如图 2-8 所示。

图 2-8　光盘驱动器（光驱）

光盘（Compact Disk，CD）可分为只读型光盘、一次性写入光盘、可擦写型光盘等，最大容量大约是 700MB。

只读型光盘（Compact Disk Read Only Memory，CD-ROM）是由生产厂家预先写入数据或程序，出厂后用户只能读取数据，而不能写入、修改数据。信息保存在由中心向外散开的螺旋状光道中，其中盘片上的平坦表面表示 0，凹坑表示 1。

一次性写入光盘（Compact Disk Recordable，CD-R）可由用户写入一次数据，多次读出数据。在光盘上加一层可一次性记录数据的染色层，然后在专用的光盘刻录机（是一种光驱，主要具有写入数据的功能，普通光驱不具有此功能）中写入数据。

可擦写型光盘（Compact Disk ReWritable，CD-RW）可由用户多次写入数据，多次读出数据。在光盘上加一层可改写数据的染色层，然后在专用的光盘刻录机中写入数据。

光盘的主要特点是存储容量大、可靠性高，只要存储介质不发生问题，光盘上的信息就永远存在。光盘存储信息的光道的结构与磁盘磁道的结构不同，它的光道不是同心环光道，而是螺旋状光道。

数字多用途光盘（Digital Versatile Disk，DVD）是 CD 的后续产品，也可分为只读型 DVD（DVD-ROM）、一次性写入 DVD（DVD-R）、可擦写型 DVD（DVD-RW）3 种。最早出现的 DVD 叫数字视频光盘（Digital Video Disk），是一种只读型 DVD，必须由专用的影碟机播放。随着技术的不断发展及革新，IBM、HP、APPLE、SONY 等厂商于 1995 年 12 月共同制定了统一的 DVD 规格，并且将原先的数字视频光盘改成现在的数字通用光盘（Digital Versatile Disk），后者以 MPEG-2 为标准。每张 DVD 的存储容量最大可达 4.7GB，双面容量为 8.5GB。

蓝光光盘（Blue-ray Disk，BD）是新一代光盘格式，因采用比红色激光波长更短的蓝色激光进行读写而得名，用于高品质影音及大容量数据存储。单面单层蓝光光盘容量为 25GB，双面容量为 50GB，档案级蓝光光盘容量可达 100GB。

衡量光盘驱动器传输速率的指标是倍速。光驱的读取速度以 150kbit /s 的单倍速为基准。后来驱动器的传输速率越来越快，就出现了双倍速、4 倍速，直至现在的 48 倍速、50 倍速，甚至更高。

2.2.4　输入设备

输入设备负责将数字、文字、符号、图形、图像、声音、视频等信息输送到计算机中。常用的输入设备有键盘、鼠标，如图 2-9 所示。其他输入设备还有扫描仪、摄像头、触摸屏、条形码阅读器、光学字符阅读器（Optical Character Reader，OCR）、语音输入设备、手写输入设备、数码相机等。

图 2-9　常用输入设备——键盘和鼠标

1. 键盘

键盘（Key Board）是计算机最基本的输入设备。它是人机交互的一个主要媒介，主要用于输入字符信息。键盘的种类繁多，目前常见的键盘有多媒体键盘、手写键盘、人体工程学键盘、红外线遥感键盘和无线键盘等。目前键盘接口规格主要有 PS/2 和 USB 两种。

不同厂商生产出的键盘型号各不相同，目前在微机上常用的是 107 键盘。按照功能的不同，键盘可以分为 4 个键区：主键盘区、功能键区、编辑键区和数字键区。

2. 鼠标

鼠标器（Mouse）简称鼠标，是多窗口环境下不可或缺的输入设备，是目前除键盘之外最常见的一种基本输入设备。通过移动鼠标可快速定位屏幕上的对象，如文件、图标等，进而实现执行命令、设置参数和选择菜单等输入操作。

鼠标按工作原理的不同分为机械鼠标和光电鼠标。机械鼠标主要由滚球、辊柱和光栅信号传感器组成，拖动鼠标会带动滚球转动，滚球又带动辊柱转动，装在辊柱端部的光栅信号传感器会采集光栅信号。光电鼠标是通过检测鼠标的位移，将位移信号转换为电脉冲信号，再通过程序的处理和转换来控制屏幕上鼠标指针的移动。根据鼠标按键的数量，鼠标可以分为三键鼠标和两键鼠标。另外，鼠标还可分为无线鼠标和轨迹球鼠标。

鼠标按接口类型可分为串行鼠标、PS/2 鼠标、总线鼠标、USB 鼠标 4 种。串行鼠标通过串行口与计算机相连，有 9 针接口和 25 针接口两种。PS/2 鼠标通过一个 6 针微型 DIN 接口与计算机相连，此接口与键盘的接口非常相似。使用时要注意区分。总线鼠标的接口在总线接口卡上。USB 鼠标通过一个 USB 接口，直接插在计算机的 USB 接口上。

3. 其他输入设备

输入设备除了最常用的键盘、鼠标外，还有扫描仪、条形码阅读器、光学字符阅读器、触摸屏、手写输入设备、语音输入设备（麦克风）和图像输入设备（数码相机、数码摄像机）等。

扫描仪是一种图形、图像输入设备，它可以直接将图形、图像或文本输入计算机中。如果扫描仪扫描的是文本文件，扫描出的内容经文字识别软件识别，可以以文字的形式被保存。利用扫描仪输入图片多用于多媒体计算机。扫描仪通常采用 USB 接口连接计算机，支持热插拔，使用方便。

条形码阅读器是一种能够识别条形码的扫描装置。当阅读器从左向右扫描条形码时，就会把不同宽度的黑白条纹翻译成相应的编码供计算机使用。许多商场都用它来帮助管理商品。

触摸屏由安装在显示器屏幕前面的检测部件和触摸屏控制器组成。当手指或其他物体触摸安装在显示器前端的触摸屏时，所触摸的位置由触摸屏控制器检测，并通过接口送到主机 CPU，CPU 发出命令并加以执行。触摸屏将输入和输出功能集中到一个设备上，简化了交互过程。与传统的键盘和鼠标输入方式相比，触摸屏输入方式更便捷。配合识别软件，触摸屏还可以实现手写输入。它在需要展示、查询信息等场景应用比较广泛。触摸屏有很多种类，按安装方式可分为外挂式、内置式、整体式、投影仪式；按结构和技术不同可分为红外技术触摸屏、电容技术触摸屏、电阻技术触摸屏、表面声波触摸屏、压感触摸屏、电磁感应触摸屏等。

将数字处理和摄影、摄像技术结合起来的数码相机、数码摄像机能够将所拍摄的照片、视频以数字文件的形式传入计算机。

2.2.5 输出设备

输出设备负责将主机内的信息转换成数字、文字、符号、图形、图像、声音等形式输出。常用的输出设备有显示器、打印机，如图 2-10 所示。其他输出设备还有绘图仪、影像输出设备、语音输出设备、磁记录设备等。

显示器　　　　　　　　　　　打印机

图 2-10　常用输出设备——显示器、打印机

1. 显示器

显示器（Display）也称监视器，是微型计算机中最重要的输出设备之一，也是人机交互必不可少的设备。显示器不仅可以显示文本和数字，还可以显示图形、图像和视频等多种不同类型的信息。

显示器包括阴极射线管（Cathode Ray Tube，CRT）显示器、液晶显示器（Liquid Crystal Display，LCD）、发光二极管（Light Emitting Diode，LED）显示器和等离子显示器（Plasma Display Panel，PDP）等。其中，LED显示器与LCD相比，在亮度、功耗、可视角度和刷新速率等方面都有更好的性能，具有色彩鲜艳、动态范围广、亮度高、寿命长、工作稳定可靠等优点，是最具优势的新一代显示器。

显示器的主要性能指标有像素、分辨率、屏幕尺寸、点间距和灰度级等。

（1）像素。显示器屏幕显示出来的图像是由一个个发光点（荧光点）组成的，我们称这些发光点为像素。每一个像素包含一个红色、绿色、蓝色的磷光体。

（2）分辨率。分辨率是定义显示器画面清晰度的标准，由屏幕中显示的像素数目决定。分辨率一般表示为水平分辨率（一个扫描行中像素的数目）和垂直分辨率（扫描线的数目）的乘积，如1024像素×768像素，表示水平方向最多可以包含1024像素，垂直方向有768条扫描线。分辨率越高，画面包含的像素越多，图像就越细腻、清晰。

（3）屏幕尺寸。屏幕尺寸是指显示器屏幕对角线的长度，单位为英寸（in）。目前常用的屏幕尺寸是17in、19in、22in、23.5in等。

（4）点间距。点间距是指显示器屏幕上像素间的距离。点间距越小，分辨率越高，图像越清晰。

（5）灰度级。灰度级是指像素的明暗程度。彩色显示器的灰度级是指颜色的种类。灰度级越高，图像层次越丰富。

微型计算机的显示系统由显示器和显示卡组成，显示卡简称显卡或显示适配器。因为显示器是通过显示卡与主机连接的，所以显示器必须与显示卡匹配。不同类型的显示器要配置不同的显示卡。显示卡主要由显示控制器、显示存储器和接口电路组成。显示卡的作用是在显示驱动程序的控制下，负责接收CPU输出的显示数据、按照显示格式进行变换并存储在显存中，再把显存中的数据以显示器要求的方式输出到显示器。

2. 打印机

打印机（Printer）也是计算机重要的输出设备之一，已成为办公自动化系统最基本的设备，主要用来打印计算机里的文件，如打印文字、打印图片。按照打印机的工作原理，打印机可以分为点阵式打印机（Dot-Matrix Printer）、喷墨打印机（Inkjet Printer）和激光打印机（Laser Printer）3种。

（1）点阵式打印机是利用机械和电路驱动原理，使打印针撞击色带和打印介质，进而打印出点阵，由点阵组成字符或图形来完成打印任务的一种打印机。点阵式打印机的优点是耗材便宜（打印色带），缺点是打印速度慢、噪声大、打印分辨率低。此外，点阵式打印机可以打印多层纸，因此，在打印票据时经常使用它。

（2）喷墨打印机通过将墨滴喷射到打印介质上来形成文字或图像。由于喷嘴的数量较多，且墨点细小，所以能够打印出比针式打印机更细致、混合更多种色彩的效果。喷墨打印机的优点是从低档到高档的都有，其价格可以满足各种层次的需要；打印效果优于针式打印机、无噪声，并且能够打印彩色图像。其缺点是打印速度慢、耗材（墨盒）较贵。

（3）激光打印机是利用碳粉附着在纸上而成像的一种打印机。其主要原理是：利用激光打印机内的一个控制激光束的磁鼓，借助控制激光束的开启和关闭，当纸张在磁鼓间卷动时，上下起伏的激光束会在磁鼓间产生带电核的图像区，此时打印机内部的碳粉会受到电荷的吸引而附着在纸上，形成文字或图形。由于碳粉属于固体，而激光束不受环境影响，所以激光打印机可以长年保持清晰细致的打印效果，在任何纸张上打印都可以得到好的效果。激光打印机是各种打印机中打印效果最好的，其优点是打印速度快、噪声小，缺点是设备价格高、耗材贵。

打印机的主要性能指标有打印分辨率（dpi，点/英寸）、打印速度、最大打印尺寸等。

3. 其他输出设备

个人计算机上可以使用的其他输出设备主要有绘图仪、音频输出设备、视频投影仪等。其中绘图仪有平板绘图仪和滚动绘图仪两类，通常采用"增量法"在 *x* 轴和 *y* 轴方向产生位移来绘制图形；视频投影仪是微型计算机输出视频的重要设备，目前主要有 LCD、DLP、LCoS、3LCD、3DLP 等类型，其中 LCD 因色彩表现差将补淘汰，DLP 能够使图像达到极高的保真度，能给出清晰、明亮、色彩逼真的画面。

2.2.6 计算机的结构

计算机硬件系统的五大组件并非孤立存在，在处理信息的过程中它们需要相互连接并传输数据，计算机的结构反映了计算机各个组件之间的连接方式。

早期计算机主要采用直接连接的方式，运算器、存储器、控制器和外部设备等组件之间都有单独的连接线路。例如，IAS 计算机的各部件之间就是通过单独的连接线路相连，连接速度快，但不易扩展。直接连接的计算机结构如图 2-11 所示。

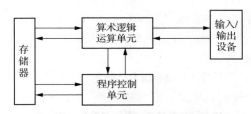

图 2-11 直接连接的计算机结构示意图

现代计算机普遍采用总线结构。总线（Bus）是计算机各种功能部件之间传送信息的公共通信干线，它是由导线组成的传输线束。按照传输的信息种类，计算机的总线可以分为数据总线、地址总线和控制总线，分别用来传输数据、传送数据地址和控制信号。总线是一种内部结构，它是 CPU、内存、输入设备、输出设备传递信息的公用通道。主机的各个部件通过总线相连，外部设备通过相应的接口电路与总线相连接，从而形成了计算机硬件系统。基于总线的计算机结构如图 2-12 所示。

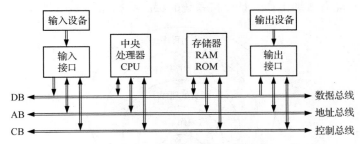

图 2-12 基于总线的计算机结构示意图

（1）数据总线（Data Bus）用于传送数据信息，是双向总线，CPU 既可通过数据总线从内存或输入设备读入数据，又可通过数据总线将 CPU 内部数据传送至内存或输出设备。

（2）地址总线（Address Bus）是专门用来传送地址的，由于地址只能从 CPU 传向外部存储器或 I/O 端口，所以地址总线总是单向三态的，这与数据总线不同。地址总线的位数决定了 CPU 可直接寻址的内存空间大小。例如，8 位微机的地址总线为 16 位，其最大可寻址空间为

2^{16}Byte=64KB，16 位微机的地址总线为 20 位，其可寻址空间为 2^{20}Byte=1MB。一般来说，若地址总线为 n 位，则可寻址空间为 2^n 字节。

（3）控制总线（Control Bus）用来传送控制信号和时序信号。有的控制信号是微处理器送往存储器和 I/O 接口电路的，如读/写信号、片选信号、中断响应信号等；也有的控制信号是其他部件反馈给 CPU 的，如中断申请信号、复位信号、总线请求信号、设备就绪信号等。因此，控制总线的传送方向由具体控制信号而定，一般是双向的，控制总线的位数要根据系统的实际控制需要而定。

总线标准是指计算机部件各生产厂家都需要遵守的系统总线要求，不同厂家遵循总线标准生产的部件能够互换。微机系统采用的总线标准种类很多，常见的有以下几种。

（1）ISA（Industrial Standard Architecture）总线是 IBM 公司 1984 年为推出 PC/AT 而建立的系统总线标准，所以也叫 AT 总线，适应 8/16 位数据总线要求，目前已经被淘汰。

（2）PCI（Peripheral Component Interconnect）总线是由 Intel 公司推出的一种局部总线。它定义了 32 位数据总线，且可扩展为 64 位。PCI 总线技术先进、成本低、可扩充性好，是目前比较流行的总线之一。

（3）AGP（Accelerated Graphics Port）总线是在 PCI 总线基础上发展起来的，主要对图形的显示进行优化，专门用于图形显示卡。

（4）EISA 总线是对 ISA 总线的扩展。

由于现代计算机采用了总线结构，并且各种外设均通过 I/O 设备接口与 CPU 相连，因此整个系统的结构简单清晰、易于扩展。

总线体现在硬件上就是计算机主板（Main Board）。主板是主机箱中最大的电路板，主板上集成了 CPU 插座、内存插槽、控制芯片组、总线扩展槽、BIOS 芯片、键盘与鼠标插座，以及用于连接各种外部设备的接口等。微机正是通过主板将 CPU、内存、显卡、声卡、网卡、键盘、鼠标等部件连接成一个整体并协调工作的。

2.3　计算机的软件系统

计算机软件系统是为运行、管理和维护计算机而编写的各类程序、数据及相关文档的总称。计算机软件系统与硬件系统两者相互依存，软件的正常运行依赖于硬件的物质条件，硬件也只有在软件的支配下，才能有效地工作。计算机系统的层次结构如图 2-13 所示。

图 2-13　计算机系统的层次结构

2.3.1　软件的概念

软件是用户与硬件之间的接口，用户通过软件使用计算机硬件资源，软件的主体是程序。程序是按一定顺序执行并能完成某一任务的指令集合。用于编写计算机程序的语言则称为程序设计语言。

1. 程序设计语言的分类

程序设计语言一般分为机器语言、汇编语言和高级语言 3 类。

（1）机器语言。用直接与计算机联系的二进制代码指令表达的计算机语言称为机器语言。机器语言是第一代计算机语言，也是唯一能够被计算机直接识别和执行的语言。机器语言对计算机而言不需要任何翻译就可以直接识别，但不易记忆、难修改。

（2）汇编语言。用能反映指令功能的助记符表达的计算机语言称为汇编语言，汇编语言是第二代计算机语言。汇编语言是符号化的机器语言。用汇编语言写出的程序称为汇编语言源程序，只有用计算机配置好的编译器把它翻译成机器语言目标程序，才能被执行。这个翻译过程称为汇编过程，如图 2-14 所示。相较于机器语言，汇编语言在编写、修改、阅读方面均有很大改进，运行速度也非常快，但掌握起来比较困难。

（3）高级语言。机器语言和汇编语言都是面向机器的语言，虽然执行效率较高，但编写效率很低，可移植性差。高级语言是一种与具体的计算机指令系统表面无关、描述方法接近人们对求解过程或问题的表达方法（接近自然语言）、易于掌握和编写的程序设计语言，它具有共享性、独立性等特点。高级语言所用的一套符号、标记更接近人类自然语言和数学公式，便于理解和记忆。常用的高级程序设计语言有 **Python**、**C**、**C++**、**Java** 等。

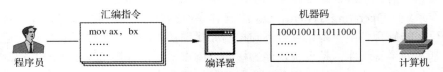

图 2-14　汇编语言的翻译过程

2. 高级语言的执行方式

用高级语言编写的程序称为源程序。因为计算机只能识别以二进制数码表示的机器语言，所以任何源程序必须翻译成机器语言，才能在计算机中执行。翻译有编译和解释两种方式。

（1）编译。源程序经过编译程序的编译生成由二进制数码组成的目标程序，链接程序把这些目标程序组成一个可执行的程序，这种方式称为程序的编译执行方式，如图 2-15 所示。

图 2-15　源程序链接成可执行程序的过程

（2）解释。解释是将源程序逐句翻译、逐句执行的方式。此过程不产生目标程序，翻译一行执行一行，边解释边执行。

2.3.2　软件系统的组成

计算机软件分为系统软件（System Software）和应用软件（Application Software）两大类，如图 2-16 所示。

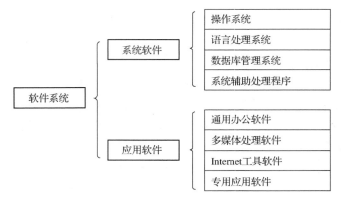

图 2-16 计算机软件系统的组成

1. 系统软件

系统软件由一组控制计算机系统并管理计算机系统资源的程序组成，其主要功能包括启动计算机，存储、加载和执行应用程序，对文件进行排序、检索，将程序语言翻译成机器语言等。系统软件主要包括操作系统、语言处理系统、数据库管理系统和系统辅助处理程序等。其中最重要的是操作系统，它处在计算机系统中的核心位置，支持用户直接使用计算机硬件，也支持用户使用计算机应用软件。如果用户需要使用其他系统软件，如语言处理系统和数据库管理系统，也需要操作系统提供支持。系统软件是软件的基础，所有应用软件都是在系统软件上运行的。

（1）操作系统（Operating System，OS）。操作系统是管理、控制和监督计算机软、硬件资源协调运行的程序的集合，由一系列具有不同控制和管理功能的程序组成。它是直接运行在计算机硬件上的最基本的系统软件，是系统软件的核心。操作系统是计算机发展中的产物，它的主要功能有两个：一是方便用户使用计算机，作为用户和计算机间的接口，如用户在计算机中输入一条简单的命令就能自动实现复杂的功能，这就是操作系统帮助的结果；二是统一管理计算机系统的全部资源，合理组织计算机的工作流程，以便充分、合理地发挥计算机的作用。常用的操作系统有 Windows、Linux、DOS、UNIX、macOS 等。

（2）语言处理系统（翻译程序）。如果要在计算机中运行高级语言程序，就必须配备程序语言翻译程序。翻译程序本身是一组程序，不同的高级语言都有相应的翻译程序。使用 BASIC、LISP 等高级语言编写的源程序需用相应的解释程序解释，解释方式在执行时，源程序和解释程序必须同时参与才能运行，因此效率低、执行速度慢。使用 FORTRAN、COBOL、PASCAL 和 C 语言等高级语言编写的源程序需用相应的编译程序编译，由编译方式得到的可执行程序可以脱离源程序和编译程序单独执行，因此效率高、执行速度快。

早期语言处理软件一般是由计算机硬件厂家随机器配置的。随着编程语言发展到高级语言，计算机不再捆绑语言处理软件，因此语言处理系统就开始成为用户可选择的一种产品化的软件，它也是最早开始商品化和系统化的软件。

（3）数据库管理系统（DataBase Management System，DBMS）。数据库是指按照一定联系存储的数据集合。数据库管理系统则是能够对数据库进行加工、管理的系统软件，主要功能是建立、删除、维护数据库，及对库中的具体数据进行各种操作。数据库系统主要由数据库（DataBase）、数据库管理系统及相应的应用程序组成。数据库系统不但能够存放大量的数据，更重要的是能迅速、自动地对数据进行检索、修改、统计、排序、合并等操作，以得到所需的信息。

（4）系统辅助处理程序。系统辅助处理程序主要是指一些为计算机系统提供服务的工具软件和支撑软件，包括编辑程序、调试程序、系统诊断程序等，如Windows 系统中的磁盘碎片整理程序等。这些程序主要负责维护计算机系统正常运行，为用户开发和实施软件提供便利。

2. 应用软件

应用软件是用户可以使用的用各种程序设计语言编写的应用程序的集合，包括应用软件包和用户程序。应用软件包是指可以利用计算机解决某类问题的程序的集合，供多用户使用。

在计算机软件中，应用软件种类最多，从一般的文字处理软件到大型的科学计算软件和各种控制系统等，有成千上万种。这类为解决特定问题且与计算机本身关联不多的软件统称为应用软件。常用的应用软件有通用办公软件、多媒体处理软件、Internet 工具软件和专用应用软件等。

（1）通用办公软件。通用办公软件是指日常办公需要用到的一些软件，它一般包括文字处理软件、电子表格处理软件、演示文稿制作软件等。常见的办公软件套件有微软公司的 Microsoft Office 和金山软件公司的 WPS Office 等。

（2）多媒体处理软件。多媒体技术已经成为计算机技术的一个重要方面，是应用软件领域中一个重要的分支。多媒体处理软件主要包括图形处理软件、图像处理软件、动画制作软件、音频/视频处理软件、桌面排版软件等，如 Adobe 公司的 Photoshop、Dreamweaver、Flash、Premiere 和 Page-Make，Corel 公司的绘声绘影等。

（3）Internet 工具软件。随着计算机网络技术的发展和 Internet 的普及，市场上涌现了许许多多基于 Internet 环境的应用软件，如 Web 服务器软件、Web 浏览器、文件传送工具 FTP、远程访问工具 Telnet、下载工具 FlashGet 等。

（4）专用应用软件。专用应用软件是指各种各样的有专门应用领域或范围的应用软件，如各企业专用的信息管理系统等。

2.4　操作系统

操作系统是计算机最基本的系统软件，它直接运行在裸机上，管理计算机中的各种软、硬件资源，并控制各类软件运行，是人与计算机之间通信的桥梁。

2.4.1　操作系统的概念

操作系统是介于硬件和应用软件之间的系统软件，是对计算机硬件系统的第一次扩充。操作系统负责控制和管理计算机系统中的各种硬件和软件资源，合理地组织计算机系统的工作流程，为其他软件提供单向支撑，为用户提供使用方便、可扩展的工作平台和环境。

每一台计算机都必须安装至少一个操作系统（可同时安装多个操作系统，但在启动计算机时需要选择"活动"操作系统）。应用软件和其他系统软件都与操作系统密切相关，这些软件都需要合适的操作系统提供支持，不同操作系统环境下可直接运行的软件可能有所不同。例如，Microsoft Office 2016 是 Windows 环境下的办公软件，在其他操作系统下不能直接运行。

操作系统中的重要概念有进程、线程、内核态和用户态等。

1. 进程

进程（Process）是操作系统中的一个核心概念，一般是指"进行中的程序"，即"进程=程序+执行"。

进程是程序的一次执行过程，是系统进行调度和资源分配的一个独立单位。一个程序被加载到内存时，系统就创建一个进程，程序执行结束后，该进程也就消亡了。进程是动态的，而程序是静态的；进程有一定的生命期，而程序可以长期保存；一个程序可以对应多个进程，而一个进程只能对应一个程序。

程序常驻外存，只有执行时，才被加载到内存中。使用进程的目的是控制程序在内存中的执行过程、提高 CPU 的利用率。在 Windows、UNIX、Linux 等操作系统中，用户可以查看当前进程。利用 Windows 系统的任务管理器，可以快速查看进程信息，或者强行终止某个进程。图 2-17 所示的是通过 Windows 10 系统的任务管理器查看正在执行的应用程序和进程。

2. 线程

线程（Threads）是进程的"细分"，这并不是一个新的概念，而是进程概念的延伸。线程是进程的一个实体，是 CPU 调度和分派的基本单位，它是比进程更小的、能独立运行的基本单位。一个线程可以创建和撤销另一个线程，同一个进程中的多个线程可以并发执行。图 2-17 中的 WINWORD.EXE 进程创建了 23 个线程。

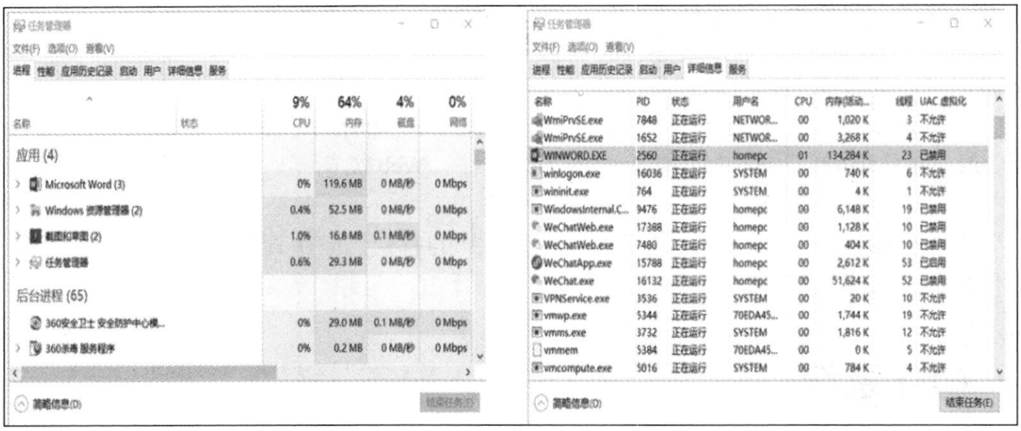

图 2-17　Windows 10 系统中的任务管理器

使用线程可以更好地实现并发处理和资源共享，提高 CPU 的利用率。CPU 是以时间片轮询的方式为进程分配处理时间的。如果 CPU 有 10 个时间片，需要处理两个进程，则 CPU 利用率为 20%。为了提高运行效率，将每个进程又细分为若干线程，如当前每个线程都要完成 3 件事情，则 CPU 会分别用 20%的时间来同时处理 3 件事情，从而使 CPU 的使用率达到 60%。

因为 CPU 的执行速度非常快，只给每一个线程分配极少的运行时间，时间一到，当前线程就交出所有权，所有线程被快速地切换执行，所以在执行过程中，用户认为这些线程是"并发"执行的。

3. 内核态和用户态

计算机中的各个程序是不平等的，它们有特权态和普通态之分。特权态即内核态，拥有计算机中的所有软、硬件资源，享有最大权限，一般关系到计算机根本运行的程序应该在内核态下执行（如 CPU 管理和内存管理）。普通态即用户态，其访问资源的数量和权限均受到限制，一般将仅与用户数据和应用相关的程序放在用户态中执行（如文件系统和网络管理系统）。

2.4.2　操作系统的功能和种类

1. 操作系统的功能

操作系统是对计算机系统进行管理、控制、协调的程序的集合，可以按这些程序所要管理的资源来确定操作系统的功能。操作系统的功能主要包括以下几个方面。

（1）处理机管理。处理机是计算机中的核心资源，所有程序的运行都要靠它来实现。具体地说，处理机管理要做如下事情：分配处理机的时间，记录和调度不同程序的运行，实现用户和程序之间的交互，解决不同程序在运行时相互发生的冲突。处理机管理是操作系统功能最核心的部分，它的管理方法决定了整个系统的运行能力和质量，代表了操作系统设计者的设计观念。

（2）存储器管理。存储器用来存放用户的程序和数据，存储器容量越大，存放的数据越多。虽然硬件生产厂家不断扩大存储器的容量，但还是无法满足用户对存储器容量的需求。因为存储器容量不可能无限制地增长，但用户需求的增长是无限的。在多用户或者程序共用一个存储器时，自然而然会带来许多管理上的问题，这就是存储器管理要解决的。存储器管理要进行如下工作：以最合适的方案为不同的用户或不同的程序划分出分离的存储器区域，保障各存储器区域不受其他程序的干扰；在主存储器区域不够大的情况下，使用硬盘等其他辅助存储器来扩充主存储器的空间，自行整理存储器空间等。

（3）作业管理。当用户开始与计算机交互时，第一个接触的就是作业管理部分，用户通过作业管理提供的界面对计算机进行操作。因此作业管理负责两方面的工作：向计算机通知用户的到来，记录和安排用户要求计算机完成的任务；向用户提供操作计算机的界面和对应的提示信息，接收用户输入的程序、数据及要求，同时将计算机运行的结果反馈给用户。

（4）信息管理。计算机中存放的、处理的、流动的都是信息。信息有不同的表现形态，如数据项、记录、文件、文件的集合等；有不同的存储方式，可以连续存放，也可以分开存放；还有不同的存储位置，可以存放在主存储器上，也可以存放在辅助存储器上，甚至可以存储在某些设备上。不同用户的不同信息共存于有限的媒体上，如何对这些文件进行分类，如何保障不同信息之间的安全，如何将各种信息与用户进行联系，如何使信息不同的逻辑结构与辅助存储器上的存储结构对应，都是信息管理要解决的问题。

（5）设备管理。计算机主机连接着许多设备，有专门用于输入/输出数据的设备，也有用于存储数据的设备，还有用于满足某些特殊要求的设备。这些设备又来自不同的生产厂家，型号五花八门，如果没有设备管理功能，用户一定会不知所措。设备管理的任务就是为用户提供设备的独立性，使用户不管是通过程序逻辑还是命令来操作设备时，都不需要了解设备的具体操作。设备管理在接收到用户的要求以后，将用户提供的设备与具体的物理设备连接，再将用户要处理的数据传送到物理设备上；记录、修改各种设备的信息；控制设备行为。

2. 操作系统的种类

操作系统的种类繁多，按照功能和特性，可分为批处理操作系统、分时操作系统和实时操作系等；按照同时管理用户数的多少，可分为单用户操作系统和多用户操作系统；按照有无管理网络环境的能力，可分为网络操作系统和非网络操作系统。通常操作系统有以下 5 种主要类型。

（1）单用户操作系统（Single-User Operating System）。单用户操作系统的主要特征是计算机系统内一次只支持一个用户程序运行。这类系统的最大缺点是计算机系统的资源不能被充分利用。微机的磁盘操作系统（Disk Operating System，DOS）、早期的 Windows 操作系统都属于这类系统。

（2）批处理操作系统（Batch Processing Operating System）。批处理操作系统是 20 世纪 70 年代运行于大、中型计算机上的操作系统，当时由于单用户单任务操作系统的 CPU 使用效率低，I/O 设备资源未被充分利用，因此产生了多道批处理系统。多道与单道相对应，单道是指批处理将多个程序组成一批，在监督程序的控制下串行执行；多道是指多个程序或多个作业同时存在和运行，故也称为多任务操作系统。IBM 公司的 DOS/VSE 就是这类系统。

（3）分时操作系统（Time-Sharing Operating System）。分时操作系统是在一台计算机周围挂上若干台近程或远程终端，每个用户可以在各自的终端上以交互的方式控制各自作业的运行。

在分时系统的管理下，虽然各用户使用的是同一台计算机，但操作系统以时间片轮转的方式协调多个用户轮流分享 CPU，由于时间资源被划分成极短的时间片（毫秒量级）并轮流切换，所以给每个终端用户一种独占计算机的感觉。分时操作系统将计算机等人转变为人等计算机。

分时操作系统是多用户多任务操作系统，UNIX 是非常流行的分时操作系统。此外，UNIX 具有网络通信与网络服务的功能，也是广泛使用的网络操作系统。

（4）实时操作系统（Real-Time Operating System）。实时操作系统是指能保证在一定时间限制内完成特定任务的操作系统。在某些应用领域，要求计算机能迅速处理数据，这种有响应时间要求的快速处理过程叫作实时处理过程，配置了实时操作系统的计算机系统称为实时系统。

根据对时间约束的严格程度，实时操作系统又分为软实时系统和硬实时系统。在规定时间内得不到响应的后果若可承受，则称为软实时系统。例如，网络中的超时仅是轻微地降低系统吞吐量。硬实时系统有一个刚性的、不可改变的时间限制，超时会带来不可承受的"灾难"，如导弹防御系统。

（5）网络操作系统（Network Operating System）。提供网络通信和网络资源共享功能的操作系统称为网络操作系统。网络操作系统和分布式操作系统的区别在于：网络操作系统是在已有操作系统基础上增加网络功能；分布式操作系统是在设计时就考虑将多台计算机虚拟成一台计算机，将一个复杂任务划分成若干个简单子任务，分别让多台计算机并行执行。

2.4.3　常用操作系统

在计算机的发展过程中，出现过许多不同的操作系统，其中常用的有 DOS、macOS、Windows、Linux、Free BSD、UNIX/XENIX、OS/2 等。从应用的角度来看，常用的典型操作系统可划分为服务器操作系统、PC 操作系统、实时操作系统和嵌入式操作系统 4 类。

1. 服务器操作系统

服务器操作系统是指安装在大型计算机上的操作系统，如 Web 服务器、应用服务器和数据库服务器等。服务器操作系统主要分为四大流派：Windows、UNIX、Linux、Netware。

Windows NT 是微软公司推出的首个基于图形用户界面的、完整支持多道程序的网络操作系统，用户界面生动友好、便于操作。

UNIX 是 AT&T 公司 1971 年在 PDP-11 上运行的操作系统。它具有多用户、多任务的特点，支持多种处理器架构。最初的 UNIX 是用汇编语言编写的，后来又用 C 语言重写，使 UNIX 的代码更加简洁紧凑，并且易移植、易阅读、易修改，为 UNIX 的发展奠定了坚实的基础。但 UNIX 缺乏统一的标准，且操作复杂、不易掌握，可扩充性不强，这些都限制了 UNIX 的普及。

Linux 是一种开放源码的类 UNIX 操作系统。用户可以通过 Internet 免费获取 Linux 源代码，并对其进行分析、修改和添加新功能等操作。Linux 是一个领先的操作系统，世界上运算速度最快的 10 台超级计算机上运行的都是 Linux 操作系统。不少专业人员认为 Linux 安全、稳定，对硬件系统不敏感。但 Linux 系统的图形界面不够友好，这是阻碍它普及的重要原因，且 Linux 开源带来的无特定厂商技术支持等问题也是阻碍其发展的另一因素。

Netware 是 Novell 公司推出的网络操作系统。Netware 最重要的特征是基于基本模块设计思想的开放式系统结构。Netware 是一个开放的网络服务器平台，用户可以方便地对其进行扩充。

Netware 系统对不同的工作平台（如 DOS、OS/2、Macintosh 等）、不同的网络协议环境（如 TCP/IP）及不同的工作站操作系统提供了一致的服务。但 Netware 的安装、管理和维护比较复杂，操作基本依赖于输入命令的方式，并且对硬盘的识别率较低，很难满足现代社会对大容量服务器的需求。

2. PC 操作系统

PC 操作系统是指安装在个人计算机上的操作系统，如 DOS、Windows、macOS。

DOS 最初是微软公司为 IBM-PC 开发的操作系统，是第一个个人微型计算机操作系统。它是单用户命令行界面操作系统。DOS 功能简单、对硬件平台要求低，但存储能力有限，而且命令行操作方式要求用户必须记住各种命令，因此使用起来很不方便。

Windows 是由微软公司开发的第一代窗口式多任务系统，最初仅是覆盖在 DOS 上的一个图形用户界面，不能称为一个真正的操作系统，不支持多道程序，但通过该界面，用户可以对计算机进行简单高效的操作，把计算机的使用效率提高到了一个新的高度。Windows NT 才是完整的支持多道程序的操作系统。Windows XP 采用 Windows 2000/NT 内核，运行起来非常可靠、稳定，功能极其强大，用户界面焕然一新。Windows 7 集成了 DirectX 11 和 Internet Explorer 8，具有超级任务栏。

macOS 是由苹果公司（Apple）自行设计开发的操作系统，专用于 Macintosh 等苹果计算机，一般情况下无法在非苹果系列的普通 PC 上安装。macOS 是基于 UNIX 内核的操作系统，也是首个在商业领域成功应用的图形用户界面操作系统，它具有较强的图形处理能力，广泛用于桌面出版和多媒体应用等领域。macOS 的缺点是与 Windows 系统缺乏较好的兼容性，这影响了它的普及。

3. 实时操作系统

实时操作系统是指能保证在一定时间限制内完成特定任务的操作系统，如 VxWorks。

VxWorks 操作系统是美国风河（Wind River）公司于 1983 年设计开发的一种嵌入式实时操作系统，是嵌入式开发环境的关键组成部分。VxWorks 支持几乎所有现代市场上的嵌入式 CPU，因其良好的可靠性、卓越的实时性、高性能的内核、友好的用户开发环境，被广泛应用于通信、军事、航空、航天等高精尖技术及对实时性要求极高的领域中，如卫星通信、军事演习、弹道制导、飞机导航等。

4. 嵌入式操作系统

嵌入式操作系统（Embedded Operating System，EOS）是指用于嵌入式系统的操作系统，负责嵌入式系统的全部软、硬件资源的分配、任务调度，以及控制、协调并发活动。它与应用紧密结合，具有实时高效性和很强的专用性，可根据系统需求、硬件的相关依赖性，对软件模块进行合理的裁减利用。目前在嵌入式领域广泛使用的操作系统有 Linux、Palm OS、Windows Embedded 等，以及应用在智能手机和平板计算机中的 Android（安卓）、iOS、Symbian（塞班）等。

2.5　Windows 10 操作系统

Windows 操作系统是当前应用范围最广、使用人数最多的个人计算机操作系统。Windows 10 操作系统是微软公司在之前的 Windows 版本基础上，改进而推出的跨平台和跨设备使用的操作系统，为用户提供了易于使用和便于快速操作的应用环境。

2.5.1 Windows 10 概述

Windows 10 正式版是微软公司于 2015 年 7 月推出的操作系统。相较于之前的版本，Windows 10 在易用性和安全性方面有了极大的提升，融合了云服务、智能移动设备、自然人机交互等新技术，对固态硬盘、生物识别等硬件进行了优化。

1. Windows 10 新特性

Windows 10 在功能和性能上与之前的版本相比有了很大的改进，其新特性主要如下。

（1）开始菜单进化。Windows 10 不仅恢复了开始菜单，而且增强了开始菜单的功能，将旧版开始菜单与 Windows 8 的"开始"屏幕相结合。新的开始菜单最大的变化是在左侧新增加了一栏，加入了系统的关键设置和应用列表，右侧显示标志性的动态磁贴。用户可以灵活地调整所有磁贴。

（2）全新的任务栏。新增了搜索栏、语音助手 Cortana 和任务视图按钮。系统托盘内的标准工具也匹配了 Windows 10 的设计风格。

（3）时间线。单击任务视图按钮可以查看近期的所有活动，支持按时间排列、搜索。使用时间线可以帮助用户查找想要跳转回的项目，可以获取建议，还可同步到"云"中。

（4）任务切换器。任务切换器通过大尺寸缩略图的方式进行内容预览。当用户将鼠标指针停留在任务栏的某个运行程序上时，计算机将显示这个程序打开的所有窗口的大尺寸缩略图，便于用户快速切换到所需窗口。

（5）多桌面。Windows 10 支持多桌面。用户可以将程序窗口放进不同的虚拟桌面当中，并可以在其中轻松切换。在各个桌面上运行的不同程序互不干扰，桌面变得整洁。

（6）新版 Edge 浏览器。新版 Edge 浏览器基于 Chromium 内核，提供了内置的安全性和微软安全生态系统的最佳互操作性。新的 Edge 浏览器整合了微软公司的 Cortana 数字助手，有桌面和移动两个版本，并深度融合了 Bing 搜索服务，让用户的搜索体验更加流畅。

（7）分屏功能。Windows 10 中有增强的分屏功能。用户不仅可以通过拖曳窗口到桌面左右边缘的方式进行左右分屏放置，还可以通过将窗口拖曳到屏幕四角来将屏幕分成 4 块显示。当用户划分出一个窗口后，就会在空白区域出现当前打开的窗口列表供用户选择，这种交互设计比较人性化。

（8）操作中心。旧版的操作中心在 Windows 10 中充当了通知中心的角色。新版的操作中心除了集中显示应用的通知、推送消息外，还有 Wi-Fi、蓝牙、屏幕亮度、设置、飞行模式、定位、VPN 等快速操作选项。

（9）Cortana。Cortana 原本是 Windows Phone 中的智能语音助手。Windows 10 集成了 Cortana，不仅能够查询天气、调用用户的应用和文件、收发邮件、在线查找内容，还能掌握用户的使用习惯，提醒用户需要做哪些事情。

（10）快速助手。快速助手是 Windows 10 中的一款新应用，支持用户通过远程连接接收或提供协助，从而获得更流畅、便捷的使用体验。

（11）触摸功能。Windows 10 对触摸板提供进一步支持，用户可以使用手势来操作触摸板，提高计算机使用效率。与鼠标相比，触摸板更快、更方便、更直观，用户只需要通过手指操作触摸板就能指示系统完成相应任务。在 Windows 10 中，用户需要整合计算机硬件配置来支持触摸板功能。

（12）新技术融合。Windows 10 在易用性、安全性等方面进行了深入的改进与优化，对云服务、智能移动设备、自然人机交互等新技术进行了融合。

2. Windows 10 的安装配置要求

Windows 10 的安装配置要求如表 2-1 所示，使用该配置能够顺利完成 Windows 10 的安装，且在该配置下能够流畅地运行大部分应用程序，并获得良好的用户体验。

表 2-1　　　　　　　　　　　　　　　Windows 10 的安装配置要求

硬件设备	推荐配置
处理器	1GHz 32 位或 64 位处理器或 SoC
内存	1GB（32 位）或 2GB（64 位）
可用硬盘空间	16GB（32 位）或 20GB（64 位）
显示适配器	DirectX 9 或更高版本（包含 WDDM 1.0 驱动程序）
显示器	分辨率≥800 像素×600 像素，或支持触摸技术的显示设备

2.5.2　使用和设置 Windows 10

让计算机使用起来更简单是微软公司开发 Windows 10 的重要目标之一，其易用性主要体现在对桌面功能的操作方式上。在 Windows 10 中，一些沿用多年的基本操作方式得到了彻底改进，如任务栏、窗口控制方式的改进。半透明的 Windows Aero 外观也为用户带来了更真实的操作体验。

1. Windows 10 桌面的组成

Windows 10 的桌面有很好的可视化效果，功能方面也进行了归类，便于用户查找和使用。启动 Windows 10 后，出现的桌面如图 2-18 所示，主要包括桌面图标、桌面背景和任务栏。

图 2-18　Windows 10 的桌面

桌面图标主要包括系统图标和快捷图标，它们和之前版本的 Windows 中图标的组成相似，操作方式一样。用户可以根据自己的喜好设置桌面背景。任务栏发生了很大的变化，主要由"开始"按钮、快速启动区、语言栏、操作中心和显示桌面按钮等组成。

2. 桌面的个性化设置

Windows 10 是一个崇尚个性的操作系统，它不仅提供了各种精美的桌面壁纸，还提供了很多外观选择、不同的背景主题和灵活的声音方案，让用户可以根据自己的需求设置个性化的桌面。

（1）桌面外观设置。用鼠标右键单击桌面空白处，在弹出的快捷菜单中选择"个性化"命令，如图 2-19 所示；打开"设置"窗口，如图 2-20 所示，可以在其中设置桌面背景、颜色、锁屏界面、主题等。Windows 10 中预置了多个主题，直接单击所需主题即可改变当前的桌面外观，也可以从 Microsoft Store 中获得更多主题。

图 2-19　桌面设置快捷菜单

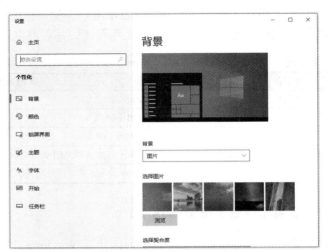

图 2-20　"设置"窗口

（2）桌面背景设置。如果需要自定义个性化桌面背景，可以在"设置"窗口中单击"背景"图标，右侧显示桌面背景设置选项。"背景"设置有"图片""纯色""幻灯片放映"3 种模式。若设置"背景"为"幻灯片放映"，则默认选择 Windows 10 自带的相册图片；也可以单击"浏览"按钮，选择其他图片。在"图片切换频率"下拉列表中设置切换间隔时间，设置"无序播放"选项是否打开，通过"选择契合度"下拉列表框设置图片显示效果，如图 2-21 所示。在"幻灯片放映"背景模式下，桌面图片会定时自动切换。

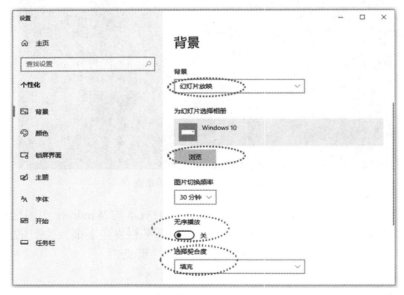

图 2-21　设置桌面背景

（3）Metro 应用。Metro 应用是微软商店中的内置应用。Windows 8 中运行的 Metro 应用是单个无边框窗口，默认情况下充满整个屏幕。Windows 10 对此进行了改进，将其变为可调整大小的窗口，如图 2-22 所示。Metro 应用支持多种布局和视图。在任务栏上的搜索框中输入"天气"，就会自动匹配到该应用，在该应用上单击鼠标右键，选择"固定到'开始'屏幕"命令后，下次就可以在"开始"菜单右侧的动态磁贴区域找到"天气"应用。

图 2-22 "天气"应用

Windows 10 内置了许多 Metro 应用，用户还可以从微软商店中添加更多自己需要的 Metro 应用。

2.6 管理文件和文件夹资源

2.6.1 文件和文件夹管理的概念

1. 文件和文件夹

创建文件和文件夹是计算机管理数据的重要方式。文件是在存储设备上以二进制数码的形式存储的信息集合，是操作系统对信息进行管理和独立存取的基本（或最小）单位。文件夹是图形用户界面中程序和文件的容器，用于存放文件、快捷方式和子文件夹，由一个"文件夹"的图标和文件夹名表示。文件通常放在文件夹中，文件夹中除了文件外，还可有子文件夹。子文件夹中又可以存放文件。

文件的名字一般由主文件名和扩展名组成，主文件名和扩展名之间用圆点"."分开。文件名可以包含以下字符：26 个英文字母、数字（0～9）、汉字和一些特殊符号。文件名不能包含以下字符：正斜杠（/）、反斜杠（\）、大于号（>）、小于号（<）、星号（*）、问号（?）、引号（"）、竖线（|）、冒号（:）和分号（;）。文件的扩展名也称"类型名"或"后缀"，一般由 3～4 个字符组成。文件类型可标识打开该文件的程序，例如，具有扩展名".txt"的文件是"文本文档"类型，可使用任何文本编辑器打开。

当查找文件、文件夹、打印机、计算机或用户时，可以使用通配符星号"*"和问号"?"来代替一个或多个字符。其中，星号"*"代表名称为 0 个或多个字符（例如，A*.docx 表示以 A 字母开头的所有 Word 文件，而*.*代表所有类型的所有文件）；问号"?"代表名称为 0 个或一个字符（例如，B??.docx 表示以 B 开头，文件名最长为 3 个字符的所有 Word 文件）。

文件和文件夹都具有"属性"，用于指出文件或文件夹是否为只读、隐藏、存档（备份）、压缩或加密，以及是否允许索引文件内容等。选定文件或文件夹后单击鼠标右键，在弹出的快捷菜单中选择"属性"命令，打开文件或文件夹"属性"对话框，图 2-23 所示的是文件夹的"属性"对话框。

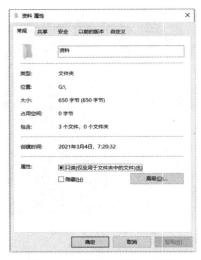

图 2-23 "资料 属性"对话框

2. 文件资源管理器设置

文件资源管理器是 Windows 系统提供的资源管理工具，用户可以使用它查看计算机中的所有资源，特别是它提供的树形文件系统结构，能够让用户更清楚、更直观地认识计算机中的文件和文件夹。Windows 10 的文件资源管理器窗口采用 Ribbon 界面风格，即"选项卡+功能组+功能按钮"组成的功能区，带给用户新的体验。

打开文件资源管理器的操作方法如下。

在任务栏中单击"文件资源管理器"按钮，或在"开始"按钮上单击鼠标右键，在弹出的快捷菜单中选择"文件资源管理器"命令，或按<Win+E>快捷键。Windows 10 的文件资源管理器窗口如图 2-24 所示，主要由功能区、地址栏、搜索栏、导航窗格、工作区、详细信息窗格和状态栏等组成。

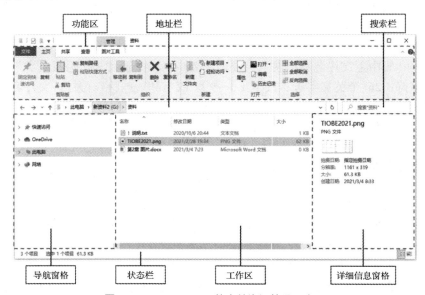

图 2-24 Windows 10 的文件资源管理器窗口

（1）功能区。在打开的窗口中，默认会显示"文件"菜单和"主页""共享""查看"等核心选项卡。当选择特定文件和文件夹时，将显示上下文选项卡。上下文选项卡使用颜色编码，因此比较显眼。如果觉得选项卡的功能区占空间，可以单击文件资源管理器窗口右上角的"向上"按钮（或按<Ctrl+F1>快捷键）折叠功能区，"向上"按钮变为"向下"按钮。单击右上角的"向下"按钮（或再次按<Ctrl+F1>快捷键）展开功能区，如图 2-25 所示。

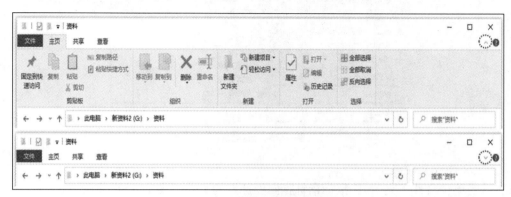

图 2-25　折叠和展开功能区

（2）地址栏。Windows 10 文件资源管理器窗口中的地址栏采用了导航功能，使用级联按钮取代传统的纯文本，它将不同层级路径用不同按钮分割，用户单击按钮即可实现目录跳转。用户还可以在地址栏中运行命令，如输入"cmd"，按<Enter>键，打开"命令提示符"窗口。

（3）搜索栏。Windows 10 将搜索栏集成到了文件资源管理器窗口的右上角，不但方便随时查找文件，而且可以对指定文件夹进行搜索。

（4）导航窗格。Windows 10 文件资源管理器窗口中提供了"快速访问""OneDrive""此电脑""网络"等按钮，用户可以单击这些按钮快速跳转到目的节点，从而更好地组织、管理及应用资源，并进行更为高效的操作。

（5）详细信息窗格。在工作区中选择文件后，详细信息窗格会显示该文件的详细信息，包括文件名称、文件大小、创建日期、修改日期等。文件类型不同，显示的详细信息种类也会有所变化。

（6）状态栏。当选中文件夹时，状态栏左侧显示当前路径包含的项目数、选中项目数及文件大小。状态栏的右侧提供了两个按钮，供用户在大图标视图和详细信息视图之间快速切换。

2.6.2　文件和文件夹基本操作

1. 新建文件或文件夹

（1）新建文件。新建文件可以通过两种方法实现。一种方法是在需要新建文件的窗口区域空白处单击鼠标右键，在弹出的快捷菜单选择"新建"→"DOCX 文档"命令（也可以选择其他类型文件，如"文本文档"等），如图 2-26 所示。此时窗口区域自动新建一个名为"新建 DOCX 文档"的文件，将其更名后按<Enter>键，即可完成新文件的创建和命名。另一种方法是在应用程序窗口中新建文件。

（2）新建文件夹。新建文件夹的方法也有两种。一种方法是单击鼠标右键，在弹出的快捷菜单中选择"新建"→"文件夹"命令，操作方法与新建文件相似，如图 2-26 所示。另一种方法是单击"主页"选项卡"新建"命令组中的"新建文件夹"按钮，新建文件夹。

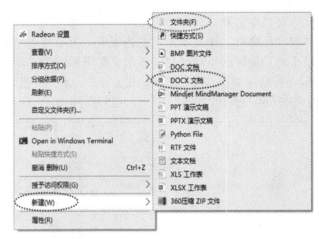

图 2-26　新建文件

2. 选定文件或文件夹

（1）选定单个文件（夹）。将鼠标指针指向要选定的文件（夹），然后单击。

（2）选定多个连续的文件（夹）。单击要选定的第一个文件（夹），按住<Shift>键，再单击要选定的最后一个文件（夹），即可选定多个连续的文件（夹）。

（3）选定多个不连续的文件（夹）。单击要选定的第一个文件（夹），按住<Ctrl>键，再依次单击其他要选定的文件（夹），即可选定多个不连续的文件（夹）。

（4）全部选定。选择"主页"选项卡→"选择"命令组→"全部选择"命令，或者按<Ctrl+A>快捷键，即可选定全部文件（夹）。

3. 创建文件或文件夹的快捷方式

在需要创建快捷方式的文件（夹）上单击鼠标右键，在弹出的快捷菜单中选择"创建快捷方式"命令即可。

创建好的快捷方式可以存放到桌面上或者其他文件夹中，具体操作与文件（夹）的复制或移动相同。

4. 重命名文件或文件夹

重命名文件（夹）可以通过以下 3 种方法实现。

（1）选定需要重命名的文件（夹）名后单击，此时文件（夹）名处于可编辑状态，直接输入新的文件（夹）名即可。

（2）在需要重命名的文件（夹）上单击鼠标右键，在弹出的快捷菜单中选择"重命名"命令，然后输入新文件（夹）名即可。

（3）选定需要重命名的文件（夹），单击"主页"选项卡"组织"命令组中的"重命名"按钮，然后输入新文件（夹）名即可。

5. 移动或复制文件或文件夹

移动或复制文件（夹）有以下 5 种方法。

（1）选定需要移动或复制的文件（夹），将其拖动到目标位置后释放鼠标，即可实现同一磁盘文件（夹）的移动或不同磁盘文件（夹）的复制。在按住<Ctrl>键的同时将文件（夹）拖动到目标位置后释放鼠标，即可实现同一磁盘文件（夹）的复制。在按住<Shift>键的同时将文件（夹）拖动到目标位置后释放鼠标，即可实现不同磁盘文件（夹）的移动。

（2）选定需要移动或复制的文件（夹），按<Ctrl+X>快捷键剪切，进入目标位置，按<Ctrl+V>快捷键即可移动文件（夹）；按<Ctrl+C>快捷键复制，进入目标位置，按<Ctrl+V>快捷键即可复制文件（夹）。

（3）在需要移动或复制的文件（夹）上单击鼠标右键，在弹出的快捷菜单中选择"剪切""复制""粘贴"命令来移动或复制文件（夹）。

（4）选定需要移动或复制的文件（夹），在"主页"选项卡"剪贴板"命令组，选择"剪切""复制""粘贴"命令来移动或复制文件（夹）。

（5）选定需要移动或复制的文件（夹），在"主页"选项卡"组织"命令组，单击"移动到""复制到"按钮，弹出下拉列表框，然后选择"选择位置…"命令，设置目标位置，来移动或复制文件（夹）。

6. 删除和恢复文件或文件夹

删除文件（夹）可以分为暂时删除（暂存到回收站里）和彻底删除（回收站不存储）两种，具体可以通过以下 4 种方法实现。

（1）在需要删除的文件（夹）上单击鼠标右键，在弹出的快捷菜单中选择"删除"命令即可。Windows 10 直接将文件（夹）暂存到回收站，不像 Windows 7 那样，默认弹出一个删除确认对话框，以免误删。若希望显示删除确认对话框，可以用如下方法实现：单击"主页"选项卡"组织"命令组中的"删除"按钮，在弹出的下拉列表框中选择"显示回收确认"命令即可；也可在桌面"回收站"图标上单击鼠标右键，在弹出的快捷菜单中选择"属性"命令，打开"回收站 属性"对话框，选中"显示删除确认对话框"复选框，单击"确定"按钮，如图 2-27 所示。此时删除文件（夹）时，就会出现"删除文件（夹）"对话框，询问"（你）确实要把此文件（夹）放入回收站吗？"，单击"是"按钮，可将删除的文件（夹）放入回收站中；单击"否"按钮，则取消此次删除操作，如图 2-28 所示。

图 2-27　选中"显示删除确认对话框"复选框

（2）选定需要删除的文件（夹），单击"主页"选项卡"组织"命令组中的"删除"按钮，即可删除文件（夹）。

（3）选定需要删除的文件（夹），按<Delete>键也可以删除文件（夹）。

图 2-28　"删除文件（夹）"对话框

（4）选定需要删除的文件（夹），将其拖动到"回收站"图标上也能删除文件（夹）。

通过删除操作放入回收站的文件（夹），都可以从回收站中恢复。具体操作为：双击桌面上的"回收站"图标，在打开的"回收站"窗口中选中要恢复的文件（夹），单击鼠标右键，在弹出的快捷菜单中选择"还原"命令，或者单击"管理-回收站工具"选项卡"还原"命令组中的"还原选定的项目"按钮，如图 2-29 所示。

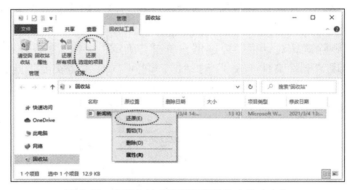

图 2-29　在回收站中恢复已删除的文件（夹）

在"回收站"窗口中单击"管理"命令组中的"清空回收站"按钮，可以彻底删除回收站中的所有项目。

注意：如果文件（夹）被彻底删除，则无法通过回收站恢复，但可以通过专门的数据恢复软件（如 FinalData 等）实现全部或部分恢复。

7. 隐藏文件或文件夹

（1）设置文件（夹）的隐藏属性。在需要隐藏的文件（夹）上单击鼠标右键，在弹出的快捷菜单中选择"属性"命令，在打开的"文件（夹）属性"对话框中选中"隐藏"复选框，单击"确定"按钮，如图 2-30 所示，即可设置所选文件（夹）的隐藏属性。

（2）在文件夹选项中设置不显示隐藏的文件（夹）。如果在文件夹选项中设置了显示隐藏的文件（夹），那么隐藏的文件（夹）将会以半透明状态显示，此时还是可以看到文件（夹），起不到保护的作用，所以要在文件夹选项中设置不显示隐藏的文件（夹）。

具体操作方法如下。

单击文件资源管理器窗口的"查看"选项卡，在"显示/隐藏"命令组中取消选中"隐藏的项目"复选框，即可将设置为隐藏属性的文件（夹）隐藏起来，如图 2-31 所示。也可以单击"查看"选项卡最右侧的"选项"按钮，打开"文件夹选项"对话框进行设置。

图 2-30　"文件（夹）属性"对话框

图 2-31　不显示隐藏的文件（夹）

8. 压缩和解压缩文件或文件夹

为了节省磁盘空间，用户可以对一些文件（夹）进行压缩，压缩文件占的存储空间较少，而且压缩文件可以更快速地传输到其他计算机上，以实现不同用户之间的共享。与 Windows Vista 一样，Windows 10 操作系统也内置了压缩文件程序，用户无须借助第三方压缩软件（如 WinRAR 等）就可以压缩和解压缩文件（夹）。

选中要压缩的文件（夹），单击鼠标右键，在弹出的快捷菜单中选择"发送到"→"压缩(zipped) 文件夹"命令，如图 2-32 所示。系统弹出"正在压缩…"对话框，绿色进度条显示压缩的进度；"正在压缩…"对话框自动关闭后，可以看到窗口中已经出现了对应文件（夹）的压缩文件（夹），可以将其重命名。

要向压缩文件中添加文件（夹），可以选中要添加的文件（夹），将其拖动到压缩文件中。解压缩文件时，选中需要解压缩的文件，单击鼠标右键，在弹出的快捷菜单中选择"解压到当前文件夹"命令即可在当前文件夹解压缩；也可以选择"解压到…"命令，更换目录解压缩，如图 2-33 所示。

图 2-32　压缩文件（夹）

图 2-33　解压缩文件（夹）

注意：利用 WinRAR 等第三方压缩软件压缩文件（夹）的操作与系统内置压缩软件的操作类似。

2.6.3　Windows 10 中的搜索栏和库

1. 搜索文件或文件夹

利用 Windows 10 提供的搜索功能可以在计算机中查找所需的文件或文件夹。根据不同的查找需求可以采用不同的查找方法。

Windows 10 将搜索栏集成到了文件资源管理器窗口（窗口右上角）中。利用搜索栏中的筛选器可以轻松设置搜索条件，缩小搜索范围。其方法是：在搜索栏中单击搜索筛选器，选择需要设置参数的选项，直接输入恰当条件即可。另外，普通文件夹的搜索筛选器只包括"修改日期"和"大小"两个选项，而库的搜索筛选器包括"种类""类型""名称""修改日期""标记"等多个选项。

除了筛选器外，还可以使用运算符（包括空格、AND、OR、NOT、>或<）组合出任意的搜索条件，使得搜索过程更加灵活、高效。例如，输入"计算机 AND 系统"，表示查找同时包含"计算机"和"系统"这两个词语的文件（夹），AND 方式与直接输入"计算机　系统"所得的结果相同。输入"计算机 NOT 系统"，表示查找包含"计算机"但不包含"系统"的文件（夹）。输入"计算机 OR 系统"，表示查找包含"计算机"或者包含"系统"的文件（夹）。注意，在使用关系运算符协助搜索时，运算符必须大写。

如果不记得文件的名称，可以使用模糊搜索功能，其方法是：用通配符"*"来代替任意数量的任意字符，使用"？"来代表某一位置上的一个或 0 个任意字母或数字。例如，输入"*.exe"，表示搜索当前位置下所有扩展名为".exe"的可执行文件；输入"?2"，表示搜索当前位置下文件名的第一个或第二个字符为"2"的文件，如图 2-34 所示。如果搜索结果较多，可以单击"搜索"选项卡"优化"命令组中的"修改日期""类型""大小""其他属性"等按钮来筛选搜索结果。

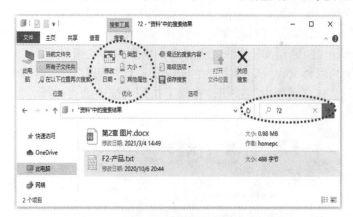

图 2-34　使用文件资源管理器窗口中的搜索栏

单击 Windows 10 的任务栏中的搜索按钮，可打开搜索主页进行快速搜索。在输入框中输入应用程序、文件名、文件夹名或喜爱的名人，将在计算机上（如应用、文件、文件夹）和 Web 上获得结果。使用顶部的选项卡可以缩小搜索范围。在搜索框中输入"画图"，系统找到"画图"和"画图 3D"两个应用，如图 2-35 所示，用户可以根据需要选择打开任一应用；也可以单击下方的放大镜图标，打开浏览器，显示搜索引擎搜索的网页。

图 2-35　使用任务栏中的搜索框

2. 使用 Windows 10 的库

"库"是 Windows 7 众多新特性中的亮点之一。其功能是将各个不同位置的文件资源组织在一个个虚拟的"仓库"中，这样可以极大地提高用户的使用效率。Windows 10 保留了库，使用库打开文件非常便捷。Windows 10 中默认提供的库有 6 种，即"保存的图片""本机照片""视频""图片""文档""音乐"，其中"保存的图片""本机照片"库在"图片"库中。

库的使用彻底改变了文件管理方式，文件管理方式从死板的文件夹方式变为灵活方便的库方式。库和文件夹有很多相似之处，如库中也可以包含各种子库和文件。但库和文件夹有本质区别：文件夹中的文件或子文件夹都存储在该文件夹内，而库中存储的文件来自四面八方。确切地说，库并不存储文件本身，而仅保存文件快照（类似于快捷方式）。

如果要添加文件夹到库，则在需要添加的目标文件夹上单击鼠标右键，在弹出的快捷菜单中选择"包含到库中"命令，如果在其子菜单中选择一种类型，则将文件夹加入对应类型的库中；如果在其子菜单中选择"创建新库"命令，则将文件夹加入库的根目录下，成为库中的新增类型。也可以选中需要添加的目标文件夹，单击"主页"选项卡"新建"命令组中的"轻松访问"按钮，在下拉列表框中单击"包含到库中"按钮，在其下拉列表框中进行选择，如图 2-36 所示。

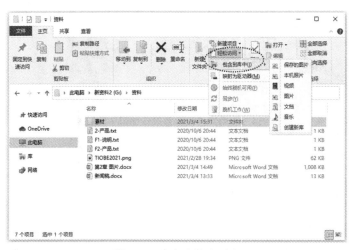

图 2-36　添加文件夹到库

如果要创建新库，则在"库"根目录下的窗口空白区域单击鼠标右键，在弹出的快捷菜单中选择"新建"→"库"命令，输入库名，即可创建一个新的库；或单击"主页"选项卡"新建"命令组中的"新建项目"按钮，在下拉列表框中选择"库"命令，如图 2-37 所示。

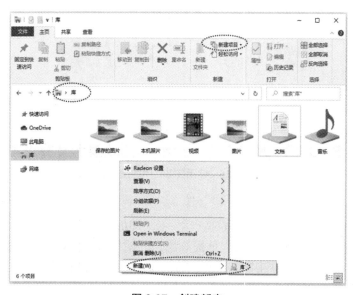

图 2-37　创建新库

2.7　管理程序和硬件资源

2.7.1　软件兼容性问题

使用 Windows 10 时，用户最关心的问题就是以往使用的应用程序及计算机中的硬件是否可以继续正常运行。因此，解决 Windows 10 与软硬件的兼容性问题非常重要。

1.　自动解决软件兼容性问题

Windows 10 的系统代码是建立在 Vista 基础上的。如果安装和使用的应用程序是针对旧版本的 Windows 开发的，为避免直接使用时出现不兼容问题，用户需要选择兼容模式，可以通过自动和手动两种方式解决兼容性问题。

如果用户对目标应用程序不甚了解，则可以让 Windows 10 自动选择合适的兼容模式来运行程序，具体操作步骤如下。

① 用鼠标右键单击应用程序或其快捷方式图标，在弹出的快捷菜单中选择"兼容性疑难解答"命令，打开"程序兼容性疑难解答"对话框，如图 2-38 所示。

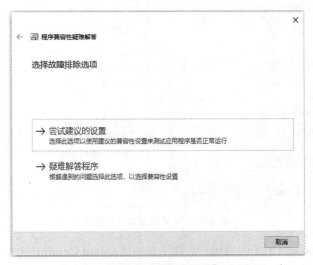

图 2-38　"程序兼容性疑难解答"对话框

② 在该对话框中选择"尝试建议的设置"命令，系统会自动根据程序提供一种兼容性模式让用户尝试运行。单击"测试程序"按钮测试目标程序是否能正常运行。

③ 完成测试后，单击"下一步"按钮，在"程序兼容性疑难解答"对话框中，如果程序已经能正常运行，则选择"是，为此程序保存这些设置"命令，否则选择"否，使用其他设置再试一次"命令。

④ 若系统自动选择的兼容性设置能保证目标程序正常运行，则在"测试程序的兼容性设置"对话框中单击"测试程序"按钮，检查程序是否正常运行。

如果程序在 Windows 10 中使用兼容模式也无法运行，则可以尝试使用 Windows 10 中的"Windows Vista、Windows 7 或 Windows 8"等模式来运行程序。

2.　手动解决软件兼容性问题

手动解决软件兼容性问题的具体操作步骤如下。

① 用鼠标右键单击应用程序或其快捷方式图标，在弹出的快捷菜单中选择"属性"命令，打开"属性"对话框，切换到"兼容性"标签。

② 选中"以兼容模式运行这个程序"复选框，在其下拉列表框中选择一种与应用程序兼容的操作系统版本，如图 2-39 的左图所示。通常基于 Windows 8 开发的应用程序选择"Windows 8"即可正常运行。

③ 默认情况下，上述修改仅对当前用户有效，若希望对所有用户账号均有效，则需要单击"兼容性"标签下的"更改所有用户的设置"按钮，打开图 2-39 右图所示对话框中的"所有用户的兼容性"标签，再设置兼容模式即可。

图 2-39　手动设置软件兼容性

④ 如果当前 Windows 10 默认的账户权限（User Account Control，UAC）无法执行上述操作，则在"所有用户的兼容性"标签下的"设置"栏中选中"以管理员身份运行此程序"复选框，提升执行权限，然后单击"确定"按钮即可。

2.7.2　硬件管理

要想在计算机上正常运行硬件设备，必须安装设备驱动程序。设备驱动程序是可以实现计算机与设备通信的特殊程序，它是操作系统和硬件之间的桥梁。在 Windows XP 及之前的各版本 Windows 系统中，设备驱动程序都运行在系统内核模式下，这就使得存在问题的驱动程序很容易导致系统运行故障甚至崩溃。而在 Windows 10 中，驱动程序不再运行在系统内核模式下，而是加载在用户模式下，这样就可以解决驱动程序错误导致的系统运行不稳定问题。

当将打印机连接到计算机或向家庭网络添加新的打印机时，通常可以立即开始打印。Windows 10 支持大多数打印机，因此不必安装特殊的打印机软件。

以下是安装或添加网络打印机的操作步骤。

① 选择"开始"菜单→"设置"→"设备"，打开"设置"窗口。在"设置"窗口的左侧窗

格单击"打印机和扫描仪"按钮，然后在右侧单击"添加打印机或扫描仪"按钮，如图 2-40 所示。

② 等计算机找到附近的打印机后，选择想要使用的打印机并单击"添加设备"按钮，如图 2-41 所示。

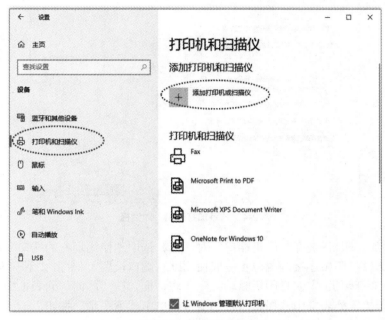

图 2-40 "设置"窗口

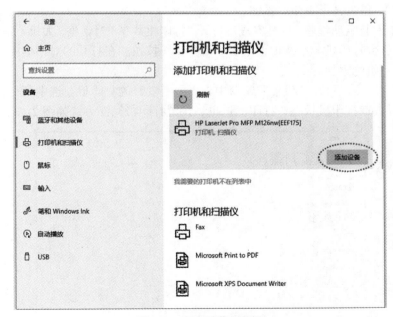

图 2-41 添加网络打印机

③ 如果搜索不到需要的打印机，可以手动添加。单击"我需要的打印机不在列表中"，打开"添加打印机"对话框，选中"通过手动设置添加本地打印机或网络打印机"单选项，单击"下一步"按钮，如图 2-42 所示。

图 2-42　"添加打印机"对话框

④ 打开"添加打印机-选择打印机端口"对话框，选中"使用现有的端口"单选项，在其后的下拉列表框中选择打印机连接的端口（一般使用默认端口设置），单击"下一步"按钮。

⑤ 打开"添加打印机-安装打印机驱动程序"对话框，在"厂商"列表框中选择打印机的生产厂商，在"打印机"列表框中选择打印机的型号，单击"下一步"按钮。

⑥ 打开"添加打印机-键入打印机名称"对话框，在"打印机名称"文本框中输入名称（一般使用默认名称），单击"下一步"按钮。

⑦ 系统开始安装驱动程序，安装完成后打开"打印机共享"对话框。如果不需要共享打印机，则选中"不共享这台打印机"单选项，单击"下一步"按钮。在打开的对话框中单击"完成"按钮，即可完成打印机的添加。

打印机安装完成后，可在"设置"窗口中查看所有安装的打印机。选中某一台打印机，单击"管理"按钮，可查看打印机状态、打印测试页、设置打印机属性等，如图 2-43 所示。

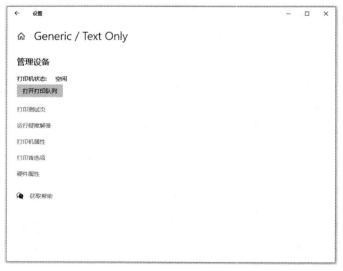

图 2-43　查看打印机状态

2.7.3 Windows 10 网络配置和应用

Windows 10 中，几乎所有与网络相关的操作和控制程序都在"网络和共享中心"面板中，通过简单的可视化操作命令，用户可以轻松连接到网络。

1. 连接到宽带网络（有线网络）

连接到宽带网络（有线网络）的操作步骤如下。

① 选择"开始"菜单→"Windows 系统"→"控制面板"→"网络和 Internet"下方的"查看网络状态和任务"命令，打开"网络和共享中心"窗口。

② 在"更改网络设置"下方选择"设置新的连接或网络"命令，如图 2-44 所示。在打开的对话框中选择"连接到 Internet"命令。

图 2-44 "网络和共享中心"窗口

③ 在"连接到 Internet"对话框中选择"宽带(PPPoE)"命令，在弹出的对话框中输入 ISP 提供的"用户名""密码"，以及自定义的"连接名称"等信息，单击"连接"按钮。

使用时只需单击任务栏通知区域的网络图标，选择自建的宽带连接即可。

2. 连接到无线网络

如果安装 Windows 10 的计算机是笔记本计算机或者具有无线网卡，则可以连接无线网络上网。具体操作为：单击任务栏通知区域的网络图标，在弹出的无线网络连接面板中双击需要连接的网络，如图 2-45 所示。如果无线网络被加密，则需要输入网络安全密钥，即密码。

图 2-45 连接到无线网络

2.7.4 系统维护和优化

Windows 10 能够高效稳定地运行离不开经常性的维护操作。维护操作包括启动项设置、软件更新、安全扫描、系统诊断、磁盘优化等。这里介绍 Windows 10 的启动加载项的设置和磁盘碎片整理。

1. 减少 Windows 10 启动加载项

用户在使用计算机时都不希望出现开机缓慢的问题。计算机每次开机都会启动一系列的系统机制，并携带启动一些不需要的启动项和辅助项。可以关闭这些启动项，从而提升计算机开机速度。Windows 10 的任务管理器不仅可用来查看 CPU、内存、磁盘、网络、显卡等的使用情况，还可用来查看和设置系统启动项和服务，给用户带来全新体验。

使用"任务管理器"窗口中的"启动"标签来管理开机启动项，具体操作步骤如下。

① 在任务栏单击鼠标右键，在弹出的快捷菜单中选择"任务管理器"命令，打开"任务管理器"窗口，单击"启动"，切换到"启动"标签，如图 2-46 所示。

② 窗口上方显示了当前计算机上次启动时 BIOS 所用时间，下方列表显示了本计算机的启动加载项。在显示的启动项中可以禁用不希望计算机启动后自动运行的项目。

注意：尽量不要关闭关键性的自动运行项目，如系统程序、病毒防护软件等。

图 2-46 "任务管理器"窗口

2. 提高磁盘性能

磁盘碎片的增加是导致系统运行速度变慢的重要因素，在 Windows XP 系统中用户需要手动整理磁盘碎片，而在 Windows 10 中，磁盘碎片的整理工作可由系统自动完成；也可根据需要手动进行整理，具体操作步骤如下。

① 双击桌面上的"此电脑"图标，打开文件资源管理器窗口。在"设备和驱动器"下方选中任一本地磁盘，"管理-驱动器工具"选项卡会自动出现，如图 2-47 所示；在该选项卡的"管理"命令组中单击"优化"按钮，打开"优化驱动器"对话框，如图 2-48 所示。

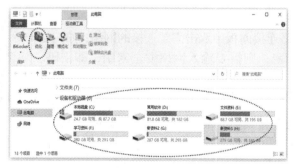

图 2-47 "管理-驱动器工具"选项卡

图 2-48 "优化驱动器"对话框

也可以单击"开始"菜单，选择"Windows 管理工具"下的"碎片整理和优化驱动器"命令，打开"优化驱动器"对话框。

② 如果在"优化驱动器"对话框中单击"更改设置"按钮，则在打开的对话框中可设置系统自动整理磁盘碎片的"频率"和"驱动器"，如图 2-49 所示。单击"选择"按钮，在打开的对话框中可选择一个或多个需要整理的目标盘符，还可以选中"自动优化新驱动器"复选框，如图 2-50 所示。

图 2-49 "优化驱动器-优化计划"对话框

图 2-50 "优化驱动器-选择要定期优化的驱动器"对话框

练习题 2

【操作题】

Windows 操作题 1。

打开实验素材\EX2\EX2-1 文件夹，按顺序进行以下操作。以下要求中的"考生文件夹"指

"EX2\EX2-1"文件夹。

（1）将考生文件夹下 FENG\WANG 文件夹中的文件 BOOK.PRG 移动到考生文件夹下的 CHANG 文件夹中，并将该文件重命名为 TEXT.PRG。

（2）将考生文件夹下 CHU 文件夹中的文件 JIANG.TMP 删除。

（3）将考生文件夹下 REI 文件夹中的文件 SONG.FOR 复制到考生文件夹下的 CHENG 文件夹中。

（4）在考生文件夹下的 MAO 文件夹中建立一个名为 YANG 的新文件夹。

（5）将考生文件夹下 ZHOU\DENG 文件夹中的文件 OWER.DBF 取消隐藏属性。

Windows 操作题 2。

打开实验素材\EX2\EX2-2 文件夹，按顺序进行以下操作。以下要求中的"考生文件夹"指"EX2\EX2-2"文件夹。

（1）将考生文件夹下 MICRO 文件夹中的文件 SAK.PAS 删除。

（2）在考生文件夹下的 POP\PUI 文件夹中建立一个名为 HUM 的新文件夹。

（3）将考生文件夹下 COONFE 文件夹中的文件 RAD.FOR 复制到考生文件夹下的 ZUM 文件夹中。

（4）为考生文件夹下 UEM 文件夹中的文件 MACRO.NEW 设置隐藏和只读属性。

（5）将考生文件夹下 MEP 文件夹中的文件 PGUP.FIP 移动到考生文件夹下的 QEEN 文件夹中，并重命名为 NEPA.JEP。

Windows 操作题 3。

打开实验素材\EX2\EX2-3 文件夹，按顺序进行以下操作。以下要求中的"考生文件夹"指"EX2\EX2-3"文件夹。

（1）将考生文件夹下 TURO 文件夹中的文件 POWER.DOC 删除。

（2）在考生文件夹下的 KIU 文件夹中新建一个名为 MING 的文件夹。

（3）为考生文件夹下 INDE 文件夹中的文件 GONG.TXT 设置只读和隐藏属性。

（4）将考生文件夹下 SOUP\HYR 文件夹中的文件 ASER.FOR 复制到考生文件夹下的 PEAG 文件夹中。

（5）搜索考生文件夹中的文件 READ.EXE，为其建立一个名为 READ 的快捷方式，放在考生文件夹下。

【选择题】

（1）下列关于计算机系统的叙述中，最完整的一项是（　　）。

    A．计算机系统就是计算机上配置的操作系统

    B．计算机系统就是指主机、鼠标、键盘和显示器

    C．计算机系统由硬件系统和安装在其上的操作系统组成

    D．计算机系统由硬件系统和软件系统组成

（2）计算机硬件的五大基本部件包括控制器、存储器、输入设备、运算器和（　　）。

    A．显示器　　　　　B．磁盘　　　　　C．输出设备　　　　　D．鼠标

（3）下列关于 CPU 的叙述中，正确的是（　　）。

    A．CPU 能直接读取硬盘上的数据　　　　　B．CPU 主要用来执行算术运算

    C．CPU 能直接与内存交换数据　　　　　D．CPU 主要包括存储器和控制器

（4）CPU 除了包括内部总线和必要的寄存器外，另外两大部件分别是运算器和（　　　）。

    A．存储器   B．Cache   C．控制器   D．编辑器

（5）一条指令必须包含操作码和（　　　）。

    A．操作数   B．指令集合   C．地址码   D．地址数

（6）运算器的完整功能是进行（　　　）。

    A．算术运算   B．算术运算和逻辑运算

    C．逻辑运算和微积分运算   D．逻辑运算

（7）计算机字长是（　　　）。

    A．处理器处理数据的宽度   B．存储一个字符的位数

    C．存储一个汉字的位数   D．屏幕一行显示字符的个数

（8）CPU 的主要性能指标是（　　　）。

    A．可靠性   B．发热量和冷却效率

    C．耗电量和效率   D．字长和时钟主频

（9）下列设备组中，完全属于外部设备的一组是（　　　）。

    A．激光打印机、移动硬盘、鼠标   B．U 盘、内存、硬盘

    C．SRAM 内存条、CD-ROM、扫描仪   D．CPU、键盘、显示器

（10）下列关于磁道的说法中，正确的是（　　　）。

    A．由于每一条磁道的周长不同，所以每一条磁道的存储容量也不同

    B．磁道的编号是最内圈为 0，并按次序由内向外逐渐增大，最外圈的编号最大

    C．盘面上的磁道是一条阿基米德螺线

    D．盘面上的磁道是一组同心圆

（11）在 CD 光盘上标记有 "CD-RW" 字样，"RW" 标记表明该光盘是（　　　）。

    A．驱动器单倍速为 1350KB/s 的高密度可读写光盘

    B．只能读出，不能写入的只读型光盘

    C．可擦写型光盘

    D．只能写入一次，可以反复读出的一次性写入光盘

（12）下列描述中，正确的是（　　　）。

    A．U 盘既可以用作外存，也可以用作内存

    B．硬盘是外存，不属于外设

    C．摄像头属于输入设备，而投影仪属于输出设备

    D．光盘驱动器属于主机，而光盘属于外设

（13）下列关于软件的叙述中，正确的是（　　　）。

    A．计算机软件分为系统软件和应用软件两大类

    B．Windows 就是广泛使用的应用软件之一

    C．软件就是程序

    D．软件可以随便复制使用，不用购买

（14）一个完整的计算机软件应包含（　　　）。

    A．数据库软件和工具软件   B．程序、相应数据和文档

    C．系统软件和应用软件   D．编辑软件和应用软件

（15）为解决某一特定问题而设计的指令序列称为（　　　）。

    A．文档   B．语言   C．程序   D．系统

（16）计算机系统软件中最核心的是（　　　）。

    A．软件系统　　　　　B．操作系统　　　　　C．系统诊断程序　　　D．语言处理系统

（17）下列各软件中，不是系统软件的是（　　　）。

    A．操作系统　　　　　B．数据库管理系统　　C．指挥信息系统　　　D．语言处理系统

（18）下列各组件中，全部属于系统软件的一组是（　　　）。

    A．UNIX、WPS Office 2016、MS DOS

    B．物流管理程序、Symbian、Windows 10

    C．Oracle、FORTRAN 编译系统、系统诊断程序

    D．AutoCAD、Photoshop、Power Point 2010

（19）在第一代计算机时期，编写程序主要使用的是（　　　）。

    A．汇编语言　　　　　B．机器语言　　　　　C．符号语言　　　　　D．高级语言

（20）与用高级语言编写的程序相比，用汇编语言编写的程序通常（　　　）。

    A．移植性更好　　　　B．可读性更好　　　　C．更短　　　　　　　D．执行效率更高

（21）编译程序将高级语言程序翻译成与之等价的机器语言程序，该程序称为（　　　）。

    A．目标程序　　　　　B．工作程序　　　　　C．临时程序　　　　　D．机器程序

（22）下面关于解释程序和编译程序的论述中，正确的是（　　　）。

    A．编译程序和解释程序均能产生目标程序

    B．编译程序和解释程序均不能产生目标程序

    C．编译程序能产生目标程序而解释程序不能

    D．编译程序不能产生目标程序而解释程序能

（23）高级语言的特点是（　　　）。

    A．高级语言与具体的计算机结构密切相关

    B．高级语言数据结构丰富

    C．计算机可以立即执行用高级语言编写的程序

    D．高级语言接近算法语言，不易掌握

（24）下列各种程序设计语言中，不属于高级语言的是（　　　）。

    A．Visual Basic　　　B．Visual C++　　　　C．C 语言　　　　　　D．汇编语言

（25）在编写对运行速度有较高要求的计算机程序时，建议采用（　　　）。

    A．Visual Basic　　　B．汇编语言　　　　　C．FoxPro　　　　　　D．HTML

（26）下列各组软件中，全部属于应用软件的是（　　　）。

    A．导弹飞行系统、军事信息系统、航天信息系统

    B．音频播放系统、语言编译系统、数据库管理系统

    C．Word 2010、Photoshop、Windows 7

    D．文字处理程序、军事指挥程序、UNIX

（27）下面关于操作系统的叙述中，正确的是（　　　）。

    A．操作系统是计算机软件系统中的核心软件

    B．Windows 是可安装于 PC 的唯一操作系统

    C．操作系统属于应用软件

    D．操作系统的五大功能是：启动、打印、显示、文件存取和关机

（28）微机上广泛使用的 Windows 系统是（　　　）。

    A．批处理操作系统　　　　　　　　　　　　　B．实时操作系统

C. 单任务操作系统　　　　　　　　D. 多任务操作系统

（29）操作系统将 CPU 的时间资源划分成极短的时间片，轮流分配给各终端用户，使终端用户单独分享 CPU 的时间片，有独占计算机的感觉，这种操作系统称为（　　）。

A. 批处理操作系统　　　　　　　　B. 实时操作系统

C. 分时操作系统　　　　　　　　　D. 分布式操作系统

（30）下列叙述中，正确的选项是（　　）。

A. 计算机能直接识别并执行用高级语言编写的程序

B. CPU 可以直接存取硬盘中的数据

C. 操作系统中的文件管理系统是以用户文件名来管理用户文件的

D. 高级语言的编译程序属于应用软件

选择题答案

（1～10）DCCCA　BADAD　　　　　（11～20）CCABC　BCCBD

（21～30）ACBDB　AADCC

03 第3章 文字处理Word 2016

Microsoft Office 2016 是微软公司开发的一个庞大的办公软件集合，其中包括了 Word、Excel、PowerPoint、OneNote、Outlook、Skype、Project、Visio 及 Publisher 等组件和服务。2015 年 9 月 22 日，微软公司正式开始推送 Office 2016 的最新版本。Word 2016 是功能强大的文字处理软件，它不仅可以实现简单的图文编辑，还能运用高级功能快速高效地制作各类具有专业水准的文档。Word 2016 凭借其全新的现代外观和内置协作工具、完备的管理功能和所见即所得的个性化操作等诸多优点，成为文档处理方面的主流软件。

3.1 Word 2016 基础

3.1.1 Word 2016 的启动

Word 2016 安装完成后，就可以使用它对 Word 文档进行处理。启动 Word 2016 的方法有多种，下面介绍几种常用的方法。

（1）选择"开始"菜单 →"Word 2016"命令。

（2）如果在桌面上已经创建了 Word 2016 的快捷方式，则双击快捷方式图标。

（3）双击任意一个 Word 文档（其扩展名为".docx"），会启动 Word 2016 并打开相应的文档。

3.1.2 窗口的组成

启动 Word 2016 应用程序后，系统会以"页面视图"模式打开 Word 文档操作窗口，如图 3-1 所示。

Word 2016 应用程序窗口主要由标题栏、快速访问工具栏、"文件"选项卡、功能区、文档编辑区和状态栏等部分组成。

1. 标题栏

标题栏位于 Word 2016 应用程序窗口顶端，包括文档名和应用程序名（新建文档的默认名称为"文档 1-Word"）、"功能区显示选项"按钮 🔲、窗口控制按钮等。"功能区显示选项"按钮用于实现"自动隐藏功能区""显示选项卡""显示选项卡和命令"3 项功能。窗口控制按钮位于窗口右上角，用于执行"最小化""最大化""向下还原""关闭"等操作。

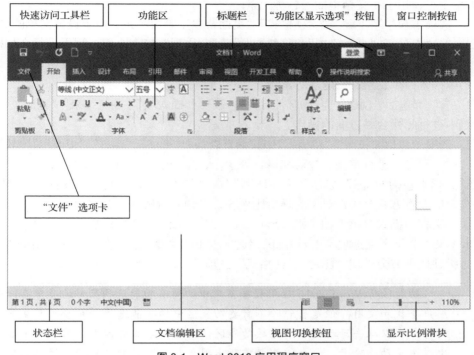

图 3-1　Word 2016 应用程序窗口

2. 快速访问工具栏

快速访问工具栏位于标题栏左侧，显示一些常用的工具按钮，其默认显示"保存""撤销""重复""自定义快速访问工具栏"等按钮。单击"自定义快速访问工具栏"按钮，可在弹出的下拉列表框中根据需要添加或更改按钮。

3. "文件"选项卡

"文件"选项卡位于所有选项卡的最左侧，单击该选项卡会打开"文件"面板，其中提供了文件操作的常用命令，如"信息""新建""打开""保存""另存为""打印""共享""导出""关闭"等命令。其中"共享"命令是 Word 2016 新增加的功能，该命令可以实现实时协作、将文件保存到云端等多项功能。选择"最近"命令，可以查看最近使用的 Word 文档列表。选择"选项"命令可打开"Word 选项"对话框，在其中可对 Word 组件进行常规、显示、校对、保存、版式、语言、高级、自定义功能区、快速访问工具栏、加载项、信任中心等设定相应默认值。

4. 功能区

功能区横跨 Word 2016 应用程序窗口的顶部，由选项卡、命令组、命令 3 类基本组件组成。选项卡位于功能区的顶部，包含"开始""插入""设计""布局""引用""邮件""审阅""视图"等。单击其中的任一选项卡，可在功能区中看到该选项卡下被打开的若干个命令组和组中的相关命令。命令是指组中的按钮和一些用于输入信息的框格等。Word 2016 中还有一些特定的选项卡，只有在有特定需要时才会出现（如"图片工具-格式"选项卡、"表格工具-设计"选项卡或"表格工具-布局"选项卡等）。

"开始"选项卡包括"剪贴板""字体""段落""样式""编辑"等命令组，包含有关文字编辑和排版格式设置的各种功能。

"插入"选项卡包括"页面""表格""插图""媒体""链接""批注""页眉和页脚""文本""符号"等命令组，用于在文档中插入各种元素。

"设计"选项卡包括"主题""文档格式""页面背景"等命令组，用于设置文档的页面样式。

"布局"选项卡包括"页面设置""稿纸""段落""排列"等命令组，用于进行文档排版。

"引用"选项卡包括"目录""脚注""引文与书目""题注""索引""引文目录"等命令组，用于在文档中插入目录、引文、题注等索引。

"邮件"选项卡包括"创建""开始邮件合并""编写和插入域""预览结果""完成"等命令组，用于在文档中进行邮件合并方面的操作。

"审阅"选项卡包括"校对""语言""中文简繁转换""批注""修订""更改""比较""保护"等命令组，用于对文档进行审阅、校对和修订等操作，适用于多人协作处理大文档。

"视图"选项卡包括"视图""显示""显示比列""窗口""宏"等命令组，主要用于设置 Word 2016 应用程序窗口的查看方式、操作对象的显示比例等，以便获得较好的视觉效果。

另外，当文档中插入对象（如表格、形状、图片等）时，会在标题栏及下方自动显示"加载项"选项卡（又称为上下文选项卡），并提供该选项卡下的命令组。例如，在文档中插入图片，当选择图片时标题栏下方会出现"图片工具-格式"选项卡。

功能区将 Word 2016 应用程序窗口中的所有功能选项巧妙地集中在一起，以便用户查找和使用。但是当暂时不需要功能区中的功能选项并希望拥有更多的工作空间时，可以双击活动选项卡隐藏功能区，此时命令组会消失。需要再次显示时，再次双击活动选项卡，命令组就会重新出现（与新增功能"功能区显示选项"按钮的作用相同）。

---

5. 文档编辑区

文档编辑区是 Word 2016 应用程序窗口最主要的组成部分，是进行输入文字、插入图形或图片、以及编辑对象格式等操作的工作区域。在新建的 Word 文档中，编辑区是空白的，仅有一个闪烁的光标（称为插入点）。光标指示的是当前编辑的位置，它将随着输入字符位置的改变而改变。

文档编辑区还显示有水平标尺、垂直标尺、水平滚动条和垂直滚动条等。在文档编辑区中拖动或选择文本后的一瞬间，会以弹出形式出现一个浮动工具栏，提供部分常用的快捷命令，可以对所选择文本进行快捷编辑。

6. 状态栏

状态栏位于 Word 2016 应用程序窗口的底部，用来显示当前文档的即时状态，包括页数/总页数、文档的字数、校对文档错误内容、语言设置等信息。

视图切换按钮位于状态栏右侧，用于显示 Word 的视图模式，包括"页面视图""阅读视图""Web 版式视图"等，用户可以根据需要在不同的视图模式下查看或编辑文档。"页面视图"是软件默认的视图模式。

状态栏最右侧是显示比例滑块，用于修改当前编辑文档的显示比例。拖动显示比例滑块或者单击"缩小"按钮和"放大"按钮可以调整文档的缩放比例。

3.1.3 Word 2016 的视图模式

Word 2016 提供了多种视图模式供用户选择，包括"页面视图""阅读视图""Web 版式视图"

"大纲""草稿"等。不同的视图模式分别从不同的角度、按不同的方式显示文档。可通过"视图"选项卡→"视图"命令组中的各个视图命令切换视图模式，也可以在 Word 文档窗口右下方的视图区域切换视图模式，如图 3-2 所示。

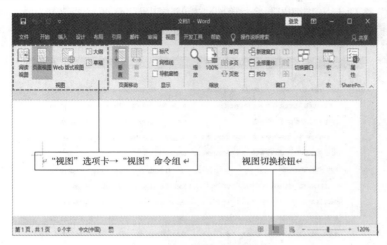

图 3-2　视图模式的切换方法

1.　页面视图

"页面视图"是软件默认的视图模式，也是编辑文档常用的视图模式。在"页面视图"模式下，可直观地看到文字、图形、表格、页眉与页脚、脚注、尾注、分栏设置等文档元素，页面视图是与打印结果最相近的视图模式。

选择"视图"选项卡→"视图"命令组→"页面视图"命令，或者单击状态栏中的"页面视图"按钮，即可切换为"页面视图"模式，如图 3-3 所示。

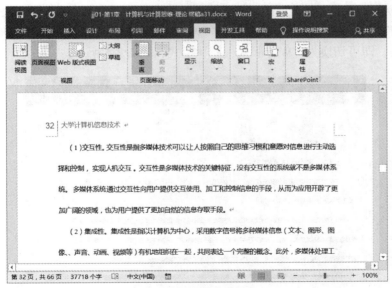

图 3-3　"页面视图"模式

2.　阅读视图

"阅读视图"以图书分栏样式显示文档内容，是经过优化设计的视图版式。在"阅读视图"模式下，"文件"选项卡及功能区元素被隐藏起来，只能利用屏幕上方的"工具"按钮对文档进行操作。在此模式下，读者可以利用最大的空间来阅读或者批注文档，还可以选择以打印页上的显示效果查看文档。

选择"视图"选项卡→"视图"命令组→"阅读视图"命令，或者单击状态栏中的"阅读视图"按钮，即可切换为"阅读视图"模式，如图 3-4 所示。

图 3-4 "阅读视图"模式

3. Web 版式视图

"Web 版式视图"以网页的形式将文档的内容全部显示在一页中，适用于发送电子邮件和创建网页。Web 版式视图中可以显示页面背景，每行文本的宽度会自动适应文档窗口的大小。该视图与文档存为 Web 页面并在浏览器中打开看到的效果一致，是最适合在屏幕上查看文档的视图。

选择"视图"选项卡→"视图"命令组→"Web 版式视图"命令，或者单击状态栏中的"Web 版式视图"按钮，即可切换为"Web 版式视图"模式，如图 3-5 所示。

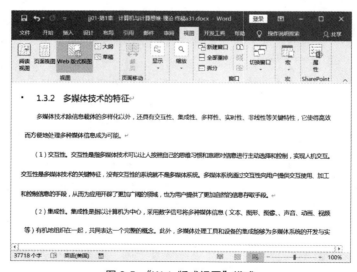

图 3-5 "Web 版式视图"模式

4. 大纲视图

在"大纲"模式下，除了显示文本、表格和嵌入文本的图片外，还可显示各级标题的层次结构。可以拖动标题来移动、复制和重新组织文本；还可以折叠或展开各级目录标题来查看主要标题或正文内容，从而方便用户查看、修改和创建文档的大纲。

选择"视图"选项卡→"视图"命令组→"大纲"命令，即可切换为"大纲"模式，如图 3-6 所示。进入"大纲"模式后，系统会自动在文档编辑区上方打开"大纲显示"选项卡。在该选项卡的"显示级别"下拉列表框中，可设置文档标题显示到哪一级别，或者显示全部内容。

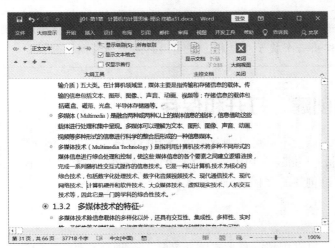

图 3-6 "大纲"模式

5. 草稿视图

"草稿"模式下不显示页面边距、分栏、页眉、页脚和图片等元素，仅显示标题和正文。"草稿"模式与"Web 版式视图"模式一样，都可以显示页面背景，但不同的是它仅能将文本宽度固定在窗口左侧。

选择"视图"选项卡→"视图"命令组→"草稿"命令，即可切换为"草稿"模式，如图 3-7 所示。

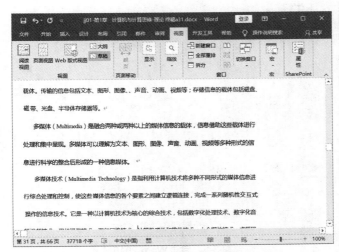

图 3-7 "草稿"模式

3.1.4　Word 2016 的退出

Word 2016 常用的退出方法有以下几种。

（1）单击标题栏右侧的"关闭"按钮■。

（2）单击"文件"选项卡，在弹出的"文件"面板中选择"关闭"命令。

（3）在标题栏上单击鼠标右键，从弹出的快捷菜单中选择"关闭"命令。

（4）按<Alt+F4>快捷键。

提示　在退出 Word 2016 时，如果对当前文档进行了编辑修改且还没有执行保存操作，系统将弹出一个提示对话框，提示用户是否保存所做修改。

3.2　文档的创建、打开和保存

在 Word 2016 中，用户不但可以创建简单易用的文档，还可以创建形式多样的复杂文档，将文档保存为 Word 模板（*.docx）、PDF（*.pdf）、RTF（*.rtf）、纯文本（*.txt）、网页（*htm、*.html）等格式，还可以打开已创建的文档进行编辑操作等。

3.2.1　新建文档

在 Word 2016 中，可以创建两种形式的新文档，一种是没有任何内容的空白文档，另一种是根据模板创建的文档。

1. 新建空白文档

启动 Word 2016 应用程序之后会弹出图 3-8 所示的界面。单击"空白文档"，系统会自动创建一个新的默认文件名为"文档1"的空白文档。除了自动创建新文档的方法外，用户在编辑文档的过程中如果需要另外创建一个或多个新的空白文档，则可以采用以下方法。

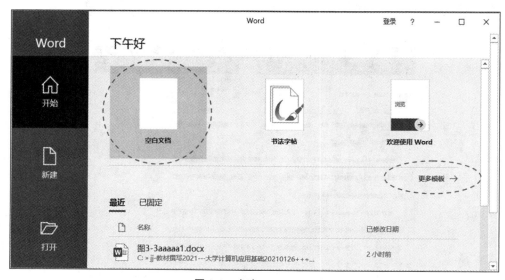

图 3-8　启动 Word 2016

（1）选择"文件"选项卡→"新建"命令，单击"空白文档"，即可新建一个空白文档。

（2）单击"自定义快速访问工具栏"按钮，在弹出的下拉列表框中选择"新建"命令，再单击快速访问工具栏中新添加的"新建"按钮，即可创建一个空白文档。

（3）按<Ctrl+N>快捷键，可直接创建一个空白文档。

Word 2016 将在"文档 1"以后新建的文档以创建的顺序依次命名为"文档 2""文档 3"……每一个新建文档对应有一个独立的应用程序窗口，任务栏中也有一个与之对应的应用程序按钮。当建立或打开多个文档时，这些应用程序按钮便以叠置的按钮组形式出现。将鼠标指针移至按钮（或按钮组）上停留片刻，按钮（或按钮组）便会展开为各自的文档窗口缩略图，单击即可在文档间切换。

2. 根据模板创建文档

Word 2016 提供了许多内置的文档模板，选择不同的模板可以快速创建不同类型的文档，如简历、报告、求职信、设计和传真等。模板中已经包含了特定类型文档的格式和内容等，只需根据个人需求稍做修改，即可创建一个精美的文档。

选择"文件"选项卡→"新建"命令，或者单击"文件"选项卡→"更多模板"按钮，在弹出的界面中选择合适的模板（会呈现其外观的较大预览效果），如图 3-9 所示，单击"创建"按钮即可创建一个基于特定模板的新文档。也可在"搜索联机模板"搜索框中输入要查找的模板类型进行搜索。若要浏览热门模板类型，还可选择搜索框下方的任何关键字，如业务、卡、传单、信函、教育、简历和求职信、假日等。

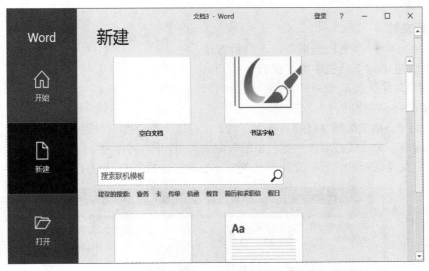

图 3-9　"文件"选项卡→"更多模板"按钮

3.2.2　打开文档

在 Word 2016 中打开文档通常有以下几种方法。

（1）直接双击要打开的文件的图标。

（2）选择"文件"选项卡→"打开"命令，选择"浏览"命令，打开"打开"对话框，选择要打开的文件，单击"打开"按钮（或双击要打开的文件）即可，如图 3-10 所示。也可以选择"最近"或者"这台电脑"命令，打开使用过的已存储的文件。

（3）单击"自定义快速访问工具栏"按钮，在弹出的下拉列表框中选择"打开"命令，再单击快速访问工具栏中新添加的"打开"按钮打开"打开"对话框，选择要打开的文件，单击"打开"按钮（或双击打开文件）即可。

图 3-10 "打开"对话框

3.2.3 保存文档

1. 保存新文档

在 Word 2016 中保存文档通常有以下几种方法。

（1）单击快速访问工具栏中的"保存"按钮。

（2）选择"文件"选项卡→"保存"命令。

（3）按<Ctrl+S>快捷键。

需要说明的是，创建的新文档在首次保存时，执行以上保存操作前需要选择"文件"面板→"保存"命令→"浏览"命令（或双击"这台电脑"命令），打开"另存为"对话框，如图 3-11 所示。在该对话框中确定文件保存的位置、文件名及类型。如果按<F12>键，可直接弹出"另存为"对话框。

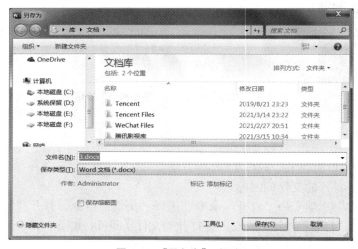

图 3-11 "另存为"对话框

在保存位置下拉列表框中选择保存文件的驱动器和文件夹，确定文档要保存的位置；在"文件名"文本框中输入文档的名称，若不重新输入名称，则 Word 2016 自动将文档的第一句话作为文档的名称；在"保存类型"下拉列表框中选择所需的文件类型。Word 2016 默认的文档类型为"Word 文档（*.docx）"；最后单击"保存"按钮，文档即可被保存在指定的位置上。

2.　保存已命名的文档

对于已经命名并保存过的文档，进行编辑、修改后可以再次保存。要保存已命名的文档，可以选择"文件"选项卡→"保存"命令，或者单击快速访问工具栏中的"保存"按钮，或者直接按<Ctrl+S>快捷键。保存已命名的文档将不弹出"另存为"对话框，其保存的文件路径、文件名、文件类型与第一次保存文档时的设置相同。

3.　换名保存文档

若要为一个正在编辑的文档更改名称或保存位置，但又希望保留修改之前的原始资料，可以选择"文件"选项卡→"另存为"→"浏览"命令（或双击"这台电脑"命令），此时也会弹出图 3-11 所示的"另存为"对话框，根据需要选择新的存储路径或输入新的文档名称即可。选择"保存类型"下拉列表框中的选项还可以更改文档的保存类型，例如，选择"Word 97-2003 文档"选项可将该文档保存为 Word 的早期版本类型，选择"Word 模板"选项可将该文档保存为模板类型。

4.　设置文档自动保存

在文档的编辑过程中，建议设置定时自动保存功能，以防发生不可预期的情况使文件内容丢失。具体操作步骤如下。

选择"文件"选项卡→"选项"命令，打开"Word 选项"对话框，在"保存"选项中选中"保存自动恢复信息时间间隔"复选框并设置时间间隔，如图 3-12 所示，单击"确定"按钮。

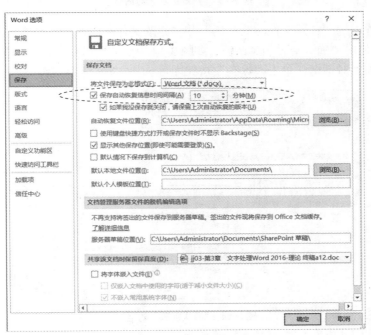

图 3-12　"Word 选项"对话框

5.　保护文档

在文档的编辑过程中，为文档设置必要的保护措施，可以防止重要的文档被轻易打开。可以给文档设置"打开文件时的密码""修改文件时的密码"等。具体操作步骤如下。

选择"文件"选项卡→"另存为"→"浏览"命令（或双击"这台电脑"命令），打开"另存为"对话框，在"工具"下拉列表框中选择"常规选项"选项，在打开的"常规选项"对话框中设置密码，如图 3-13 所示。

图 3-13 "常规选项"对话框

分别在对话框中的"打开文件时的密码"和"修改文件时的密码"文本框中输入密码，单击"确定"按钮，会弹出"确认密码"对话框，如图 3-14 所示，两次确认密码后单击"确定"按钮。最后返回"另存为"对话框，单击"保存"按钮即可。

图 3-14 "确认密码"对话框

设置完成后，再打开文件时，会弹出图 3-15 所示的打开文件"密码"对话框；输入正确的密码后，会弹出图 3-16 所示的修改文件"密码"对话框，只有输入正确的修改文件密码，才可以修改打开的文件，否则只能以只读方式打开文件。

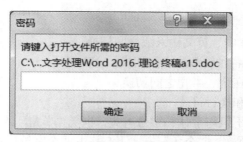

图 3-15 打开文件"密码"对话框

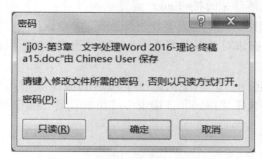

图 3-16 修改文件"密码"对话框

为文件设置打开及修改密码，不能阻止文件被删除。

3.3 文档的录入与编辑

在创建或打开文档之后，需要录入或编辑文本。Word 中的文本包括中英文字符、数字、符号等。对文档的编辑包括选定、插入、删除、移动、复制、查找、替换、撤销、重复等操作。

3.3.1 输入文本

新建一个空白文档后，可以直接在文本编辑区中输入文本，输入的内容显示在光标处。光标是指文档编辑区中的一个闪烁的黑色竖条"|"，它表明输入字符将出现的位置。输入文本时，光标会自动后移。

Word 2016 有自动换行的功能，当插入点移到每行的末尾时，不必按<Enter>键，输入文字后 Word 便会自动换行；需要新设一个段落时，才按<Enter>键。按<Enter>键表示一个段落的结束，新段落的开始。

Word 2016 支持"即点即输"功能，即可以在文档任意位置快速定位光标和设置对齐格式，输入文字，插入表格、图片和图形等内容。"即点即输"功能的设置方法是：选择"文件"选项卡→"选项"命令，在打开的"Word 选项"对话框中选择"高级"选项，在"编辑选项"区域中选中"启用'即点即输'"复选框。

1. 输入普通文本

Word 文档中最基本的输入内容是中英文字符、数字和一些符号。在文档中输入文本时，应注意以下方面的问题：

（1）选择合适的输入法。

<Ctrl+Space>快捷键：在中、英文输入法之间切换。

<Ctrl+Shift>快捷键：在各种输入法之间切换。

<Shift+Space>快捷键：在全、半角之间切换。

（2）输入空格、回车符和换行符。

空格在文档中占的宽度不但与字体和字号有关，也与"半角"或"全角"输入方式有关。"半角"方式下空格占一个字符位置，"全角"方式下空格占两个字符位置。

回车符是在每个自然段落结束时按<Enter>键显示的符号，称为段落标记，它能使文本强制换行并且开始新的段落。选择"文件"选项卡→"选项"命令，打开"Word选项"对话框，选择其中的"显示"选项，然后在该对话框右侧选中（或取消选中）"段落标记"复选框，即可在文档中显示（或隐藏）回车符。

输入换行符可实现另起一行，但不另起一个段落的操作。输入换行符的常用方法是：按<Shift+Enter>快捷键，或者选择"布局"选项卡→"页面设置"命令组→"分隔符"命令，在弹出的下拉列表框中选择"自动换行符"命令。

（3）段落的调整。

要将两个自然段落合并只需删除它们之间的回车符。要将一个段落分成两个段落，只需在分段处按<Enter>键即可。

段落格式具有"继承性"，结束一个段落按<Enter>键后，下一个段落会自动继承上一个段落的格式（标题样式除外）。因此，如果文档各个段落的格式、修饰风格不同，则最好在整个文档输入完后再设置格式。

（4）文档中红色与绿色波浪线的含义。

当Word处在检查"拼写或语法"状态时，用红色波浪线标记可能的拼写错误，用绿色波浪线标记可能的语法错误。

启动或关闭检查"拼写或语法"的操作为：选择"审阅"选项卡→"语言"命令组→"语言"命令，在打开的下拉列表框中选择"设置校对语言"命令，打开"语言"对话框，选中或取消选中"不检查拼写或语法"复选框，即可关闭或启动"拼写或语法"检查。

隐藏或显示检查"拼写或语法"时出现的波浪线的操作为：选择"文件"选项卡→"选项"命令，在打开的"Word选项"对话框中选择"校对"选项，然后选中或取消选中"只隐藏此文档中的拼写错误"和"只隐藏此文档中的语法错误"这两个复选框。

此外，文档中还有一些其他颜色的下画线，例如，有蓝色下画线的文本表示超链接，有紫色下画线的文本表示使用过的超链接等。

2. 输入特殊字符

在输入过程中常会遇到一些特殊的符号，使用键盘无法输入，这时可以选择"插入"选项卡→"符号"命令组→"符号"命令，在弹出的下拉列表框中选择相应的符号，如图3-17所示。如果要输入的符号不在"符号"下拉列表框中，则可以选择下拉列表框中的"其他符号"命令，在打开的"符号"对话框中选择需要的符号，如图3-18所示，最后单击"插入"按钮即可。

图3-17 "符号"下拉列表框

图 3-18　"符号"对话框

3. 输入日期和时间

在 Word 2016 中，可以直接插入系统的当前日期和时间，具体操作步骤如下。

① 将光标定位到要插入日期或时间的位置。

② 选择"插入"选项卡→"文本"命令组→"日期和时间"命令，弹出"日期和时间"对话框，如图 3-19 所示。

③ 在对话框中选择语言后，在"可用格式"列表中选择需要的格式，如果要使插入的时间能随系统时间自动更新，则选中对话框中的"自动更新"复选框，单击"确定"按钮即可。

图 3-19　"日期和时间"对话框

4. 插入脚注和尾注

脚注和尾注是对文档中的引用、说明或备注等文本附加的注释。在编写文章时，常常需要对一些从别人的文章中引用的内容、名词或事件附加注释。这些注释称为脚注或尾注。Word 2016 提供了插入脚注和尾注的功能，即可以在指定的文字处插入注释。脚注和尾注都是注释，脚注一般位于页面底端或文字下方，尾注一般位于文档结尾或节的结尾。

（1）插入脚注或尾注。

① 将光标定位在需要添加脚注或尾注的文字之后。

② 选择"引用"选项卡→"脚注"命令组→"插入脚注"（或"插入尾注"）命令；或者单击"引用"选项卡→"脚注"命令组右下角的"对话框启动器"按钮，打开"脚注和尾注"对话框，如图 3-20 所示。

③ 在对话框中选中"脚注"或"尾注"单选项，设定注释的编号格式、自定义标记、起始编号和编号方式等。

④ 单击"确定"按钮。这时光标自动移动到注释窗格处，在注释窗格输入相关脚注和尾注的内容即可。

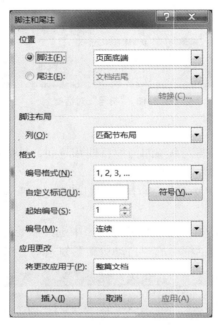

图 3-20　"脚注和尾注"对话框

（2）编辑脚注或尾注。双击某个脚注或尾注的引用标记，打开脚注或尾注窗格，然后在窗格中编辑脚注或尾注。

（3）删除脚注或尾注。双击某个脚注或尾注的引用标记，打开脚注或尾注窗格，在窗格中选定脚注或尾注编号，然后按<Delete>键。也可在正文处选中引用标记，然后按<Delete>键。

　　在某些命令组的右下角有一个小箭头按钮，该按钮称为"对话框启动器"。单击该按钮，将会显示与该命令组相关的更多选项，这些选项通常以 Word 早期版本中的对话框形式出现。

5. 插入另一个文档

利用 Word 插入文件的功能，可以将几个文档链接成一个文档，具体操作步骤如下。

① 将光标定位在需要插入另一个文档的位置。

② 选择"插入"选项卡→"文本"命令组→"对象"命令，在弹出的下拉列表框中选择"文件中的文字"命令，如图 3-21 所示，打开"插入文件"对话框。

图 3-21　"对象"下拉列表框

③ 在"插入文件"对话框中选定要插入的文档，单击"插入"按钮即可，如图 3-22 所示。

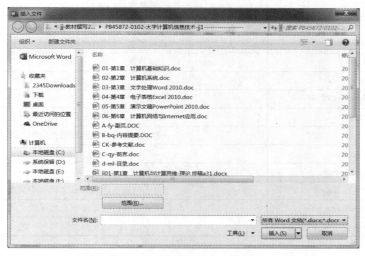

图 3-22　"插入文件"对话框

3.3.2　选定文本

1. 利用鼠标选定文本

利用鼠标选定文本是最常用的方法。一般是将光标移到要选取范围的起始位置，按住鼠标左键不放并（向前或向后）拖动到要选取的范围为止。表 3-1 为利用鼠标选定文本的常用操作方法。

表 3-1　　　　　　　　　　　利用鼠标选定文本的常用操作方法

选定功能	鼠标操作方法
选定一个词	双击该词的任意位置
选定一个句子（中文内容以句号作为结束标志）	在按住<Ctrl>键的同时，单击句子中的任意位置
选定一行	将鼠标指针移到该行最左边，当鼠标指针变为 时单击
选定多行	将鼠标指针移到首行最左边，当鼠标指针变为 时，按住鼠标左键并拖动
选定一个段落	将鼠标指针移到段落的最左边，当鼠标指针变为 时双击；也可直接在段落中 3 击
选定整个文档	将鼠标指针移到文档最左边的任一位置，当鼠标指针变为 时，按鼠标左键 3 次
选定文档中的矩形区域	按住<Alt>键的同时按住鼠标左键并拖动
选定文档中的任意连续区域	单击起始位置，按住<Shift>键并移动鼠标指针至终止位置后单击
选定文档中的任意不连续区域	按住<Ctrl>键，并拖动鼠标单击多个不连续的区域

2. 利用键盘选定文本

对于习惯使用键盘的用户，Word 2016 提供了选定文本的快捷键，主要是利用<Ctrl><Shift>

键和<↑><↓><←><→>4 个方向键来操作。一般是将光标移到欲选取的起始位置，按住<Shift>键不放，再用<↑><↓><←><→>方向键或其他键来实现选定操作。表 3-2 所示为利用键盘选定文本的组合键。

表 3-2   利用键盘选定文本的快捷键

键盘快捷键	选定功能
<Shift +←>	选定当前光标左侧的一个字符
<Shift +→>	选定当前光标右侧的一个字符
<Shift +↑>	选定到上一行同一位置之间的所有字符
<Shift +↓>	选定到下一行同一位置之间的所有字符
<Shift + Ctrl + ←>	选定当前光标左侧的一个词组
<Shift + Ctrl + →>	选定当前光标右侧的一个词组
<Shift + Home>	选定一行（从光标到所在行的行首）
<Shift + End>	选定一行（从光标到所在行的行尾）
<Shift + Page Up>	选定上一屏
<Shift + Page Down>	选定下一屏
<Ctrl + Shift + Home>	选定从当前光标到文档首的文本
<Ctrl + Shift + End>	选定从当前光标到文档尾的文本
<Ctrl + A>	选定整个文档

3. 利用功能区命令选定文本

选择"开始"选项卡→"编辑"命令组→"选择"命令，在弹出的下拉列表框中选择相应命令，如图 3-23 所示。

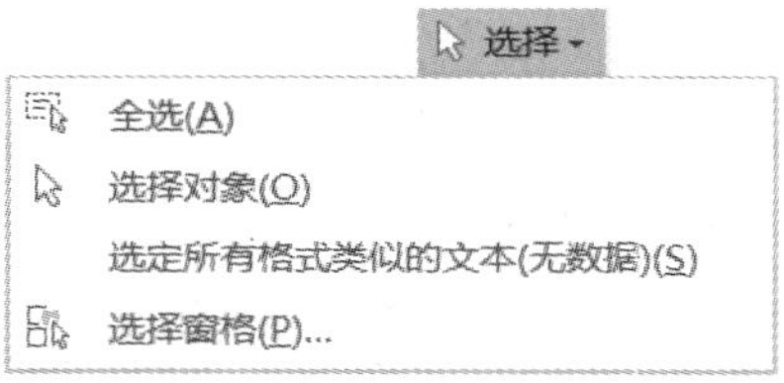

图 3-23 "选择"下拉列表框

在选定文本之后，如果要取消对该文本的选定，在文档的任意位置单击即可。

3.3.3 插入与删除文本

1. 插入文本

使用"插入"方式时，只要将光标移到需要插入文本的位置，输入新文本即可。插入时，光标右边的字符或文字随着新的字符或文字的输入逐一向右移动。若使用"改写"方式，则光标右边的字符或文字将被新输入的字符或文字替代。按<Insert>键可以在"插入"和"改写"方式之间切换，系统默认的输入方式是"插入"方式。

2．删除文本

如果要删除单个的字符或文字，则可以将光标置于字符或文字的右边，按<BackSpace>键；或者将光标置于字符或文字的左边，按<Delete>键。

如果要删除几行或一大块文本，则需要先选定要删除的文本，然后按<Delete>键；或者选择"开始"选项卡→"剪贴板"命令组→"剪切"命令。

如果插入或删除文本之后想恢复之前的格式，那么只要单击快速访问工具栏的"撤销"按钮即可。

3.3.4　移动或复制文本

1．拖动鼠标移动或复制文本

在同一个文档中移动或复制文本时，可使用拖动鼠标的方法。使用拖动方法复制或移动文本时不使用"剪贴板"，这种方法要比通过剪贴板交换数据简单一些。其具体操作步骤如下。

① 选定需要移动或复制的文本。

② 按住鼠标左键拖动文本（如果把选中的内容拖动到窗口的顶部或底部，Word 将自动向上或向下滚动文档），将其拖动到目标位置后释放鼠标左键，即可将文本移动到新的位置。

③ 如果需要复制文本，可在按住<Ctrl>键的同时，拖动鼠标到目标位置，然后释放鼠标及<Ctrl>键即可。

2．用快捷键实现文本的移动或复制

用快捷键移动或复制文本的具体操作步骤如下。

① 选定需要移动或复制的文本。

② 按<Ctrl+X>快捷键（或者按<Ctrl+C>快捷键），剪切（或复制）文本。

③ 将光标定位到目标位置。目标位置可以在当前文档中，也可以在其他文档中。

④ 按<Ctrl+V>快捷键，即可将所选定的文本移动（或复制）到目标位置。

重复步骤④的操作，可以在多个目标位置粘贴同样的文本。

3．用快捷菜单实现文本的移动或复制

用快捷菜单移动或复制文本的具体操作步骤如下。

① 选定需要移动或复制的文本。

② 在所选文本上单击鼠标右键，在弹出的快捷菜单中选择"剪切"命令（或"复制"命令）。

③ 将光标定位到目标位置。目标位置可以在当前文档中，也可以在其他文档中。

④ 在目标位置单击鼠标右键，在弹出的快捷菜单中选择"粘贴"命令，即可将所选定的文本移动（或复制）到目标位置。

重复步骤④的操作，可以在多个目标位置粘贴同样的文本。

4．用"剪贴板"命令组中的命令实现文本的移动或复制

用"剪贴板"命令组中的命令移动或复制文本的具体操作步骤如下。

① 选定需要移动或复制的文本。

② 选择"开始"选项卡→"剪贴板"命令组→"剪切"命令（或"复制"命令），如图 3-24所示。

③ 将光标定位到目标位置。目标位置可以在当前文档中，也可以在其他文档中。

④ 选择"剪贴板"命令组→"粘贴"命令，即可将所选定的文本移动（或复制）到目标位置。

图 3-24 "开始"选项卡→"剪贴板"命令组

重复步骤④的操作，可以在多个目标位置粘贴同样的文本。

3.3.5 查找与替换文本

当需要浏览、修改文档中的某些文本或内容时，可使用系统提供的查找和替换功能。查找与替换功能的主要对象有文字、词或句子、特殊字符等。

1. 用"导航"输入框查找文本

用"导航"输入框查找文本，具体操作步骤如下。

① 选择"开始"选项卡→"编辑"命令组→"查找"命令，在下拉列表框中选择"查找"命令，文档窗口左侧出现"导航"输入框，如图 3-25 所示。

② 在"导航"输入框中，输入需要查找的内容（如"文本"），文档中的对应字符将自动被突出标注，并且 Word 中会显示文档中的所有匹配项。

2. 用"查找和替换"对话框查找文本

用"查找和替换"对话框查找文本，具体操作步骤如下。

① 选择"开始"选项卡→"编辑"命令组→"替换"命令，在打开的"查找和替换"对话框中选择"查找"标签；或者单击"开始"选项卡→"编辑"命令组→"查找"右侧的下拉按钮，在弹出的下拉列表框中选择"高级查找"命令，打开"查找和替换"对话框中的"查找"标签，如图 3-26 所示。

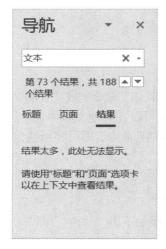

图 3-25 "导航"输入框

图 3-26 "查找和替换"对话框 →"查找"标签

② 可直接在"查找内容"文本框中输入文字或通配符来查找。

③ 单击"更多"按钮，会显示出更多搜索选项。此时"不限定格式"按钮呈现暗灰色禁用状态，而"格式"和"特殊格式"按钮可用，如图 3-27 所示。

图 3-27　"查找和替换"对话框 → 高级查找

④ 设置好查找内容和搜索规则后，单击"查找下一处"按钮。Word 2016 将按搜索规则查找指定的文本，并突出显示找到的每一个符合查找条件的内容。

⑤ 如果此时单击"取消"按钮，则关闭"查找和替换"对话框，光标停留在当前查找到的文本处。如果还需继续查找，可重复单击"查找下一处"按钮，直到整个文档查找完毕为止。

3. 替换文本

用"查找和替换"对话框替换文本，具体操作步骤如下。

① 选择"开始"选项卡→"编辑"命令组→"替换"命令，打开"查找和替换"对话框的"替换"标签，如图 3-28 所示。

图 3-28　"查找和替换"对话框→"替换"标签

② 在"查找内容"文本框中输入要查找的文本，在"替换为"文本框中输入替换文本。

③ 单击"更多"按钮，会显示出更多搜索选项，如图 3-29 所示。在"搜索选项"下指定搜索范围。

④ 单击"替换"或"全部替换"按钮后，Word 2016 按照搜索规则开始查找和替换。如果单击"全部替换"按钮，则 Word 2016 自行查找并替换符合查找条件的所有内容，直到完成全部替换操作；如果单击"替换"按钮，则 Word 2016 用突出显示功能逐个显示符合查找条件的内容，并在替换时让用户确认，用户可以有选择地替换，对于不需要替换的文本，可以单击"查找下一

处"按钮跳过此处。

图 3-29 "查找和替换"对话框→高级替换

⑤ 替换完毕后，Word 2016 会出现一个替换结束信息提示框，表明已经完成文档的替换，如图 3-30 所示，单击"确定"按钮，关闭提示框。

图 3-30 替换结束信息提示框

3.3.6 撤销和恢复

1. 撤销操作

执行撤销操作表示取消上一步在文档中所做的修改，有以下几种方法。

（1）单击快速访问工具栏中的"撤销"按钮，可撤销上一步操作，继续单击该按钮，可撤销多步操作。

（2）单击"撤销"按钮右侧的下拉按钮，在打开的下拉列表框中可选择撤销到某一指定的操作。

（3）按<Ctrl+Z>（或<Alt+BackSpace>）快捷键，可撤销上一步操作，继续按该快捷键，可撤销多步操作。

2. 恢复操作

恢复操作和撤销操作是相对应的，恢复操作是把撤销的操作再恢复回来，方法有以下几种。

（1）单击快速访问工具栏中的"恢复"按钮，可恢复被撤销的上一步操作，继续单击该按钮，可恢复被撤销的多步操作。

（2）按<Ctrl+Y>快捷键，可恢复被撤销的上一步操作，继续按该快捷键，可恢复被撤销的多步操作。

 保存文档后，无法执行撤销操作。

3.4 文档排版技术

3.4.1 文本格式设置

设置文本的基本格式是对 Word 文档进行排版美化最基本的操作，其中包括设置文本的字体、字号、字形、字体颜色和文本效果等字体属性。可以通过功能区、对话框和浮动工具栏 3 种方式设置文本格式。不管使用哪种方式，都需要在设置前选定文本，即先选中再设置。

1. 字体、字形和字号设置

设置文本格式最快捷的方法就是使用功能区中"开始"选项卡→"字体"命令组中的相关命令。"字体"命令组如图 3-31 所示。

图 3-31 "开始"选项卡 →"字体"命令组

使用功能区中的命令快速设置字体、字形和字号，具体操作步骤如下。

① 选中要设置字体、字形和字号的文本。

② 单击"字体"命令组→"字体"右侧的下拉按钮，弹出"字体"下拉列表框，如图 3-32 所示，选择一种字体（如"楷体"），被选中的文本就会以选中的字体显示。

图 3-32 "字体"下拉列表框

③ 单击"字号"右侧的下拉按钮，弹出"字号"下拉列表框，如图 3-33 所示，设置文本的字号（如"四号"）。当用汉字表示字号时，"初号"字最大，"八号"字最小；当用数值表示字号时，数值越大，字号越大。也可以通过"增大字号" 和"减小字号" 按钮来改变所选文本的字号。

④ Word 中的字形格式设置包括加粗、倾斜、加粗和倾斜 3 种情况，可使用与上述相同的方法进行设置，即单击"加粗""倾斜"按钮，可以将选定的文本设置成粗体、斜体。"加粗"和"倾斜"可以同时使用，此时选定的文本应用的是"加粗和倾斜"格式。

> **提示** 当鼠标指针在"字体"或"字号"的下拉列表框中移动时，所选字符的显示形式也会随之发生改变，这是 Word 2016 提供的在修改格式之前预览效果的功能。

使用"字体"对话框设置字体、字形和字号，具体操作步骤如下。
① 选中要设置字体、字形和字号的文本。
② 单击"开始"选项卡→"字体"命令组右下角的"对话框启动器"按钮，打开"字体"对话框中的"字体"标签，如图 3-34 所示。

图 3-33 "字号"下拉列表框

图 3-34 "字体"对话框→"字体"标签

③ 在"中文字体"下拉列表框中选择所需的中文字体。
④ 在"西文字体"下拉列表框中选择所需的英文字体。
⑤ 在"字形"列表框中选择所需的字形，在"字号"列表框中选择所需的字号。其中"字形"包括"常规""倾斜""加粗""加粗 倾斜"等选项。

⑥ 单击"确定"按钮即可。

2. 字符间距设置

使用"字体"对话框设置字符间距,具体操作步骤如下。

① 选中要设置字符间距的文本。

② 单击"开始"选项卡→"字体"命令组右下角的"对话框启动器"按钮,在打开的"字体"对话框中选择"高级"标签,如图 3-35 所示。

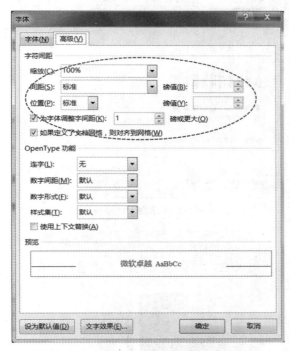

图 3-35 "字体"对话框→"高级"标签

③ "缩放"下拉列表框提供了多种缩放比例,用于对文字进行横向缩放。

④ 在"间距"下拉列表框中设置字符间距,默认是"标准"模式,选择"加宽"或"紧缩"模式,并设定"加宽"或"紧缩"的"磅值"。

⑤ "位置"下拉列表框中有"标准""提升""降低"3 种字符位置,根据需要进行设置,并在"磅值"数值框中输入"提升"或"降低"的位置值,控制文本相对于基准线的位置。

⑥ 选中"为字体调整字间距"复选框,Word 将会因为字体变化而自动调整字间距。

⑦ 选中"如果定义了文档网格,则对齐到网格"复选框,Word 将自动调整每行字符数与"页面设置"中设置的字符数一致。

⑧ 单击"确定"按钮即可。

3. 颜色、下画线与文字效果设置

(1)使用"字体"对话框设置颜色、下画线与文字效果等,具体操作步骤如下。

① 选中要设置颜色、下画线与文字效果等的文本。

② 单击"字体颜色"右侧的下拉按钮,弹出颜色调色板,如图 3-36 所示,选择一种字体颜色。也可选择"其他颜色"命令,弹出"颜色"对话框,从中选择需要的字体颜色。切换到"自定义"标签,如图 3-37 所示,可具体设置红、绿、蓝 3 种颜色值,以合成更多的颜色。

图 3-36　选择字体颜色

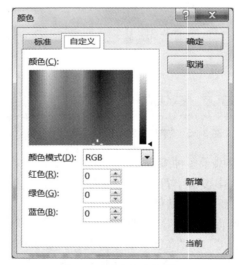

图 3-37　自定义字体颜色

③ 在"下画线线型"下拉列表框中选择需要的下画线样式。在"效果"区域设置文字效果，包括"删除线""双删除线""上标""下标""小型大写字母""全部大写字母""隐藏"等效果。

④ 单击下方的"文字效果"按钮，打开"设置文本效果格式"对话框，如图 3-38 所示。可以通过"文本填充与轮廓"标签对所选文本进行"文本填充"和"文本轮廓"效果设置。可以通过"文字效果"标签对所选文本进行"阴影""映像""发光""柔化边缘""三维格式"等效果设置。

⑤ 选择"着重号"下拉列表框中的"着重号"选项可以为选定文本添加着重号。

⑥ 单击"确定"按钮即可。

图 3-38　"设置文本效果格式"对话框

（2）使用功能区中的命令可以快速设置颜色、下画线与文字效果等，具体操作步骤如下。

① 选中要设置颜色、下画线与文字效果等的文本。

② 选择"字体"命令组→"以不同颜色突出显示文本"命令，在弹出的下拉列表框中可以为选中的文本添加底色以突出显示，如图 3-39 所示，这一般用在文中的某些内容需要读者特别注意时。如果要更改突出显示文本的底色，单击该按钮右侧的下拉按钮，在弹出的下拉列表框中选择所需的颜色即可。

③ 选择"字体"命令组→"文本效果和版式"命令，在弹出的下拉列表框中选择所需的效果，就能将该种效果应用于所选文本，如图 3-40 所示。

图 3-39　"以不同颜色突出显示文本"下拉列表框　　图 3-40　"文本效果和版式"下拉列表框

另外，当选中字符并将鼠标指针指向其后部时，在选中字符的右上角会出现图 3-41 所示的浮动工具栏，利用它设置文本格式与通过功能区的命令设置的方法相同，此处不再详述。

图 3-41　浮动工具栏

4. 文本格式的复制和清除

设置好的文本格式可以复制到其他文本上，使其具有同样的格式。如果对设置好的格式不满意，还可以清除该格式。

（1）复制格式。选定已设置好格式的文本，选择"开始"选项卡→"剪贴板"命令组→"格式刷"命令，此时鼠标指针变为刷子形，将鼠标指针移到要复制格式的文本开始处。按住鼠标左键并拖动鼠标指针到要复制格式的文本结束处，释放鼠标左键就完成了格式的复制。

（2）清除格式。选定需要清除格式的文本，选择"开始"选项卡→"字体"命令组→"清除所有格式"命令，即可清除所选文本的所有样式和格式，只留下纯文本。

3.4.2　段落格式设置

在 Word 中，通常把两个回车符之间的部分称作一个段落。设置段落格式包括设置段落缩进、段落对齐方式、段落行间距、段前和段后间距等。

1. 段落对齐方式的设置

段落的对齐方式有以下 5 种。

左对齐：段落所有行以页面左侧页边距为基准对齐。

居中：段落所有行以页面中心为基准对齐。

右对齐：段落所有行以页面右侧页边距为基准对齐。

两端对齐：除段落最后一行外，其他行均匀分布在页面左右页边距之间。

分散对齐：段落所有行均匀分布在页面左右页边距之间。

设置段落对齐方式最快捷的方法是使用功能区中"开始"选项卡下的"段落"命令组中的相关命令，如图 3-42 所示。选中要设置段落对齐方式的文本，选择"段落"命令组中的任一对齐方式命令进行设置。

图 3-42　"开始"选项卡 →"段落"命令组

还可以使用"段落"对话框设置段落对齐方式。选中要设置段落对齐方式的文本，单击"开始"选项卡→"段落"命令组右下角的"对话框启动器"按钮，打开"段落"对话框，如图 3-43 所示，选择"对齐方式"下拉列表框中的命令，即可设置段落对齐方式。

图 3-43　"段落"对话框

2. 段落缩进的设置

缩进决定了段落到左右页边距的距离，段落的缩进方式分为以下 4 种。

左缩进：段落左侧到页面左侧页边界的距离。

右缩进：段落右侧到页面右侧页边界的距离。

首行缩进：段落第一行由左缩进位置起向内缩进的距离。

悬挂缩进：除段落第一行以外的所有行由左缩进位置起向内缩进的距离。

使用功能区中的命令快速设置段落缩进。选中要设置段落缩进的文本，选择"段落"命令组→"减少缩进量"命令或"增加缩进量"命令，单击一次，所选文本的所有行就减少或增加一个汉字的缩进量。

使用"段落"对话框精确设置段落缩进。可以单击"缩进"区域中的"左侧""右侧"上下微调按钮设置左缩进和右缩进；首行缩进和悬挂缩进可以从"特殊格式"下拉列表框中选择，在"磅值"数值框中确定缩进的具体数值。

还可以通过水平标尺来设置段落的缩进，将光标定位到要设置缩进的段落中或选中该段落，之后拖动图 3-44 所示的滑块调整对应的缩进量，但此种方式只能模糊设置缩进量。

图 3-44　水平标尺

3. 段落间距与行间距的设置

行间距是指相邻两行之间的距离，段落间距是指相邻两个段落之间的距离。可以根据需要调整文本行间距和段落间距。

（1）行间距的设置。行间距有以下选项供用户选择。

单倍行距：将行距设置为该行最大字体的高度加上一小段额外间距，额外间距的大小取决于所用的字体。

1.5 倍行距：将行距设置为单倍行距的 1.5 倍。

2 倍行距：将行距设置为单倍行距的两倍。

最小值：将行距设置为适应行上最大字体或图形所需的最小行距。

固定值：将行距设置为固定值。

多倍行距：将行距设置为单倍行距的倍数。

通过功能区中的命令快速设置行距。选择"段落"命令组→"行和段落间距"命令，在弹出的下拉列表框中选择段落行距，如图 3-45 所示。

也可以在图 3-43 所示的"段落"对话框的"间距"区域的"行距"下拉列表框中选择行距。

图 3-45　"行和段落间距"下拉列表框

（2）段落间距的设置。可以在图 3-45 所示的"行和段落间距"下拉列表框中的"增加段落前的间距"和"增加段落后的空格"命令设置段落间距。也可以在"段落"对话框中的"间距"区域的"段前"和"段后"数值框中设置所选段落与上一段落和下一段落之间的距离。

　　　　　在应用程序的工作窗口中，用鼠标右键单击任意位置，都会出现一个相应的快捷菜单，此菜单中的命令会随着右击的对象不同而变化，此菜单中聚集了处理对象最常用的命令。

3.4.3　边框和底纹设置

1. 设置边框

选择"开始"选项卡→"字体"命令组→"字符边框"命令，只能给选中的文字加上单线框，而使用"边框和底纹"对话框，可以给选中的文字或段落添加多种样式的边框。

使用"边框和底纹"对话框设置边框的具体操作步骤如下。

① 选中要添加边框的文本。

② 选择"设计"选项卡→"页面背景"命令组→"页面边框"命令；或者单击"开始"选项卡→"段落"命令组→"边框"右侧的下拉按钮，在弹出的下拉列表框中选择"边框和底纹"选

项（在该下拉列表框中可以选择需要的边框样式）。

③ 打开"边框和底纹"对话框，默认打开的是"边框"标签，如图 3-46 所示。

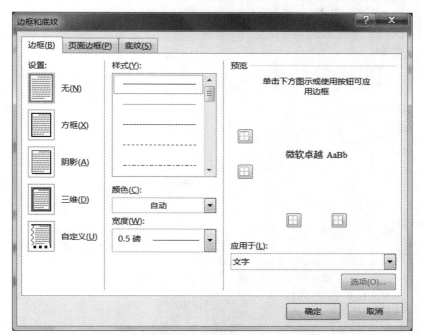

图 3-46　"边框和底纹"对话框 →"边框"标签

④ 在"设置"区域中选中一种边框类型。在"预览"区域中浏览给文字或段落添加边框后的效果。在"样式"列表框中选择需要的边框样式。在"颜色"下拉列表框中设置边框的颜色，在"宽度"下拉列表框中设置边框的宽度。在"应用于"下拉列表框中选择添加边框的对象，如果选择"文字"，则在选中的一个或多个文字的四周添加封闭的边框，若选中的是多行文字，则给每行文字加上封闭的边框；如果选择"段落"，则给选中的所有段落添加边框。

⑤ 设置完成后，单击"确定"按钮即可。

2. 设置底纹

选择"开始"选项卡→"字体"命令组→"底纹"命令，即可给选中的一个或多个文字添加默认底纹。使用"边框和底纹"对话框，可以给段落或选中的文字添加底纹。

使用"边框和底纹"对话框设置底纹的具体操作步骤如下。

① 选中要添加底纹的文字或段落。如果仅给一个段落添加底纹，直接将插入符放在该段落中即可。

② 选择"设计"选项卡→"页面背景"命令组→"页面边框"命令；或者单击"开始"选项卡→"段落"命令组→"边框"右侧的下拉按钮，在弹出的下拉列表框中选择"边框和底纹"选项。

③ 打开"边框和底纹"对话框，切换到"底纹"标签，如图 3-47 所示。

④ 在"填充"区域的"颜色"下拉列表框中选择底纹内填充的颜色。在"样式"下拉列表框中选择底纹的样式。在"预览"区域可预览设置的底纹效果。在"应用于"下拉列表框中选择"段落"则给选中的段落添加底纹，选择"文字"则给选中的文字添加底纹。

⑤ 设置完成后，单击"确定"按钮即可。

图 3-47 "边框和底纹"对话框 →"底纹"标签

3．设置页面边框

设置页面边框的方法为：选择"设计"选项卡→"页面背景"命令组→"页面边框"命令；或者单击"开始"选项卡→"段落"命令组→"边框"右侧的下拉按钮，在弹出的下拉列表框中选择"边框和底纹"命令，打开"边框和底纹"对话框，切换到"页面边框"标签，如图 3-48 所示。设置页面边框的方法与为段落添加边框的方法基本相同。

除了可以添加线型页面边框外，还可以添加艺术型页面边框：在"艺术型"下拉列表框中选择喜欢的边框类型，再单击"确定"按钮即可。

图 3-48 "边框和底纹"对话框→"页面边框"标签

3.4.4　项目符号和编号设置

1.　设置项目符号

选中要添加项目符号的段落，选择"开始"选项卡→"段落"命令组→"项目符号"命令，即可给已经存在的段落按默认的格式添加项目符号；或者单击该按钮右侧的下拉按钮，在弹出的下拉列表框中选择其他的符号样式，如图 3-49 所示。

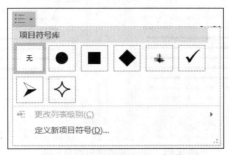

图 3-49　"项目符号"下拉列表框

2.　设置编号

选中要添加编号的段落，选择"开始"选项卡→"段落"命令组→"编号"命令，即可给已经存在的段落按默认的格式添加编号；或者单击"编号"按钮右侧的下拉按钮，在弹出的下拉列表框中选择其他的编号样式，如图 3-50 所示。

图 3-50　"编号"下拉列表框

需要定义更多新的项目符号（或编号）时，可以选择下拉列表框中的"定义新项目符号"命令（或"定义新编号格式"命令），在打开的相应对话框中进行设置，最后单击"确定"按钮即可，如图 3-51 所示。

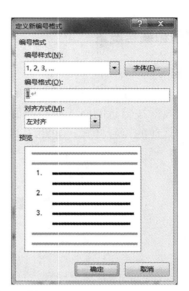

图 3-51　定义新的项目符号和编号

3.4.5　分栏设置

分栏就是将选中的文本分成几栏排列。新创建的 Word 文档默认是一栏，可以根据需要设置栏数、宽度和间距、分隔线等分栏排版格式。

（1）使用功能区中的命令快速设置分栏，具体操作步骤如下。

① 选中需要分栏排版的文本。若不选择，则系统默认对整篇文档进行分栏排版。

② 选择"布局"选项卡→"页面设置"命令组→"分栏"命令，在弹出图 3-52 所示的下拉列表框中选择某个选项，即可对所选文本进行相应的分栏设置。

图 3-52　"分栏"下拉列表框

（2）使用"分栏"对话框对文档设置更多其他形式的分栏，具体操作步骤如下。

① 选中需要分栏排版的文本。

② 选择"布局"选项卡→"页面设置"命令组→"分栏"命令，在弹出的下拉列表框中选择"更多分栏"命令，打开"分栏"对话框，如图 3-53 所示。

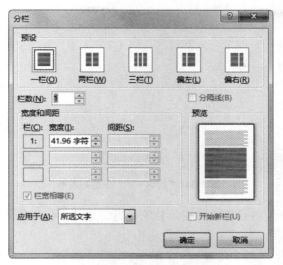

图 3-53　"分栏"对话框

③ 在"预设"区域中，有"一栏""两栏""三栏""偏左""偏右"5 种格式可选。在"分栏"对话框中可以设置的选项如下。

栏数：当栏数大于 3 时，可以在"栏数"数值框中输入要分割的栏数。

宽度和间距：可以在"宽度"和"间距"数值框中输入栏的宽度和栏间距的精确值。若想快速调整栏间距，可以通过"水平标尺"来完成。

栏宽相等：选中"栏宽相等"复选框，可将所有的栏设置为等宽栏。

设置栏宽不相等的分栏：选择"偏左"或"偏右"命令，可以将所选文本分成左窄右宽或右窄左宽的两个栏宽不相等的分栏。如果要设置三栏以上的栏宽不相等的分栏，就必须先取消选中"栏宽相等"复选框，然后在"宽度和间距"区域中分别设置或修改每一栏的栏宽及间距。

分隔线：如果要在各栏之间添加分隔线，使各栏之间的分界线更加明显，则选中"分隔线"复选框。

Word 2016 默认对整篇文档分栏，在"应用于"下拉列表框中选择"所选文字"（或"整篇文档"），可将分栏用于选定的文字（或整篇文档）。

④ 设置完成后，单击"确定"按钮即可。

分栏效果只有在"页面视图"模式下才能显示出来。选定需要分栏的文本时，注意不要把段落尾部的回车符选中，否则有时会以一栏的形式显示。要取消分栏格式，只需选定文本，选择"分栏"下拉列表框中的"一栏"命令即可。

3.4.6　首字下沉设置

首字下沉就是将正文中的第一个字符放大突出显示。在 Word 2016 中可以设置"无""下沉""悬挂"3 种首字下沉格式。

（1）使用功能区中的命令快速设置首字下沉，具体操作步骤如下。

① 将光标定位到需要设置首字下沉的段落中。

② 选择"插入"选项卡→"文本"命令组→"首字下沉"命令，在弹出的下拉列表框中选择需要的命令，如图 3-54 所示。

图 3-54 "首字下沉"下拉列表框

（2）使用"首字下沉"对话框进行更具体的设置，具体操作步骤如下。

① 将光标定位到需要设置首字下沉的段落中。

② 选择"插入"选项卡→"文本"命令组→"首字下沉"命令，在弹出的下拉列表框中选择"首字下沉选项"命令，打开"首字下沉"对话框，如图 3-55 所示。

图 3-55 "首字下沉"对话框

③ 在"位置"区域中选择下沉文字的样式。在"下沉行数"数值框中设置首字下沉的行数。在"距正文"文本框中设置首字与左侧正文的距离。

④ 单击"确定"按钮，即可实现首字下沉的效果。

3.4.7　样式与模板

样式与模板是 Word 2016 中非常重要的工具，使用这两个工具可以简化格式设置的操作，提高排版的质量和速度。

1. 样式

样式是应用于文档中的文本、表格等的一组格式特征，利用其能迅速改变文档的外观。应用样式时，只需执行简单的操作就可以应用一组格式。

如果要对文档中的文本应用样式，可先选中这段文本，然后选择"开始"选项卡→"样式"命令组中提供的样式，如图 3-56 所示。"样式"命令组中的样式分为多行，可通过其右侧的上下箭头翻行显示。

图 3-56 "开始"选项卡 →"样式"命令组

如果需要更多的样式选项，可以单击"开始"选项卡→"样式"命令组右侧的"其他"按钮，弹出图 3-57 所示的下拉列表框，其中显示出了可供选择的所有样式。

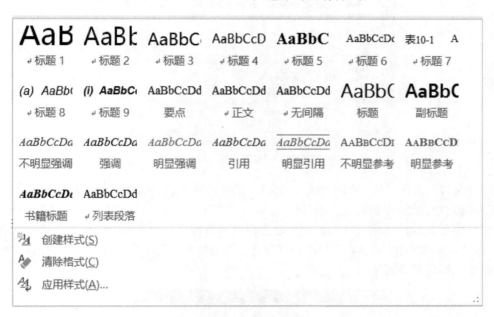

图 3-57 "样式"下拉列表框

如果要删除某文本中已经应用的样式，可先选中该文本，单击"开始"选项卡→"样式"命令组右侧的"其他"按钮，在弹出的下拉列表框中选择"清除格式"命令。

如果要快速改变具有某种样式的所有文本的格式，可通过重新定义样式来完成。选择图 3-57 所示下拉列表框中的"应用样式"命令，在弹出的"应用样式"任务窗格的"样式名"文本框中选择要修改的样式名称，如"正文"，如图 3-58 所示；单击"修改"按钮，弹出"修改样式"对话框，如图 3-59 所示。

图 3-58 "应用样式"任务窗格

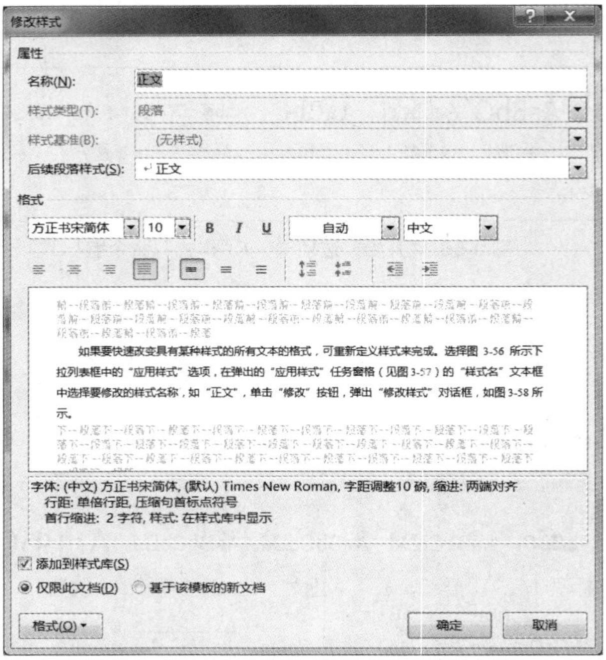

图 3-59　"修改样式"对话框

可以看到"正文"样式，即"字体:(中文)方正书宋简体,(默认)Times New Roman,字距调整 10 磅,缩进:两端对齐,行距:单倍行距,压缩句首标点符号,首行缩进:2 字符,样式:在样式库中显示"。若要修改文档中正文的段落格式样式，则可以选择"修改样式"对话框中"格式"下拉列表框中的"段落"命令，如图 3-60 所示。在弹出的"段落"对话框中设置字体、缩进、行距、首行缩进等，单击"确定"按钮使设置生效。

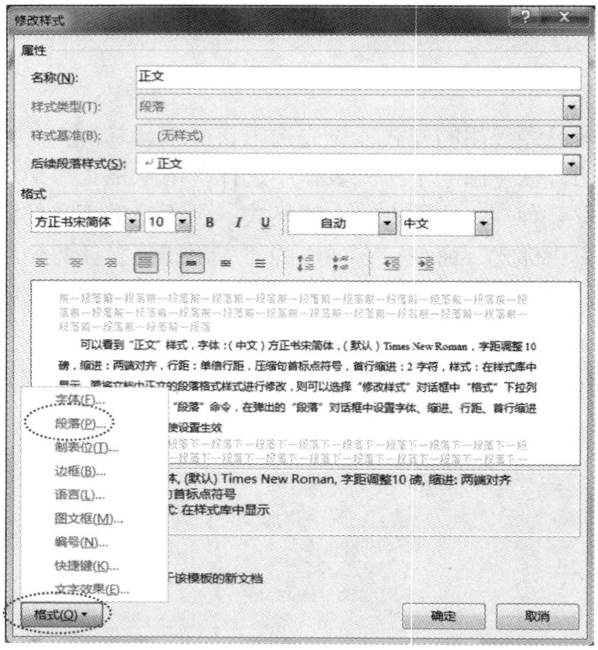

图 3-60　"修改样式"对话框→"格式"下拉列表框

2. 模板

模板就是一种预先设定好的特殊文档，其中包含了文档的基本结构和文档设置，如页面设置、字体格式、段落格式等，方便以后重复使用，省去每次都要排版和设置的麻烦。

对于某些格式相同或相近文档的排版工作，模板是不可缺少的工具。Word 2016 提供了内容涵盖广泛的模板，有博客文章、书法字帖，以及信函、传真、简历和报告等，利用其可以快速创建专业、美观的文档。另外，Office.com 网站还提供了贺卡、名片、信封、发票等特定功能模板。Word 2016 模板文件的扩展名为 ".dotx"，利用模板创建新文档的方法在前面已经介绍过，在此不再赘述。

3.5 表格处理

3.5.1 表格的创建

表格由许多行和列组成的单元格构成。每一个单元格都代表一个段落，在单元格中可以随意添加文字和图形。此外，还可以对表格中的数字进行排序和计算。

1. 插入表格

在 Word 文档中，可以按以下方法插入表格。

（1）使用功能区中的命令快速插入表格，具体操作步骤如下。

① 将光标定位到文档中需要插入表格的位置。

② 选择"插入"选项卡→"表格"命令组→"表格"命令，弹出图 3-61 所示的下拉列表框，其中显示了一个示意网格。

图 3-61 "表格"下拉列表框

③ 在示意网格中拖动鼠标指针，顶部显示当前表格的行数和列数（如"4×5 表格"），文档中也同步出现具有相应行列数的表格，直到显示满意行列（如"7×6 表格"）时，单击即可快速插入相应的表格。

插入表格后，功能区中会出现"表格工具-设计"和"表格工具-布局"选项卡，用于对表格进行编辑和设置。

（2）使用"插入表格"对话框创建表格，具体操作步骤如下。

① 将光标定位到要插入表格的位置。

② 选择"插入"选项卡→"表格"命令组→"表格"命令，弹出"表格"下拉列表框，如图3-61所示。

③ 在下拉列表框中选择"插入表格"命令，打开"插入表格"对话框，如图3-62所示。

图 3-62 "插入表格"对话框

④ 在"表格尺寸"区域分别设置表格的行数和列数。在"'自动调整'操作"区域选中"固定列宽"单选项，可以设置表格的固定列宽；选中"根据内容调整表格"单选项，单元格宽度会根据输入的内容自动调整；选中"根据窗口调整表格"单选项，插入的表格将充满当前页面的宽度；选中"为新表格记忆此尺寸"复选框，再次创建表格时将使用当前尺寸。

⑤ 单击"确定"按钮，即可创建一个新表格。

2. 绘制表格

不仅可以通过指定行和列来插入表格，还可以通过绘制表格功能自定义并插入需要的表格，具体操作步骤如下。

① 选择"插入"选项卡→"表格"命令组→"表格"命令，弹出"表格"下拉列表框。

② 在下拉列表框中选择"绘制表格"命令，鼠标指针呈现铅笔形状。

③ 在文档中拖动鼠标指针手动绘制表格。

需要注意的是，首次是绘制出表格的外围边框，之后可以绘制表格的内部框线。若要结束绘制表格，可双击或者按<Esc>键。

如果在绘制或设置表格的过程中需要删除某行或某列，选择"表格工具-布局"选项卡→"绘图"命令组→"橡皮擦"命令，此时鼠标指针呈现橡皮擦形状，在特定的行或列线条上拖动鼠标指针即可删除该行或该列。按<Esc>键可退出擦除状态。

3. 快速制表

使用"快速制表"级联菜单创建表格，具体操作步骤如下。

① 将光标定位到要插入表格的位置。

② 选择"插入"选项卡→"表格"命令组→"表格"命令，弹出"表格"下拉列表框。

③ 在下拉列表框中选择"快速表格"命令，打开的级联菜单中显示了系统的内置表格样式，如图3-63所示，从中选择需要的表格样式，即可快速创建一个表格。

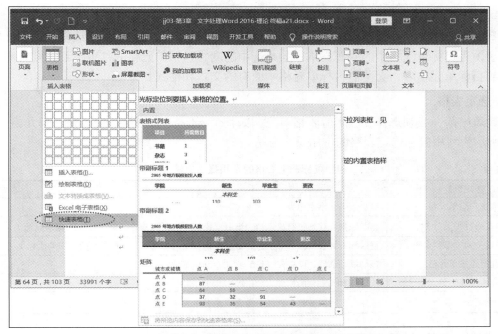

图 3-63　"快速表格"级联菜单的内置表格样式列表

3.5.2　表格的编辑与修饰

1. 输入表格文本

在单元格中输入文本与在文档中输入文本的方法相似：将光标放置在准备输入文本的单元格内输入文本，当输入的文本抵达单元格的边界时，会自动切换到下一行并增加整行的行高。若按<Enter>键，则在该单元格中开始一个新的段落；若按<Tab>键，则切换到本行的下一单元格。

在表格中输入文本时，可以配合快捷键快速移动光标。表 3-3 所示为利用快捷键快速移动光标的操作方法。

表 3-3　　　　　　　　　　　利用快捷键快速移动光标的操作方法

键盘快捷键	移动功能
<↑>	上移一行
<↓>	下移一行
<←>	向左移动一个字符
<→>	向右移动一个字符
<Tab>	移到同行的下一个单元格
<Shift + Tab>	移到同行的前一个单元格
<Alt + Home>	移到当前行的第一个单元格
<Alt + End>	移到当前行的最后一个单元格
<Alt + Page Up>	移到当前列的第一个单元格
<Alt + Page Down>	移到当前列的最后一个单元格

输入完成后，可以对文本进行移动和复制等操作，在单元格中移动和复制文本的方法与在文档中移动和复制文本的方法基本相同，即使用鼠标拖动、命令或快捷键等方法来移动和复制单元

格、行或列中的内容。

选择文本时，如果选择的内容不包括单元格的结束标记，则将内容移动或复制到目标单元格时，不会覆盖目标单元格中的原有文本；如果选中的内容包括单元格的结束标记，则将内容移动或复制到目标单元格时，会覆盖目标单元格中原有的文本和格式。

2. 选定表格

编辑表格前，必须选择要编辑的表格对象，如整个表格、行（列）、单元格、单元格范围等。表 3-4 所示为利用鼠标选定表格的常用操作方法。

表 3-4　　　　　　　　　　　利用鼠标选定表格的常用操作方法

选定功能	鼠标操作方法
选定一个单元格	单击该单元格左边界
选定一行（多行）	将鼠标指针移到该行最左边，当鼠标指针变为↗时单击（向下或向上拖动鼠标）
选定一列（多列）	将鼠标指针移到该列最上边，当鼠标指针变为↓时单击（向左或向右拖动鼠标）
选定连续单元格	拖动鼠标选取，或按住<Shift>键用方向键选取
选定不连续的单元格	按住<Ctrl>键，依次选中多个不连续的区域
选定整个表格	选择所有行或所有列；或单击表格左上角的移动控制点⊞

3. 调整表格的行高和列宽

（1）拖动鼠标调整，具体操作方法如下。

将鼠标指针指向此行的下边框线，鼠标指针变成垂直分离的双向箭头，直接拖动可调整本行的高度。

将鼠标指针指向此列的右边框线，鼠标指针变成水平分离的双向箭头，直接拖动可调整本列的宽度。

要调整某个单元格的高度或宽度，则要先选中该单元格，再执行上述操作，此时的改变仅限于选中的单元格。

（2）使用功能区中的命令调整，具体操作步骤如下。

① 选定要调整行高和列宽的行、列或表格。

② 选择"表格工具-布局"选项卡→"单元格大小"命令组。"单元格大小"命令组如图 3-64 所示。在其中的"高度"和"宽度"数值框中输入数值，即可更改单元格大小。

或单击"表格工具-布局"选项卡→"单元格大小"命令组→"自动调整"命令下方的下拉按钮，在弹出的图 3-65 所示的下拉列表框中选择"根据内容自动调整表格"命令，可自动调整表格的行高和列宽。

图 3-64　"表格工具-布局"选项卡→"单元格大小"命令组

图 3-65　"自动调整"下拉列表框

（3）使用"表格属性"对话框调整行高，具体操作步骤如下。

① 选定要调整行高的行、多行或表格。

② 选择"表格工具-布局"选项卡→"表"命令组→"属性"命令,打开"表格属性"对话框,选择"行"标签。

③ 选中"指定高度"复选框并输入行高的数值,在"行高值是"下拉列表框中选择"最小值"或"固定值",如图 3-66 所示。

④ 单击"确定"按钮即可。

图 3-66 "表格属性"对话框→"行"标签

(4)使用"表格属性"对话框调整列宽,具体操作步骤如下。

① 选定要调整列宽的列、多列或表格。

② 选择"表格工具-布局"选项卡→"表"命令组→"属性"命令,打开"表格属性"对话框,选择"列"标签。

③ 选中"指定宽度"复选框并输入列宽的数值,在"度量单位"下拉列表框中选择单位(包括"厘米"和"百分比"),如图 3-67 所示。

④ 单击"确定"按钮即可。

图 3-67 "表格属性"对话框 →"列"标签

4. 插入或删除行或列

（1）插入行或列，具体操作步骤如下。

① 将光标定位在要插入行或列的位置。

② 选择"表格工具-布局"选项卡→"行和列"命令组，如图 3-68 所示。

③ 选择"在上方插入""在下方插入""在左侧插入""在右侧插入"等命令，即可在所选单击格的上方、下方、左侧、右侧插入一行或一列。

图 3-68　"表格工具-布局"选项卡→"行和列"命令组

（2）删除行、列或表格，具体操作步骤如下。

① 将光标置于要删除的行、列所在的单元格中。

② 选择"表格工具-布局"选项卡→"行和列"命令组→"删除"命令，弹出"删除"下拉列表框，如图 3-69 所示，在其中可以选择"删除单元格""删除列""删除行""删除表格"等命令。

若选择"删除单元格"命令，则弹出"删除单元格"对话框，如图 3-70 所示，在其中可以选中"右侧单元格左移""下方单元格上移""删除整行""删除整列"等单选项。

图 3-69　"删除"下拉列表框

图 3-70　"删除单元格"对话框

选中行或列后直接按<Delete>键，只能删除其中的内容，而不能删除行或列。

5. 合并和拆分单元格

（1）合并单元格，具体操作步骤如下。

① 选定要合并的单元格区域。

② 选择"表格工具-布局"选项卡→"合并"命令组，如图 3-71 所示。

③ 选择"合并单元格"命令，即可将所选的单元格区域合并为一个单元格。

图 3-71　"表格工具-布局"选项卡→"合并"命令组

（2）拆分单元格，具体操作步骤如下。

① 选定要拆分的单元格。

② 选择"表格工具–布局"选项卡→"合并"命令组。

③ 选择"拆分单元格"命令，在打开的图 3-72 所示的"拆分单元格"对话框中输入行数、列数。

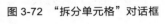

④ 单击"确定"按钮，即可拆分单元格。

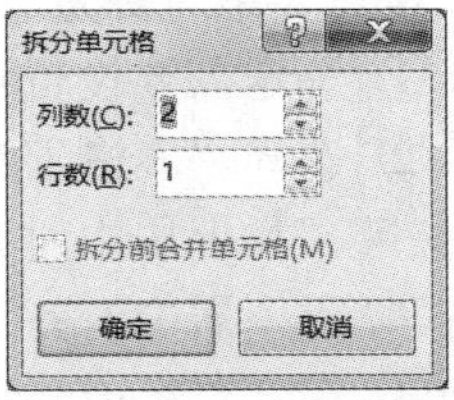

6. 套用表格样式

图 3-72　"拆分单元格"对话框

Word 2016 内置了多种表格样式，表格样式已经设置了相应的表格格式、框线和底纹，用户可以根据需要选择套用。具体操作步骤如下。

① 在表格的任意单元格内单击。

② 选择"表格工具–设计"选项卡→"表格样式"命令组，如图 3-73 所示。"表格样式"命令组中的表格样式分为多行，可通过其右侧的上下箭头翻行显示。

图 3-73　"表格工具–设计"选项卡 →"表格样式"命令组

③ 单击"表格样式"命令组右侧的"其他"按钮，展开"表格样式"下拉列表框，如图 3-74 所示，其中包括内置的"普通表格""网格表"等表格样式。将鼠标指针移动到某表格样式上，可以实时预览相应的效果。

④ 选择一种内置的表格样式，即可为所选表格应用该表格样式。

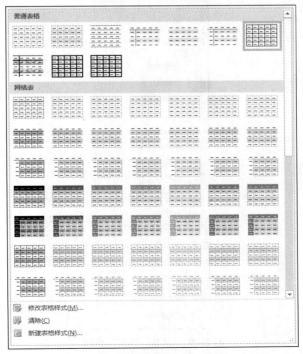

图 3-74　"表格样式"下拉列表框

7. 设置表格对齐方式

设置表格对齐方式的具体操作步骤如下。

① 选定需要设置对齐方式的单元格、行、列或表格。

② 选择"表格工具-布局"选项卡→"对齐方式"命令组，如图 3-75 所示。其中有"靠上两端对齐""靠上居中对齐""靠上右对齐""中部两端对齐""水平居中""中部右对齐""靠下两端对齐""靠下居中对齐""靠下右对齐"等对齐方式。

③ 在"对齐方式"命令组选择所需对齐方式即可。

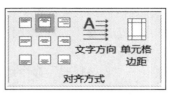

图 3-75 "表格工具-布局"选项卡→"对齐方式"命令组

8. 设置表格边框与底纹

设置表格边框与底纹的具体操作步骤如下。

① 选定需要设置的单元格、行、列或表格。

② 单击"表格工具-设计"选项卡→"边框"命令组→"边框"命令的下拉按钮，弹出下拉列表框，如图 3-76 所示。

③ 选择"边框和底纹"命令，打开"边框和底纹"对话框，在图 3-77 所示的"边框"标签中设置边框；在图 3-78 所示的"底纹"标签中设置底纹。

④ 单击"确定"按钮即可。

图 3-76 "边框"下拉列表框

图 3-77 "边框和底纹"对话框 →"边框"标签

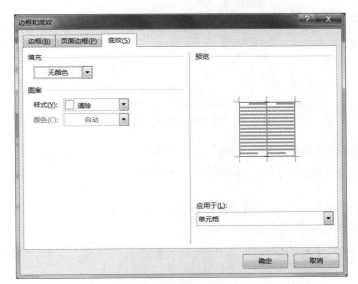

图 3-78 "边框和底纹"对话框 →"底纹"标签

在表格的编辑与设置中，许多操作也可以在单击鼠标右键弹出的快捷菜单中进行。

9. 设置表格标题行的重复

Word 2016 提供了重复标题行的功能，具体操作步骤如下。

① 将光标定位到表格中的任意位置。

② 选择"表格工具-布局"选项卡→"数据"命令组→"重复标题行"命令，即可设置所选表格标题行的重复。

Word 2016 会在因分页而拆开的续表中重复表格的标题行，在"页面视图"模式下，可以查看重复的标题行。用这种方法重复的标题行，修改时只需修改第一页表格的标题行即可。

　　10．文本与表格之间的转换

（1）将文本转换成表格，具体操作步骤如下。

① 选中需要转换成表格的文本。

② 选择"插入"选项卡→"表格"命令组→"表格"命令，弹出"表格"下拉列表框。

③ 在"表格"下拉列表框中选择"文本转换成表格"命令，打开"将文字转换成表格"对话框，如图 3-79 所示。

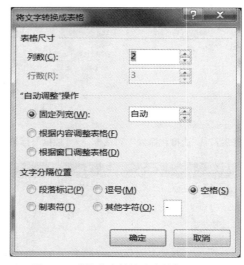

图 3-79　"将文字转换成表格"对话框

　　④ 在"将文字转换成表格"对话框的"文字分隔位置"区域中，选择要在文本中使用的分隔符。在"列数"数值框中选择列数，如果未看到预期的列数，则可能是文本中的一行或多行缺少分隔符。

⑤ 设置好需要的格式后，单击"确定"按钮即可。

（2）将表格转换为文本，具体操作步骤如下。

① 选中需要转换为文本的单元格。如果需要将整张表格转换为文本，则单击表格任意单元格即可。

② 选择"表格工具–布局"选项卡→"数据"命令组→"转换为文本"命令，打开"表格转换成文本"对话框，如图 3-80 所示。

图 3-80　"表格转换成文本"对话框

③ 其中包括"段落标记""制表符""逗号""其他字符"等文字分隔符。选择任何一种文字分隔符都可以将表格转换成文本，只是生成文本的排版方式或添加的标记符号有所不同。最常用的是"段落标记"和"制表符"两种文字分隔符。选中"转换嵌套表格"复选框，可以将嵌套表格中的内容同时转换为文本。

④ 单击"确定"按钮即可。

3.5.3　表格的计算与排序

1. 表格的计算

Word 2016 提供了对表格数据进行求和、求平均值等常用的统计计算功能。利用这些计算功能对表格中的数据进行计算时，可以使用公式和函数两种方法。

系统对表格中的单元格以下面的方式进行标记：在行的方向用字母 A～Z 进行标记；列的方向从 1 开始，用自然数进行标记。例如，第一行第一列的单元格标记为 A1（不区分字母大小写）。

在计算时，可以用像 A1、A2、B1、B2 这样的标记引用表格中的单元格。

（1）公式计算，具体操作步骤如下。

① 单击用于存放计算结果的表格单元格。

② 选择"表格工具–布局"选项卡→"数据"命令组→"公式"命令，打开"公式"对话框，如图 3-81 所示。

③ 在"公式"文本框中编辑公式。如果选定的单元格位于一行数值的右端，则建议采用公式"=SUM(LEFT)"进行行求和计算。如果选定的单元格位于一列数值的底端，则建议采用公式"=SUM(ABOVE)"进行列求和计算。也可以在公式的括号中输入单元格引用（如编辑"公式"为"=SUM(A2:B4)"，用来计算单元格 A2 与 B4 之间的数据之和；或编辑"公式"为"=SUM(A2:C3)"，用来计算单元格 A2 与 C3 之间的数据之和）。

④ 单击"确定"按钮，即可在当前单元格得到计算结果。

图 3-81　"公式"对话框

（2）函数计算，具体操作步骤如下。

① 单击用于存放计算结果的表格单元格。

② 选择"表格工具–布局"选项卡→"数据"命令组→"公式"命令，打开"公式"对话框。

③ 在图 3-82 所示的"粘贴函数"下拉列表框中选择需要的函数。例如，可以选择求和函数"SUM"计算指定数据的和，或者选择平均数函数"AVERAGE"计算指定数据的平均数。

④ 单击"确定"按钮，即可得到计算结果。

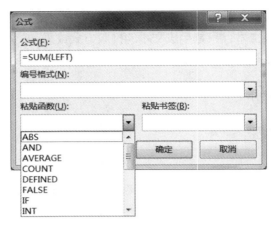

图 3-82　"公式"对话框 →"粘贴函数"下拉列表

2．表格的排序

对数据进行排序并非 Excel 表格的专利，在 Word 2016 中同样可以对表格中的数字、文字和日期数据进行排序。具体操作步骤如下。

① 在需要进行数据排序的表格中单击任意单元格。

② 选择"表格工具-布局"选项卡→"数据"命令组→"排序"命令，打开"排序"对话框，如图 3-83 所示。

③ 在"主要关键字"下拉列表框中选择排序依据的主要关键字。在其右侧的"类型"下拉列表框中可选择"笔划""数字""日期""拼音"命令。如果参与排序的数据是文字，则可以选择"笔划"或"拼音"命令；如果参与排序的数据是日期类型，则可以选择"日期"命令；如果参与排序的只是数字，则可以选择"数字"命令。在"次要关键字"和"第三关键字"下拉列表框中进行相关设置。当"主要关键字"有相同值时，可再选择"次要关键字"进行排序。在"列表"区域中可选中"有标题行"单选项，如果选中"无标题行"单选项，则 Word 表格的首行也会参与排序。选中"升序"或"降序"单选项设置排序的类型。

④ 单击"确定"按钮，即可对表格中的数据进行排序。

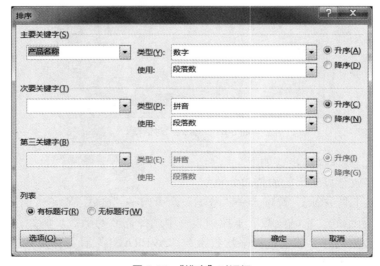

图 3-83　"排序"对话框

3.6　图文混排

在 Word 2016 中可以对各种图形对象进行绘制、缩放、插入和修改等多种操作，还可以把图形对象与文字结合在一个版面上，实现图文混排，轻松设计出图文并茂的文档。

3.6.1　插入图片

1．插入图片

插入来自文件的图片的操作步骤如下：将光标定位到要插入图片的位置，选择"插入"选项卡→"插图"命令组→"图片"命令，打开"插入图片"对话框，如图 3-84 所示。在"插入图片"对话框中选择所需图片，单击"插入"按钮；或双击图片文件名，即可将图片插入文档中。

图 3-84　"插入图片"对话框

2．设置图片格式

在文档中选定插入的图片，图片的四周会出现 8 个控制点，拖动这些控制点可以改变图片的大小。同时功能区中会出现用于编辑图片的"图片工具-格式"选项卡，且功能区全部显示为图片编辑工具，包括"调整""图片样式""排列""大小" 4 个命令组，利用其中的命令可以设置图片格式。

（1）图片"大小"格式的设置

调整图片大小的操作步骤为：选中要调整大小的图片，选择"图片工具-格式"选项卡→"大小"命令组，可以通过修改其"高度"和"宽度"值来改变图片的大小，如图 3-85 所示。也可以单击"大小"命令组右下角的"对话框启动器"按钮，打开"布局"对话框，如图 3-86 所示，在其中的"大小"标签中精确设定图片大小。

裁剪图片的操作步骤：选中要裁剪的图片，选择"图片工具-格式"选项卡→"大小"命令组→"裁剪"命令，鼠标指针和图片中尺寸控制点的形状均会发生改变；向内拖动某个图片尺寸控制点时，线框以外的部分将被剪去，在空白位置单击，即可完成图片裁剪。

图 3-85 "图片工具-格式"选项卡→"大小"命令组

图 3-86 "布局"对话框 →"大小"标签

（2）图片"排列"格式的设置

调整图片位置的操作步骤：选中要调整位置的图片，选择"图片工具-格式"选项卡→"排列"命令组，如图 3-87 所示。选择其中的"位置"命令、"环绕文字"命令，在弹出的下拉列表框中进行设置。还可以单击"图片工具-格式"选项卡→"大小"命令组右下角的"对话框启动器"按钮，在打开的"布局"对话框中选择"文字环绕"标签，如图 3-88 所示，在其中选择所需的环绕方式。

图 3-87 "图片工具-格式"选项卡→"排列"命令组

图 3-88　"布局"对话框→"文字环绕"标签

（3）图片"样式"格式的设置

设置图片样式的操作步骤：选中需要设置样式的图片，选择"图片工具-格式"选项卡→"图片样式"命令组，如图 3-89 所示。通过"图片样式"命令组不仅可以将图片设置成该组中预设好的样式，还可以根据自己的需要单击"图片边框""图片效果""图片版式"的 3 个下拉按钮，弹出对应的下拉列表框，对图片进行自定义设置，包括更改图片的边框，以及设置阴影、发光、三维旋转等效果，将图片转换为 SmartArt 图形等。

图 3-89　"图片工具-格式"选项卡 →"图片样式"命令组

（4）图片"调整"格式的设置

Word 2016 的"图片工具-格式"选项卡的"调整"命令组中具有许多编辑图片的功能，包括"艺术效果""校正""颜色""删除背景""压缩图片""更改图片""重置图片"等，如图 3-90 所示。将"艺术效果"添加到图片，为图片设置草图或油画等艺术风格。更改图片"颜色"，可以提高图片质量或匹配文档内容。"校正"可改善图片的亮度、对比度或清晰度。"删除背景"将自动删除不需要的部分图片。如果需要，可使用标记表示图片中要保留或删除的区域。"压缩图片"命令可压缩文档中的图片以减小其尺寸。"更改图片"命令可在删除或替换所选图片时不改变图片对象的大小和位置。若要放弃对图片所做的全部格式更改，可使用"重置图片"命令。

图 3-90 "图片工具–格式"选项卡 →"调整"命令组

需要注意的是，选择"删除背景"命令对图片进行背景删除时，功能区中会出现"背景消除"选项卡，如图 3-91 所示。Word 2016 会自动在图片上标记出要删除的部分。选择"标记要保留的区域"命令，可绘制线条以标记在图片中要保留的区域。选择"标记要删除的区域"命令，可绘制线条以标记要从图片中删除的区域。选择"保留更改"命令即可完成设置。如果需要恢复图片到未设置前的样式，则可选择"图片工具–格式"选项卡→"调整"命令组→"重置图片"命令。

图 3-91 "删除背景"命令→"背景消除"选项卡

3.6.2 插入联机图片

插入联机图片的操作步骤如下。

将光标定位到文档中要插入联机图片的位置，选择"插入"选项卡→"插图"命令组→"联机图片"命令，打开"插入图片"对话框，如图 3-92 所示。

图 3-92 "插入图片"对话框（插入联机图片）

在"搜索必应"搜索框中输入要查找图片的关键字（如"华为手机"），单击"搜索必应"按钮。对话框中会搜索出由 Bing 提供支持的相应图片，如图 3-93 所示，选择所需图片并单击"插入"按钮即可。

联机图片插入后，在功能区同样会出现用于编辑图片的"图片工具–格式"选项卡，其格式的设置方法与插入的本地图片类似。需要注意的是，插入联机图片的操作必须在连接互联网的状态下进行。

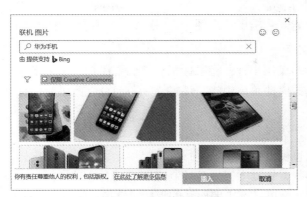

图 3-93 联机图片搜索结果

3.6.3 插入形状

形状是 Word 2016 事先提供的一组基础图形，有的可以直接使用，有的稍加组合可以更有效地表达某种观点和想法。Word 2016 中可用的形状包括线条、矩形、基本形状、箭头总汇、公式形状、流程图、星与旗帜、标注等。

1. 插入形状

插入形状的操作步骤：将光标定位到要插入形状的位置，选择"插入"选项卡→"插图"命令组→"形状"命令，在弹出的图 3-94 所示的"形状"下拉列表框中选择所需的形状。移动鼠标指针到文档中要显示自选图形的位置，按住鼠标左键并拖动至合适的大小后释放鼠标，即可绘制出所选的形状。

图 3-94 "形状"下拉列表框

插入形状后，在功能区会出现"绘图工具–格式"选项卡，用于对形状进行格式设置。

2. 在形状中添加文字

在形状中添加文字的操作步骤：将鼠标指针移到要添加文字的形状中，用鼠标右键单击该形状，弹出快捷菜单。选择快捷菜单中的"添加文字"命令，此时光标移动到形状内部，输入所需的文字内容即可。

3. 旋转形状

与图片一样，形状也可以按照需要进行旋转，可以手动粗略地旋转，也可以指定精确的旋转角度。选中要旋转的形状，拖动上方绿色控制点即可随意旋转形状。

若要精确地旋转形状，可以选中要旋转的形状，选择"绘图工具–格式"选项卡→"排列"命令组→"旋转"命令，在展开的下拉列表框中选择"向右旋转90°""向左旋转90°""垂直翻转""水平翻转"等命令。

要将形状旋转一定的角度，可以在"旋转"下拉列表框中选择"其他旋转选项"选项，在弹出的"布局"对话框中进行设置。

4. 更改形状

选中要更改的形状，可以直接将其删除后重新绘制形状；也可以选择"绘图工具–格式"选项卡→"插入形状"命令组→"编辑形状"命令，在展开的下拉列表框中选择"更改形状"命令，然后在弹出的形状列表中选择所需的形状。

5. 组合形状

由多个形状组合成的一个形状称为组合形状。将组合形状恢复为组合前的状态称为取消组合。

要组合多个形状，可以选择要组合的各个形状，即按住<Shift>或<Ctrl>键并依次单击要组合的每一个形状，选择"绘图工具–格式"选项卡→"排列"命令组→"组合"命令，在展开的下拉列表框中选择"组合"命令。

组合形状可以作为一个整体进行移动、复制和改变大小等操作。

要取消组合，先选中组合形状，然后选择"绘图工具–格式"选项卡→"排列"命令组→"组合"命令，在展开的下拉列表框中选择"取消组合"命令即可。

3.6.4 插入 SmartArt 图形

Word 2016 中的 SmartArt 工具增加了大量新模板，还增加了多个新类别，提供了各种丰富多彩的图表绘制功能，能帮助用户制作出精美的文档图表对象。使用 SmartArt 工具，可以非常方便地在文档中插入用于演示流程、层次结构、循环或者关系的 SmartArt 图形。

插入 SmartArt 图形的操作步骤：将光标定位到文档中要插入 SmartArt 图形的位置，选择"插入"选项卡→"插图"命令组→"SmartArt"命令，打开"选择 SmartArt 图形"对话框，如图 3-95 所示；在对话框中选择所需的 SmartArt 图形，单击"确定"按钮即可。

"选择 SmartArt 图形"对话框由 3 部分组成。左侧列表中显示的是 Word 2016 提供的 SmartArt 图形分类列表，有"列表""流程""循环""层次结构""关系""矩阵""棱锥图""图片"等类别。单击其中某一种类别，会在对话框中间显示出该类别下的所有 SmartArt 图形的图例。单击某一图例，在右侧可以预览该种 SmartArt 图形，并且预览图的下方会显示该图的文字介绍。例如选择"关系"类别下的"堆积维恩图"，如图 3-96 所示。

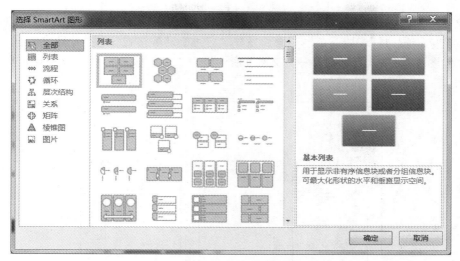

图 3-95　"选择 SmartArt 图形"对话框

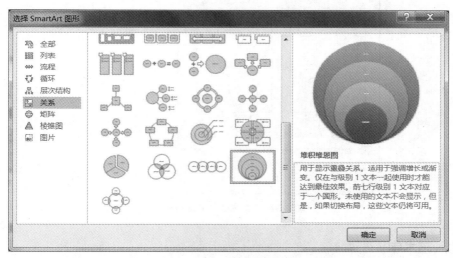

图 3-96　选择"关系"类别下的"堆积维恩图"

插入 SmartArt 图形后，在功能区会出现用于编辑 SmartArt 图形的"SmartArt 工具-设计"和"SmartArt 工具-格式"选项卡。通过 SmartArt 工具可以为 SmartArt 图形进行添加新形状、更改布局、更改颜色、更改形状样式（包括填充、轮廓，以及阴影、发光等效果设置）等操作，还能为文字更改边框、填充色，以及设置发光、阴影、三维旋转和转换等效果。

3.6.5　插入文本框

插入文本框的操作步骤：将光标定位到要插入文本框的位置，选择"插入"选项卡→"文本"命令组→"文本框"命令，将弹出图 3-97 所示的下拉列表框。

若要使用已有的文本框样式，直接在"内置"区域中选择所需的文本框样式即可。若要绘制横排文本框，则选择"绘制横排文本框"命令；若要绘制竖排文本框，则选择"绘制竖排文本框"命令。选择后，鼠标指针在文档中变成"+"字形状，将鼠标指针移动到要插入文本框的位置，按住鼠标左键并拖动至合适大小后释放鼠标即可。

插入文本框后，在功能区中会出现"绘图工具–格式"选项卡，使用该选项卡可以对文本框及文本框中的文字设置边框、填充色、阴影、发光、三维旋转等格式。若想更改文本框中的文字方向，选择"绘图工具–格式"选项卡→"文本"命令组→"文字方向"命令，在弹出的下拉列表框中选择即可。

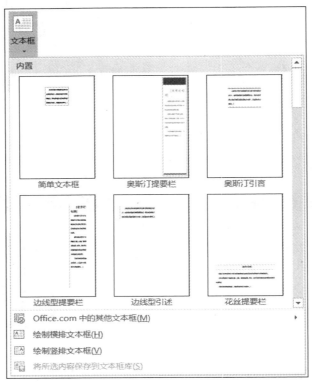

图 3-97 "文本框"下拉列表框

3.6.6 插入艺术字

插入艺术字的操作步骤：将光标定位到文档中要显示艺术字的位置，选择"插入"选项卡→"文本"命令组→"艺术字"命令，在弹出的图 3-98 所示的下拉列表框中选择一种样式。在文本编辑区中的"请在此放置您的文字"文本框中输入文字即可。

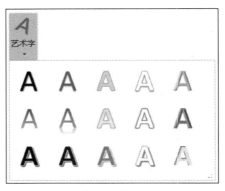

图 3-98 "艺术字"下拉列表框

将艺术字插入文档中后，功能区中会出现用于编辑艺术字的"绘图工具–格式"选项卡，利用"形状样式"命令组中的命令可以设置艺术字形状的边框、填充、阴影、发光、三维效果等；利用"艺术字样式"命令组中的命令可以设置艺术字的边框、填充、阴影、发光、三维效果和转换等。与图片一样，可以在"排列"命令组→"环绕文字"下拉列表框中设置艺术字的环绕方式。

3.7　页面设置与打印

3.7.1　页面设置

1．设置页边距

页边距是指文档页面四周的空白区域。默认情况下，新创建的 Word 文档的顶端和底端各留有 2.54cm 的页边距，左右各留有 3.18cm 的页边距。

（1）使用功能区中的命令设置页边距，具体操作步骤如下。

① 选择"布局"选项卡→"页面设置"命令组，如图 3-99 所示。选择"页边距"命令，弹出"页边距"下拉列表框，如图 3-100 所示。

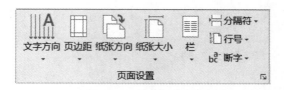

图 3-99　"布局"选项卡 →"页面设置"命令组

② 该下拉列表框中提供了 6 种常用的页边距，可以选择相应的页边距进行设置。

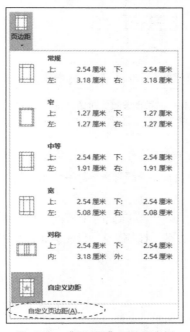

图 3-100　"页边距"下拉列表框

（2）使用"页面设置"对话框设置页边距，具体操作步骤如下。

① 选择"布局"选项卡→"页面设置"命令组→"页边距"命令，在弹出的图 3-100 所示的"页边距"下拉列表框中选择"自定义页边距"命令，打开"页面设置"对话框，如图 3-101 所示。或者单击"页面设置"命令组右下角的"对话框启动器"按钮，打开"页面设置"对话框。

② 在"页面设置"对话框中选择"页边距"标签，在"页边距"区域中的"上""下""左""右"数值框中输入要设置的数值，或者通过数值框右侧的上下微调按钮进行设置。如果文档需要装订，则可以在该区域中的"装订线"数值框中输入装订边距，并在"装订线位置"下拉列表框中选择是在左侧还是上方进行装订。

③ 单击"确定"按钮即可。

图 3-101 "页面设置"对话框→"页边距"标签

2. 设置纸张方向

设置纸张方向的具体操作步骤如下。

① 选择"布局"选项卡→"页面设置"命令组→"纸张方向"命令，弹出"纸张方向"下拉列表框。

② 该下拉列表框包括"纵向"和"横向"两个方向，可以根据需要选择。或者单击"页面设置"命令组右下角的"对话框启动器"按钮，打开图 3-101 所示的"页面设置"对话框，在"页边距"标签中选择纸张方向。

③ 单击"确定"按钮即可。

3. 设置纸张大小

设置纸张大小的具体操作步骤如下。

① 选择"布局"选项卡→"页面设置"命令组→"纸张大小"命令，弹出"纸张大小"下拉

列表框，如图 3-102 所示。

② 该下拉列表框中提供了 13 种常用的纸张大小，可以根据需要选择，选择"其他纸张大小"命令；或者单击"页面设置"命令组右下角的"对话框启动器"按钮，均会打开"页面设置"对话框。

③ 在"页面设置"对话框中选择"纸张"标签，分别在"宽度"和"高度"数值框中设置纸张大小，如图 3-103 所示。

④ 单击"确定"按钮即可。

图 3-102 "纸张大小"下拉列表框

图 3-103 "页面设置"对话框→"纸张"标签

3.7.2 设置页眉、页脚和页码

1. 设置页眉或页脚

页眉是位于页面顶端的图形或文字，页脚是位于页面底端的图形或文字，它们常常用来插入标题、页码、日期、图片等。用户可以根据需要设置页眉或页脚，可以对奇数页和偶数页设置不同的页眉或页脚，还可以将首页的页眉或页脚设置成与其他页不同的效果等。页眉或页脚只能在"页面视图"模式下显示，在其他视图模式下不会显示。

（1）创建页眉或页脚。

设置页眉或页脚的具体操作步骤如下。

① 选择"插入"选项卡→"页眉和页脚"命令组→"页眉"或"页脚"命令，弹出对应的下拉列表框，如图 3-104、图 3-105 所示。

② 在对应的下拉列表框中选择一种页眉或页脚版式；或者选择"编辑页眉"或"编辑页脚"命令，进入页眉或页脚编辑状态输入页眉或页脚内容。

选定页眉或页脚版式后，功能区会自动添加"页眉和页脚工具-设计"选项卡并处于激活状态，页眉或页脚的内容也会突出显示，进入编辑设置状态；文档正文中的内容变为灰色，处于不可编辑状态。

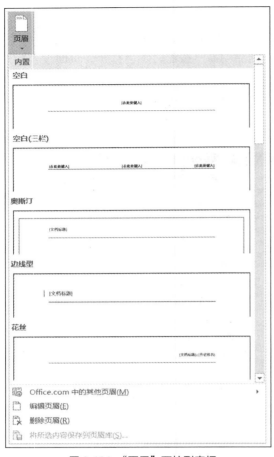

图 3-104 "页眉"下拉列表框   图 3-105 "页脚"下拉列表框

如果要修改或重新设置页眉或页脚，可以采用以上创建的过程进入页眉或页脚的编辑状态；也可以双击页面的顶端或底部，直接进入页眉或页脚的编辑状态。

如果要退出页眉或页脚的编辑状态，单击"页眉和页脚工具-设计"选项卡→"关闭"命令组→"关闭页眉和页脚"按钮或者双击文档正文区域即可。

如果要删除页眉或页脚，选择"插入"选项卡→"页眉和页脚"命令组→"页眉"或"页脚"命令，在弹出的下拉列表框中选择"删除页眉"或"删除页脚"命令即可。

（2）为首页、奇偶页设置不同的页眉或页脚。

对多于两页的文档，可以给首页、奇数页和偶数页设置不同的页眉或页脚，具体操作步骤如下。

① 将光标放置在要设置不同的页眉或页脚的节或文档中。

② 单击"布局"选项卡→"页面设置"命令组右下角的"对话框启动器"按钮，打开"页面设置"对话框。

③ 在"页面设置"对话框中选择"布局"标签，在"页眉和页脚"区域中选中"首页不同"复选框，然后就可以为首页创建与其他页都不同的页眉或页脚；选中"奇偶页不同"复选框，然后就可以为奇数页和偶数页创建不同的页眉或页脚；还可以设置页眉或页脚的"距边界"，如图3-106 所示。

④ 设置完成后，单击"确定"按钮即可。

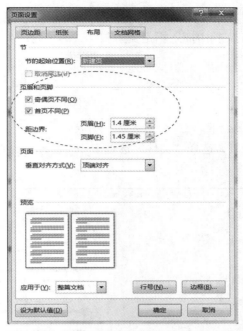

图 3-106　"页面设置"对话框 →"布局"标签

2. 插入页码

页码是文档格式的一部分，是内容最简单但使用最多的页眉或页脚。Word 可以自动、迅速地编排和更新页码。

插入页码的具体操作步骤如下。

① 选择"插入"选项卡→"页眉和页脚"命令组→"页码"命令，弹出"页码"下拉列表框，如图 3-107 所示。

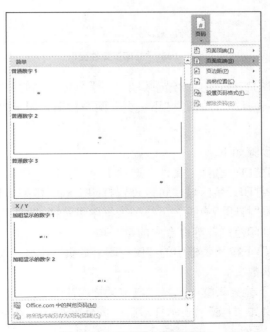

图 3-107　"页码"下拉列表框

② 选择页码出现的位置（如"页面底端"选项），在弹出的列表框中选择一种页码样式（如"普通数字 2"样式），即可在文档中插入指定类型和样式的页码。

3.7.3 打印与预览

1. 打印预览

打印预览的具体操作步骤如下。

① 在 Word 2016 文档窗口，选择"文件"选项卡→"打印"命令，显示"打印"属性窗口，如图 3-108 所示。

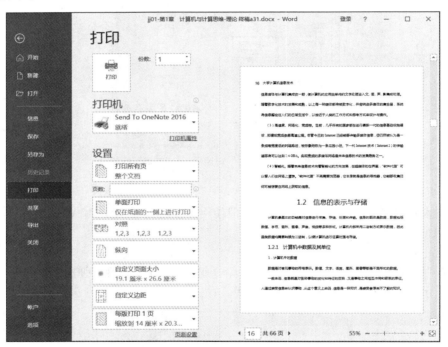

图 3-108 "打印"属性窗口

② "打印"属性窗口的右侧是打印预览区域，用于预览文档的打印效果。

③ 打印预览区域中，包括"上一页""下一页"两个按钮，用于向前或向后翻页。

2. 打印文档

打印文档的具体操作步骤如下。

① 在 Word 2016 文档窗口，选择"文件"选项卡→"打印"命令，显示"打印"属性窗口。"打印"属性窗口的左侧是打印设置区域，可以设置打印文档的相关参数。

② 在"设置"选项→"打印所有页"下拉列表框中可选择"打印所有页""打印所选内容""打印当前页面""自定义打印范围"等命令中的某一项。

③ 选择"打印所有页"下拉列表框中的"仅打印奇数页"或者"仅打印偶数页"命令时，可只打印文档中的奇数页或偶数页。

④ 在"打印所有页"下拉列表框中选择"自定义打印范围"命令时，在"页数"文本框中输入需要打印的页数范围。例如"1-5"，表示打印第一页至第五页连续的页面。如果输入"1,3,8"，则只打印第一、第三、第八页。

⑤ 在"单面打印"下拉列表框中可选择"单面打印"或"手动双面打印"命令。系统默认为"单面打印"。

⑥ 系统默认打印文档份数为 1，如果要打印多份文档，可在"份数"数值框中输入需要打印的份数。

⑦ 单击"打印"按钮即可。

练习题 3

【操作题】

Word 操作题 1。

打开实验素材\EX3\EX3-1\Wdzc1.docx，按下列要求完成对此文档的操作并保存。

（1）为文档添加如下属性：文档标题为"智慧校园实践"，单位为"某大学"。插入"花丝"型封面，设置"日期"为"2021-1-8"，删除"文档副标题"和"公司地址"内容控件。将页面格式设置为：上、下页边距各为 2 厘米，左、右页边距各为 2 厘米，装订线为 0.5 厘米，装订线位置为左。

（2）设置标题段字体格式为红色（标准色）、小三、黑体、"预设/外部,右下斜偏移阴影"、加粗、居中，并添加着重号。

（3）将正文第一至第四段的文字格式设置为小四、宋体，首行缩进 2 字符，段落左右各缩进 0.3 字符，段后间距为 0.6 行，行距为 1.15 倍。

（4）将正文第二段至第三段分为两栏。第一栏栏宽为 12 字符，第二栏栏宽为 26 字符，栏间加分隔线。为正文第一段设置首字下沉 2 行，距正文 0.2 厘米。

（5）为紧随小标题"①明确信息……"后的两段文本设置项目符号（导入 Tulips.jpg 图片文件作为项目符号）；为紧随小标题"②规范业务系统建设……"后的 3 段文本设置项目符号（使用"符号/Wingdings"字体中的笑脸符号作为项目符号）。

（6）设置页面颜色为"水绿色,个性色 5,淡色 80%"。

（7）将表标题文字格式设置为微软雅黑、小四、加粗，文本效果为"填充-红色,着色 2,轮廓-着色 2"；设置表 1 左侧列的 4 组红色词组文本效果为"红色,8pt 发光,个性色 2"。

（8）将表格第一行"公共服务平台……大数据基础平台"的底纹设置为"图案-15%"，第二行"公共数据库（数据仓库）"的底纹设置为"橙色,个性色 6,淡色 80%"，第三行"数据交换平台"的底纹设置为填充"白色,背景 1,深色 5%"，最后一行"校园网、云平台、一卡通、统一身份认证"的底纹设置为"茶色,背景 2"。将表 1 两侧的"系统运维服务体系"列、"信息化标准和规范"列和"信息安全保障体系"列的边框设置为 0.5 磅单实线。仔细检查表 1，修改其中的错别字。

（9）保存文件"Wdzc1.docx"。

Word 操作题 2。

打开实验素材\EX3\EX3-2\Wdzc2.docx，按下列要求完成对此文档的操作并保存。

（1）将文中所有错词"人声"替换为"人生"。

（2）为文档页面添加 15 磅"苹果"型艺术边框。设置纸张方向为横向，上、下页边距各为 3 厘米，左、右页边距各为 2.5 厘米。

（3）将标题段文字格式设置为红色、小三、隶书、加粗、居中，文本效果为"红色,11pt 发光,个性色 2"。

（4）设置正文字体格式为小四、楷体，段落格式为首行缩进 2 字符、1.15 倍。

（5）将文本"活出精彩 搏出人生……我终于学会了坚强。"分为等宽的两栏，栏宽为 32 字符，并添加分隔线。添加内置空白型页眉，输入文字"校园报"，设置页眉文字格式为三号、黑体、深红色（标准色）、加粗。

（6）将文中后 12 行文字转换为一张 12 行 5 列的表格，文字分隔位置为空格；设置表格列宽为 2.5 厘米，行高为 0.5 厘米；将表格第一行合并为一个单元格。整张表格的内容水平居中，为表格应用样式"浅色网格-着色 2"，设置表格整体居中。

（7）将表格第一行文字"校运动会奖牌排行榜"的格式设置为小三、黑体、字间距加宽 1.5 磅，并添加黄色作为突出显示的底色；统计各班金、银、铜牌，将各类奖牌合计填入相应的行和列。

（8）以金牌为主要关键字、降序，银牌为次要关键字、降序，铜牌为第三关键字、降序，对 9 个班进行排序。

（9）保存文件"Wdzc2.docx"。

Word 操作题 3。

打开实验素材\EX3\EX3-3\Wdzc3.docx，按下列要求完成对此文档的操作并保存。

（1）将标题段的文本效果设置为内置样式"中等渐变-个性色 6"，方向为线性向下，并修改其阴影效果为"透视/左上对角透视"、阴影颜色为蓝色（标准色）；将标题段文字格式设置为二号、微软雅黑、加粗、居中，文字间距加宽 2.2 磅。

（2）将正文各段文字格式设置为小四、宋体，段落格式设置为 1.26 倍行距，段前间距为 0.3 行，首行缩进 2 字符。

（3）为正文第三、四、五段添加新定义的项目符号"✈"（在 Wingdings 字体中）。

（4）在第六段后插入考生文件夹下的图片"图 3.2"，设置图片的缩放比例，即高度为 80%、宽度为 80%，图片色调为"色温:5300K"，文字环绕为上下型，图片居中。

（5）在页面底端插入"普通数字 2"样式页码，设置页码编号格式为"-1-,-2-,-3-……"、起始页码为"- 5-"；在页面顶端插入空白型页眉，页眉内容为"学位论文"；为页面添加文字水印"传阅"。

（6）将文中最后 12 行文字转换成一张 12 行 4 列的表格；合并第一列的第 2~6、7~9、10~12 个单元格。

（7）将表格第一行所有文字格式设置为小四、华文新魏，内容水平居中；设置表格居中，表格中第一列、第四列内容水平居中；设置表格第四列的宽为 2.2 厘米。

（8）设置表格外框线和第一、二行间的内框线为红色（标准色）、1.5 磅单实线，其余内框线为红色（标准色）、0.75 磅单实线；为单元格填充样式为"紫色,个性色 4,淡色 80%"的底纹。

（9）保存文件"Wdzc3.docx"。

Word 操作题 4。

打开实验素材\EX3\EX3-4\Wdzc4.docx，按下列要求完成对此文档的操作并保存。

（1）将文中所有错词"按理"替换为"案例"。

（2）将标题段文字格式设置为二号、紫色（标准色）、仿宋、加粗、居中，文字间距紧缩 1.5 磅；设置标题段文字的效果为"红色,18pt 发光,个性色 2"，轮廓为粗细 1.5 磅的圆点虚线。

（3）设置正文第一至第五段的字体格式为小四、微软雅黑、首行缩进 2 字符、单倍行距；将正文第一段的缩进格式修改为无，并设置该段首字下沉 2 行、距正文 0.2 厘米。为正文第二至第四段加项目编号(1)(2)和(3)。

（4）设置页面上、下、左、右页边距分别为 2.3 厘米、2.3 厘米、3.2 厘米和 2.8 厘米。装订线位于左侧 0.5 厘米处；插入分页符使第五段及其后面的文本置于第二页。

（5）为文档添加"怀旧"样式页眉，页眉内容为"研究报告"、日期为"今日"；设置页面颜色为"橙色,个性色 6,淡色 80%"。

（6）为文末倒数第 4 行"表 6.2 实地调研企业所属国际化过程阶段"行尾插入脚注，脚注内容为"资料来源：本研究调研整理"。

（7）将文中最后 3 行文字转换为一张 3 行 5 列的表格；为第一行第一列单元格加斜下框线（对角线），对角线上方文字为"阶段"、下方文字为"种类"；设置表格第二、三、四、五列的列宽为 2 厘米；设置表格居中，表格中除第一行第一列单元格外的所有单元格内容水平居中。

（8）为表格的第一行添加样式为"茶色,背景 2,深色 25%"的底纹；其余行添加样式为"白色,背景 1,深色 5%"的底纹。

（9）保存文件"Wdzc4.docx"。

Word 操作题 5。

打开实验素材\EX3\EX3-5\Wdzc5.docx，按下列要求完成对此文档的操作并保存。

（1）将标题段的文本效果设置为内置样式"填充-黑色,文本 1,轮廓-背景 1,清晰阴影-背景 1"，并修改其阴影效果为"外部/右上斜偏移"、阴影颜色为红色（标准色）；将标题段文字格式设置为小二、微软雅黑、加粗、居中，文字间距加宽 1.5 磅。

（2）设置页面纸张大小为"A4(21 厘米×29.7 厘米)"，将页面颜色的填充效果设置为"纹理/新闻纸"，为页面添加内容为"高考"的文字型水印，水印颜色为红色（标准色）。

（3）在页面底端插入"普通数字 1"样式页码，设置页码编号格式为"-1-,-2-,-3……"、起始页码为"-3-"；在页面顶端插入空白型页眉，页眉内容为文档主题。

（4）将正文各段文字格式设置为小四、宋体，段落格式设置为 1.25 倍行距，段前间距为 0.5 行；设置正文第一段首字下沉 2 行、距正文 0.2 厘米，正文其余段落首行缩进 2 字符。

（5）将正文最后一段分为等宽两栏，栏间添加分隔线。

（6）将文中最后 13 行文字转换成一张 13 行 5 列的表格；在表格下方添加一行，并在该行首列单元格中输入"合计"，在该行其余列单元格中利用公式分别计算相应列的合计值。

（7）设置表格居中，表格第一行和第一列的内容水平居中、其余单元格内容中部右对齐；设置表格列宽为 2.5 厘米、行高为 0.7 厘米、表格中所有单元格的左右边距均为 0.25 厘米；用表格第一行设置表格"重复标题行"。

（8）设置表格外框线和第一、二行间的内框线为红色（标准色）、0.75 磅双窄线，其余内框线为红色（标准色）、0.5 磅单实线；设置表格底纹颜色为主题颜色"橙色,个性色 6,淡色 80%"。

（9）保存文件"Wdzc5.docx"。

Word 操作题 6。

打开实验素材\EX3\EX3-6\Wdzc6.docx，按下列要求完成对此文档的操作并保存。

（1）将文中所有错词"经纪"替换为"经济"。

（2）将标题段文字格式设置为小二、红色（标准色）、黑体、加粗、居中，文字间距加宽 2 磅，段后间距为 1 行；为标题段文字添加蓝色（标准色）双波浪下画线，并设置文字阴影效果为"外部/向右偏移"。

（3）设置正文各段落首行缩进 2 字符、1.25 倍行距；为正文第三至第八段添加"1),2),3)……"样式的自动编号。将正文第九段分为等宽的两栏，栏间添加分隔线；为表格标题"2016 年 GDP

排名前 10 位的国家"添加脚注，脚注内容为"来源：世界银行资料"。

（4）设置页面左、右页边距均为 3.5 厘米，装订线位于左侧 1 厘米处；在页面底端插入"普通数字 2"样式页码，并设置页码编号格式为"i,ii,iii⋯⋯"、起始页码为"iii"；为文档添加文字水印，水印内容为"伟大祖国"，水印颜色为红色（标准色）。

（5）将文中最后 11 行文字转换为一张 11 行 4 列的表格；设置表格居中，表格中第一行和第一、二列的内容水平居中，其余内容中部右对齐。

（6）设置表格第一、二列的列宽为 2 厘米，第三、四列的列宽为 3 厘米，行高为 0.5 厘米；设置表格单元格的左边距为 0.1 厘米、右边距为 0.4 厘米。

（7）用表格第一行设置表格"重复标题行"；按主要关键字"人均 GDP(美元)""数字"类型降序排列表格内容。

（8）设置表格外框线和第一、二行间的内框线为蓝色（标准色）、1.5 磅单实线，其余内框线为蓝色（标准色）、0.5 磅单实线。

（9）保存文件"Wdzc6.docx"。

04 第4章 电子表格Excel 2016

Excel 2016 是 Office 2016 系列办公组件之一，是常用的电子表格数据处理软件。Excel 2016 的主要功能可以概括为以下 3 个方面：表格数据处理、数据管理与分析及图表处理。相较于之前的版本，Excel 2016 增加了许多新的实用功能。Excel 2016 目前已广泛应用于管理、统计、财经、金融等众多领域，是一款非常实用的工具软件。

4.1 Excel 2016 基础

4.1.1 Excel 2016 的启动

启动 Excel 2016 的方法有多种，下面介绍几种常用的启动方法。

（1）选择"开始"菜单 → "Excel 2016"命令。

（2）如果在桌面上已经创建了启动 Excel 2016 的快捷方式，则双击快捷方式图标。

（3）双击任意一个 Excel 电子表格文件（其扩展名为".xlsx"），Excel 2016 会启动并且打开相应的文件。

4.1.2 窗口的组成

启动 Excel 2016 应用程序后，系统会以"普通"视图模式打开电子表格操作窗口，如图 4-1 所示。

Excel 2016 应用程序窗口主要由标题栏、快速访问工具栏、"文件"选项卡、功能区、工作表编辑区、工作表标签及"新工作表"按钮、名称框与编辑栏、"插入函数"按钮、状态栏等部分组成。

1. 标题栏

标题栏位于 Excel 2016 应用程序窗口顶端，包括工作簿文件名和应用程序名（新建文件的默认名称为"工作簿 1- Excel"）、"功能区显示选项"按钮 、窗口控制按钮等。"功能区显示选项"按钮用于实现"自动隐藏功能区""显示选项卡""显示选项卡和命令"3 项功能。窗口控制按钮位于窗口顶部右端，用于实现"最小化""最大化""向下还原""关闭"等操作。

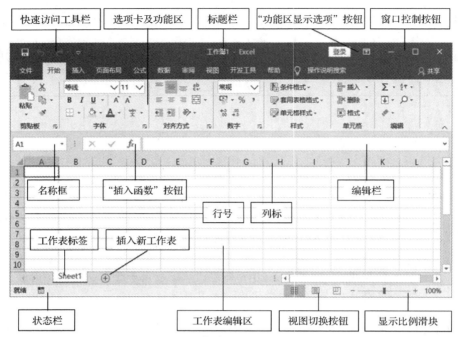

图 4-1　Excel 2016 应用程序窗口

2. 快速访问工具栏

快速访问工具栏位于标题栏最左侧，用于显示一些常用的工具按钮，默认显示"保存""撤销""重复""自定义快速访问工具栏"等按钮。单击"自定义快速访问工具栏"按钮，可在弹出的下拉列表框中根据需要添加或更改按钮。

3. "文件"选项卡

"文件"选项卡位于所有选项卡的最左侧，单击该选项卡会打开"文件"面板，其中包括文件操作的常用命令，如"信息""新建""打开""保存""另存为""打印""共享""导出""发布""关闭"等命令。

4. 功能区

Excel 2016 功能区位于应用程序窗口的上方，由选项卡、命令组、命令 3 类基本组件组成，通常包括"开始""插入""页面布局""公式""数据""审阅""视图"等不同类型的选项卡。单击某选项卡，将在功能区切换出该选项卡类别对应的多个命令组。其中，"公式"和"数据"是 Excel 特有的选项卡。

"开始"选项卡包括"剪贴板""字体""对齐方式""数字""样式""单元格""编辑"等命令组。

"插入"选项卡包括"表格""插图""图表""演示""迷你图""筛选器""链接""文本""符号"等命令组。

"页面布局"选项卡包括"主题""页面设置""调整为合适大小""工作表选项""排列"等命令组。

"公式"选项卡包括"函数库""定义的名称""公式审核""计算"等命令组。

"数据"选项卡包括"获取外部数据""获取和转换""连接""排序和筛选""数据工具""预测""分级显示"等命令组。

"审阅"选项卡包括"校对""见解""语言""批注""更改"等命令组。

"视图"选项卡包括"工作簿视图""显示""显示比列""窗口""宏"等命令组。

如果暂时不需要使用功能区中的命令或希望拥有足够的工作空间，可以双击活动选项卡隐藏功能区。如果需要再次显示功能区，则再次双击活动选项卡，各命令组就会重新出现（与新增功能"功能区显示选项"按钮的作用相同）。

5. 工作表编辑区

工作表编辑区用于显示当前正在编辑的工作表。工作表中行与列的交叉处是一个"单元格"，工作表由若干单元格组成，可以在工作表的单元格中输入或编辑数据。

此外，工作表区域还有行号、列标、滚动条、工作表标签及"新工作表"按钮等元素。每张工作表中有横向的行和纵向的列，行号是位于各行左侧的数字，列标是位于各列上方的大写英文字母。例如，A3 表示第 3 行第 A 列单元格。单击相应的工作表标签可切换到工作簿中的该工作表下，单击工作表标签右侧的"新工作表"按钮，可添加新的工作表。

6. 编辑栏和名称框

编辑栏位于工作表的上方，用于直接输入、编辑、显示和修改当前活动单元格中的数据或公式等。编辑栏中会同步显示对应单元格中输入的内容。

名称框位于编辑栏左侧，用于显示当前活动单元格的地址、定义单元格区域的名字或选定单元格区域。

当在单元格中输入或编辑内容时，编辑栏和名称框之间的"取消"按钮✖和"输入"按钮✔会被激活，可用于取消或确定输入单元格中的内容。

7. "插入函数"按钮

单击"插入函数"按钮 ƒ 会打开"插入函数"对话框，用户可以通过此对话框向单元格中插入相关函数。

8. 状态栏

状态栏位于应用程序窗口的底部，用来显示当前的状态信息。视图切换按钮包括"普通"视图、"页面布局"视图和"分页预览"视图所对应的切换按钮，单击想要显示的视图类型按钮，即可切换到相应的视图模式，用户可以在该视图模式下查看工作表。显示比例滑块用于设置工作表区域的显示比例，拖动滑块可方便快捷地进行调整。

4.1.3　Excel 2016 的视图模式

在 Excel 2016 中，可根据需要在操作界面状态栏中单击视图切换按钮组中的相应按钮，或者通过"视图"选项卡→"工作簿视图"命令组中的视图命令来切换视图模式，方便用户在不同视图模式中查看和编辑工作表。Excel 2016 提供的视图模式包括"普通"视图、"页面布局"视图和"分页预览"视图等。

"普通"视图："普通"视图是 Excel 2016 的默认视图，它是制作表格时常用的视图模式。"普通"视图用于正常显示工作表，在其中可方便地输入数据，并对表格内容和样式进行管理等。

"页面布局"视图：在"页面布局"视图中，每一页都会显示页边距、页眉和页脚。用户不仅可以在此视图模式下编辑数据，添加页眉和页脚，还可以拖动上方或左侧标尺中的控制条设置页边距，同时还可查看表格打印在纸张上的效果。

"分页预览"视图："分页预览"视图可以显示蓝色的分页符，用户可以拖动分页符以改变显示的页数和每页的显示比例。"分页预览"视图可以快速判断打印的页数，适用于长文档的预览。

4.1.4　工作簿、工作表与单元格

一个工作簿就是一个 Excel 文件，Excel 的基本元素包括"工作簿""工作表""单元格"等。

1. 工作簿

当 Excel 2016 成功启动后，系统将自动创建一个名为"工作簿 1"的空白工作簿文件，默认文件名"工作簿 1"会出现在 Excel 2016 应用程序窗口的标题栏上。

在 Excel 2016 中，工作簿是用来存储并处理工作表数据的文件。Excel 工作簿（文件）的扩展名是".xlsx"（在 Excel 2003 及以前的版本中扩展名为".xls"）。打开一个 Excel 文件，实际上是打开一个 Excel 工作簿，但显示的是此工作簿中包含的工作表。

当第一次启动 Excel 2016 时，系统新建的工作簿中只显示一张工作表"Sheet1"（也称为工作表标签）。在 Excel 2016 中，只要硬盘的存储空间足够大，那么一个工作簿就可包含无数张工作表。换句话说，在 Excel 2016 中，工作表的数目受硬盘大小的限制，但最少必须保证有一张工作表。

如要改变 Excel 2016 新建工作簿时默认工作表的数量，可进行如下操作：单击快速访问工具栏右侧的"自定义快速访问工具栏"→"其他命令"按钮，弹出"Excel 选项"对话框，如图 4-2 所示。在"Excel 选项"对话框里选择"常规"类别，在"新建工作簿时"区域改变"包含的工作表数"的默认值（默认值为 1），单击"确定"按钮即可。

图 4-2　"Excel 选项"对话框

2. 工作表

工作表是显示在工作簿窗口中的表格，是 Excel 工作簿存储和处理数据的最重要的部分，也称电子表格。

在工作表标签行单击其右侧的"新工作表"按钮，可以插入一个新的工作表。当一个工作簿含有多张工作表时，工作表的标签名称分别是 Sheet1、Sheet2、Sheet3 等。双击某一个工作表标

签，可重命名工作表。如果工作表标签中没有全部显示出工作表，则可利用工作表窗口左下角的标签滚动按钮来显示工作表名称。当前编辑的工作表称为当前活动工作表，单击工作表标签可以在不同的工作表之间切换。

一张 Excel 工作表由 1048576 行、16384 列组成，其中行号位于工作表的左端，用数字 1、2、3、…、1048576 表示；列标位于工作表的上方，用 A、B、…、AA、AB、…、BA、BB、…、BAB、…、XFC、XFD 表示。

3. 单元格

工作表中行与列的交叉处是一个单元格，单元格是工作表最基本的组成单元，它是行和列相交形成的矩形区域（是正交网格线围成的最小矩形框）。一张工作表中共有 1 048 576×16 384 个单元格。在单元格中可以输入或编辑文本、数字、公式等数据信息。

Excel 工作表中的每一个单元格都有其名称，通常用列标和行号来表示。例如，第 3 行第 B 列单元格的名称用 B3 表示。单元格的名称同时又确定了该单元格所处的位置，因此，单元格的名称又称为单元格地址。

当单击某个单元格时，该单元格四周即出现一个加深的边框，此时，该单元格被选定，该单元格称为"当前活动单元格"，简称"当前单元格"或"活动单元格"。在 Excel 2016 中，所有的输入或编辑等操作都只对当前活动单元格起作用。

单元格被选定后，其名称（或地址）将在位于工作表的左上方的名称框里显示，而其中的内容在位于名称框右侧的编辑栏里显示。

由于一个工作簿中可包含多张工作表，为了区分不同工作表中的单元格，可在单元格地址前添加表名，工作表名称与单元格地址间用"!"分隔。例如，Sheet2!A5 表示该单元格为 Sheet2 工作表中的 A5 单元格。

4.1.5 Excel 2016 的退出

Excel 2016 常用的退出方法有以下几种。

（1）单击标题栏右侧的"关闭"按钮▣。

（2）单击"文件"选项卡，在弹出的"文件"面板中选择"关闭"命令。

（3）在标题栏上单击鼠标右键，从弹出的快捷菜单中选择"关闭"命令。

（4）按<Alt+F4>快捷键。

如果对当前电子表格进行了编辑、修改，但还没有执行保存操作，在退出应用程序时系统会弹出一个提示信息框提示是否保存。单击"保存"按钮则存盘退出；单击"不保存"按钮则退出但不保存文件；单击"取消"按钮则取消本次退出操作，返回电子表格的编辑状态。

4.2 工作簿的创建、打开和保存

4.2.1 创建工作簿

一个工作簿就是一个 Excel 文件，创建 Excel 工作簿的方法与创建 Word 文档类似。启动 Excel 2016 应用程序之后弹出图 4-3 所示的界面，选择"空白工作簿"命令，系统自动创建一个新的默认文件名为"工作簿 1"的空白工作簿，用户可直接在此工作簿的工作表中进行表格操作。如果用户还需要创建其他新的空白工作簿，可以采用以下几种方法。

（1）选择"文件"选项卡→"新建"命令，选择"空白工作簿"命令，即可新建一个空白工作簿。

（2）单击"自定义快速访问工具栏"按钮，在弹出的下拉列表框中选择"新建"命令，之后可以单击快速访问工具栏中新添加的"新建"按钮来创建空白工作簿。

（3）按<Ctrl+N>快捷键，即可直接创建一个空白工作簿。

Excel 2016 对在"工作簿 1"之后新建的工作簿以创建的顺序依次命名为"工作簿 2""工作簿 3"……每个新建的工作簿对应一个独立的应用程序窗口，任务栏中也有一个相应的应用程序按钮与之对应。

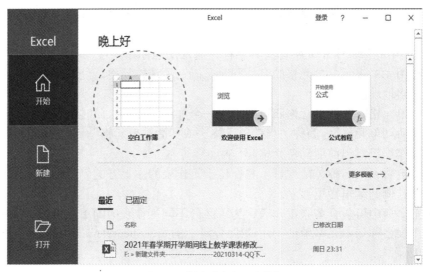

图 4-3　创建"空白工作簿"

选择"文件"选项卡→"新建"命令，弹出图 4-4 所示的界面，可在"搜索联机模板"搜索框中输入要查找的模板类型。若要浏览热门模板，可选择搜索框下方的任意关键字，如业务、个人、规划器和跟踪器、列表、预算、图表、日历等。

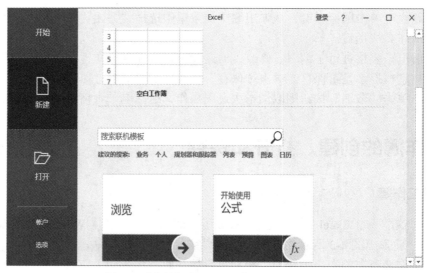

图 4-4　"文件"选项卡 →"更多模板"命令

4.2.2 打开工作簿

下列几种方法都可以打开一个已经存在的工作簿。

（1）直接双击要打开的文件图标。

（2）选择"文件"选项卡→"打开"命令，选择"浏览"命令，打开"打开"对话框，选择要打开的文件，单击"打开"按钮（或双击文件）即可。也可以选择"最近"或者"这台电脑"，打开使用过的已存储的文件。

（3）单击"自定义快速访问工具栏"按钮，在弹出的下拉列表框中选择"打开"命令，之后单击快速访问工具栏中新添加的"打开"按钮即可。

4.2.3 保存工作簿

下列几种方法都可以保存工作簿文件。

（1）单击快速访问工具栏中的"保存"按钮。

（2）选择"文件"选项卡→"保存"命令。

（3）按<Ctrl+S>快捷键。

如果新建的工作簿还没有保存过，执行以上保存文件的操作时，需要在"文件"面板的"保存"命令中选择"浏览"命令（或双击"这台电脑"命令），打开"另存为"对话框，在对话框中确定文件保存的位置、命名及类型。如果按<F12>键，可直接弹出"另存为"对话框。

Excel 2016 不仅可以读取其他类型的文件，也可以将文件保存为其他类型。当首次保存文件时，可以保存为其他类型，但要将一个已经保存过的文件存为其他类型时，就必须使用"另存为"命令。

"保存"命令与"另存为"命令的区别是：执行"保存"命令是以最新的内容覆盖当前打开的工作簿，不产生新的文件；而执行"另存为"命令是将这些内容保存为另一个由用户指定的新文件，不会影响已经打开的文件。

4.2.4 保护工作簿与工作表

保护工作簿的具体操作步骤如下。打开需要保护的工作簿，选择"审阅"选项卡→"更改"命令组→"保护工作簿"命令，打开"保护结构和窗口"对话框，如图 4-5 所示。在对话框的"密码"文本框中输入保护密码，单击"确定"按钮后会弹出"确认密码"对话框，如图 4-6 所示。再次输入密码并单击"确定"按钮即可。

图 4-5 "保护结构和窗口"对话框

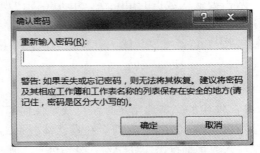

图 4-6 "确认密码"对话框

当工作簿处于保护状态时，选择"审阅"选项卡→"更改"命令组→"保护工作簿"命令，会打开"撤销工作簿保护"对话框，如图 4-7 所示。在对话框的"密码"文本框中输入正确密码，即可撤销对工作簿的保护。

保护工作表的具体操作步骤如下。打开需要保护的表格，选择"审阅"选项卡→"更改"命令组→"保护工作表"命令，或者选择"开始"选项卡→"单元格"命令组→"格式"命令，在弹出的"格式"下拉列表框中选择"保护工作表"命令，打开"保护工作表"对话框，如图 4-8 所示。在对话框的"取消工作表保护时使用的密码"文本框中输入保护密码，在"允许此工作表的所有用户进行"列表中选中相应的复选框，单击"确定"按钮后会弹出"确认密码"对话框，再次输入保护密码并单击"确定"按钮即可。

图 4-7 "撤销工作簿保护"对话框　　　　　图 4-8 "保护工作表"对话框

撤销处于保护状态工作表，可选择"审阅"选项卡→"更改"命令组→"撤销工作表保护"命令，在打开的"撤销工作表保护"对话框的"密码"文本框中输入正确密码即可。

4.3　输入与编辑工作表

在 Excel 2016 中输入和编辑数据，必须先选定某单元格，使其成为当前单元格。输入和编辑数据操作不仅可以在当前单元格中进行，也可以在编辑栏中进行。

4.3.1　输入数据

Excel 2016 支持多种数据类型，向单元格输入数据通常有以下几种方法。

（1）单击要输入数据的单元格，使其成为活动单元格，然后直接输入数据。

（2）双击要输入数据的单元格，单元格内出现光标，此时可直接输入数据或修改已有数据。

（3）选中单元格，然后在编辑栏中单击，接着输入数据。输入数据后，单击编辑栏上的"确认"按钮或按<Enter>键确认输入，单击"取消"按钮或按<Esc>键取消输入。不同数据类型的输入要求不同。

1. 输入文本

Excel 文件中的文本通常是指字符或是任何字符与数字的组合，在 Excel 2016 中，每个单元格中最多可以容纳 32767 个字符。在默认情况下，单元格中输入的文本自动左对齐。

如果输入数字字符串，如学号、身份证号、邮政编码等，就要在数字串前加单引号"'"。输入完毕确定后，该单元格左上角会自动出现一个绿色小三角标记，表示该单元格中的内容是字符型数据。当选定该单元格时，旁边出现提示符号，提示该单元格中的内容为文本格式，并可从下拉列框中选择操作命令。

如果公式或函数中有文本内容，就必须用字符串定界符（即英文标点中的双引号）将文本括起来。

如果文本长度超过单元格宽度，当右侧单元格为空时，超出部分将延伸到右侧单元格；当右侧单元格有内容时，超出部分将自动隐藏，此时选定该单元格，可在编辑栏中浏览其全部内容，也可通过调整列宽来显示全部内容。

2. 输入数值

数值数据的特点是可以进行算术运算。数值数据除了由数字（0～9）组成的字符外，还包括 +、−、*、E、e、/、$、%，以及小数点"."和千分位符","等。默认情况下，单元格中的数值自动右对齐。

当数值长度超过单元格宽度时，数值将自动用科学记数法表示：<整数或实数>e±<整数>或者<整数或实数>E±<整数>。例如，输入 1234567891234，可显示为 1.23456E+12。

如果单元格中的数字显示为"####"，说明单元格的宽度不够，此时增加单元格的宽度即可显示完整。

若要在单元格中输入分数，则必须先输入"0"和空格，然后再输入分数。

3. 输入日期和时间

Excel 2016 常用的内置日期和时间格式有以下几种。

在单元格中输入日期或时间时，要遵循 Excel 2016 内置的格式。常见的日期和时间格式有"yy/mm/dd""yyyy/mm/dd""hh:mm[:ss][AM/PM]"几种。在单元格中输入 Excel 2016 可识别的日期和时间数据时，单元格的格式将自动转换为相应的日期和时间格式。输入的日期和时间在单元格内默认右对齐。

在单元格中输入 Excel 2016 不能识别的日期和时间数据时，输入的内容将被视为文本，并在单元格中左对齐。

如果要在单元格中同时输入日期和时间，则应先输入日期后输入时间，中间用空格隔开。

如果要在单元格中输入当天的日期，按<Ctrl+;>快捷键即可；如果要在单元格中输入当前时间，按<Shift+Ctrl+;>快捷键即可。

4. 输入批注

为单元格输入批注内容可进一步说明和解释单元格中的内容。在选定的活动单元格上单击鼠标右键，从弹出的快捷菜单中选择"插入批注"命令；也可以选择"审阅"选项卡→"批注"命令组→"新建批注"命令，在选定的单元格右侧会弹出一个批注框，可以在此框中输入对单元格进行解释和说明的文本。输入完成后，单元格的右上角会出现一个红色小三角标记，表示该单元格含有批注。

当含有批注的单元格是活动单元格时，批注会显示在单元格的边上，选择"审阅"选项卡→"批注"命令组→"编辑批注"命令，可以修改批注。选中单元格，单击鼠标右键，在弹出的快捷菜单中选择"删除批注"命令，可以删除批注。

4.3.2　自动填充数据

1. 使用填充柄填充数据

在工作表中选择一个单元格或单元格区域，其右下角会出现一个控制柄，当鼠标指针指向控制柄时会出现"+"形状的填充柄，拖动填充柄，可以实现快速自动填充。利用填充柄不仅可以填充相同的数据，还可以填充有规律的数据。

使用填充柄填充数据的操作步骤如下。

① 选定包含初始值的单元格或单元格区域。

② 将鼠标指针移至单元格区域右下角的控制柄上，当鼠标指针变为十字形状填充柄时，拖动填充柄到填充序列区域的终止位置，释放填充柄。

③ 填充区域的右下角出现"自动填充选项"按钮，单击它会弹出下拉列表框，列出了数据填充的方式（包括"复制单元格""填充序列""仅填充格式""不带格式填充""快速填充"等），根据需要进行设置，如图4-9所示。

图4-9 "自动填充选项"下拉列表框

如果序列是不连续的，如数字序列的步长不是 1，则需要在选定填充区域的第一个和下一个单元格中依次输入数据序列中的前两个数值，两个数值之间的差决定数据序列的步长，同时选中作为初始值的两个单元格，然后拖动填充柄直到完成填充工作。

2. 单元格的复制填充

单元格复制填充的具体操作步骤如下。

① 选定填充区域的第一个单元格并输入要填充的初始值。

② 选定要填充数据的单元格区域，选择"开始"选项卡→"编辑"命令组→"填充"命令，弹出"填充"下拉列表框，如图4-10所示。

图4-10 "填充"下拉列表框

③ 在下拉列表框中选择"向下""向右""向上""向左"等命令，可以在选定单元格区域内填充相同的数据。

3. 单元格的序列填充

单元格序列填充的具体操作步骤如下。

① 选定填充区域的第一个单元格并输入序列中的初始值。

② 选定含有初始值的单元格区域，选择"开始"选项卡→"编辑"命令组→"填充"命令。

③ 在弹出的"填充"下拉列表框中选择"序列"命令，弹出"序列"对话框，如图 4-11 所示。

序列产生在：选中"行"或"列"单选项，进一步确认是按行还是按列方向填充。

类型：选择序列类型，若选择"日期"，则必须在"日期单位"区域中选择单位。

步长值：指定序列增加或减少的数量，可以输入正数或负数。

终止值：输入序列的最后一个值，用于限定输入数据的范围。

④ 设置好后，单击"确定"按钮，即可实现序列填充。

图 4-11　"序列"对话框

4.3.3　单元格的操作

1. 选定单元格或区域

选定操作是执行其他操作的基础，被选定的单元格，称为当前单元格，被选定的单元格区域将反向显示。表 4-1 所示为利用鼠标选定单元格的常用操作方法。

表 4-1　利用鼠标选定单元格的常用操作方法

选定功能	鼠标操作方法
选定一个单元格	将鼠标指针指向要选定的单元格再单击
选定不连续的单元格	按住<Ctrl>键的同时，单击需要选定的单元格
选定一行	单击行号（将鼠标指针放在需要选定行单元格左侧的行号位置并单击）
选定一列	单击列标（将鼠标指针放在需要选定列单元格顶端的列标位置并单击）
选定多行	按住<Ctrl>键的同时单击所需选择的行号
选定多列	按住<Ctrl>键的同时单击所需选择的列标
选定整个表格	单击工作表左上角行号和列号的交叉按钮，即"全选"按钮
选定一个矩形区域	按住鼠标左键并拖动
选定不相邻的矩形区域	按住<Ctrl>键，单击选定的单元格或拖动需选定的矩形区域

也可以通过在名称框中输入地址来选定单元格或单元格区域。在名称框中输入单元格或单元格区域地址（如 D7 或 D7:F10）后按<Enter>键，鼠标指针可直接定位到该单元格或单元格区域。

2. 插入单元格、行与列

插入单元格、行与列的操作步骤如下。

① 选定要插入单元格、行或列的位置。

② 选择"开始"选项卡→"单元格"命令组，如图 4-12 所示。

③ 选择"插入"命令，即可在当前位置插入单元格、行或列。如果单击"插入"下拉按钮，会弹出图 4-13 所示的下拉列表框，可从中选择"插入单元格""插入工作表行""插入工作表列"

"插入工作表"等命令。

④ 如果在下拉列表框中选择"插入工作表行"（或"插入工作表列"）命令，则可在选定位置的上方（或左侧）插入行（或列）。如果选择"插入单元格"命令，则会弹出"插入"对话框，如图 4-14 所示，按需要选择插入单元格的位置，单击"确定"按钮即可。

图 4-12 "开始"选项卡→
"单元格"命令组

图 4-13 "插入"下拉列表框

图 4-14 "插入"对话框

3. 删除单元格、行与列

删除单元格、行与列的具体操作步骤如下。

① 选定要删除的单元格、行或列。

② 选择"开始"选项卡→"单元格"命令组，选择"删除"命令，即可删除当前单元格、行或列。单击"删除"下拉按钮，可以在弹出的下拉列表框中选择"删除单元格""删除工作表行""删除工作表列""删除工作表"等命令，如图 4-15 所示。

③ 在下拉列表框中选择"删除工作表行"（或"删除工作表列"）命令，则删除选定行（或列）。如果选择"删除单元格"命令，则弹出"删除"对话框，如图 4-16 所示，按需要选择要删除的单元格的位置，单击"确定"按钮即可。

图 4-15 "删除"下拉列表框

图 4-16 "删除"对话框

也可在选定相应的单元格、行或列后，单击鼠标右键，通过快捷菜单实现插入、删除等操作。

4. 移动或复制单元格内容

移动或复制单元格内容有以下 3 种操作方法。

（1）选定需要移动或复制内容的单元格，按<Ctrl+X>快捷键剪切，单击目标位置单元格，按<Ctrl+V>快捷键粘贴单元格内容，即可移动单元格内容。按<Ctrl+C>快捷键复制，单击目标位置单元格，按<Ctrl+V>快捷键粘贴单元格内容，即可复制单元格内容。

（2）在需要移动或复制内容的单元格上单击鼠标右键，从弹出的快捷菜单中选择"剪切""复制""粘贴"命令来移动或复制单元格内容。

（3）选定需要移动或复制内容的单元格，选择"开始"选项卡→"剪贴板"命令组，如图

4-17 所示，选择"剪切""复制""粘贴"命令即可移动或复制单元格内容。

图 4-17 "开始"选项卡 →"剪贴板"命令组

还可以单击"开始"选项卡→"剪贴板"命令组→"粘贴"下拉按钮，在展开的下拉列表框中选择"选择性粘贴"命令，弹出"选择性粘贴"对话框，如图 4-18 所示。根据需要选择相应的命令，最后单击"确定"按钮即可。

5. 清除单元格格式或内容

清除单元格，只是删除了单元格中的内容（公式和数据）、格式或批注，并不会删除单元格空间，其具体操作步骤如下。

① 选定需要清除其格式或内容的单元格或单元格区域。

② 选择"开始"选项卡→"编辑"命令组，如图 4-19 所示。

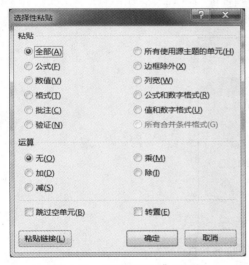

图 4-18 "选择性粘贴"对话框

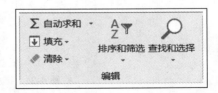

图 4-19 "开始"选项卡→"编辑"命令组

③ 单击"清除"下拉按钮，弹出图 4-20 所示的下拉列表框，可以选择"全部清除""清除格式""清除内容""清除批注""清除超链接（不含格式）"等命令。

全部清除：清除单元格区域中的内容、批注和格式。

清除格式：只清除单元格区域中的数据格式，保留数据的内容和批注。

清除内容：只清除单元格区域中的数据，保留区域中的数据格式，等同于选中单元格后按<Delete>键。

图 4-20 "清除"下拉列表框

清除批注：清除单元格区域的批注信息。

④ 在下拉列表框中选择"清除格式"或"清除内容"命令，则单元格或单元格区域中的格式或内容即被删除。

4.3.4　工作表的操作

1.　选定工作表

对工作表进行其他操作之前需要执行选定操作，被选定的工作表的工作表标签变为白色。选定工作表有以下几种方法。

（1）选定单张工作表。单击工作表的标签，被选定的工作表即成为当前活动工作表。

（2）选择多张相邻的工作表。单击第一张工作表的标签，在按住<Shift>键的同时，单击最后一张工作表的标签。

（3）选择多张不相邻的工作表。单击第一张工作表的标签，在按住<Ctrl>键的同时单击需要选择的其他工作表的标签。

（4）选定全部工作表。用鼠标右键单击任意一张工作表的标签，在弹出的快捷菜单中选择"选定全部工作表"命令。

如果要取消选定多张工作表，则单击工作簿中的任意一张工作表的标签即可。

2.　重命名工作表

重命名工作表时双击工作表的标签，输入新的名称即可。还可以用鼠标右键单击工作表的标签，在打开的快捷菜单中选择"重命名"命令，如图 4-21 所示，然后输入新的工作表名称。

图 4-21　选择快捷菜单中的"重命名"命令

3.　移动或复制工作表

移动或复制工作表可在同一个工作簿内进行，也可以在不同的工作簿之间进行。

在同一工作簿内移动或复制工作表，可通过拖动操作来实现。移动工作表的操作方法为：用鼠标拖动原工作表到目标工作表位置。复制工作表的操作方法为：按住<Ctrl>键，用鼠标拖动原工作表，当鼠标指针变成带加号的形状时，直接拖动到目标工作表的位置即可。

也可通过对话框来移动或复制工作表，具体操作如下。

① 选择要移动或复制的工作表，单击鼠标右键，在弹出的快捷菜单中选择"移动或复制"命令，打开"移动或复制工作表"对话框，如图 4-22 所示。

② 如果是在同一工作簿下进行移动或复制操作，则在"下列选定工作表之前"列表框中选择要移动或复制到目标位置工作表的名称。

③ 如果要移动工作表，则直接单击"确定"按钮即可。如果要复制工作表，则选中"建立副本"复选框后，再单击"确定"按钮。

图 4-22　"移动或复制工作表"对话框

如果要在不同的工作簿之间移动或复制工作表，则在"移动或复制工作表"对话框的"将选定工作表移至工作簿"下拉列表框中选择目标工作簿，单击"确定"按钮。如果要复制工作表，则选中"建立副本"复选框后，再单击"确定"按钮。

4．**插入或删除工作表**

插入工作表可以通过以下几种方法实现。

（1）单击工作表标签右侧的"新工作表"按钮，即可在所有工作表之后插入一张新工作表。

（2）选择"开始"选项卡→"单元格"命令组→"插入"命令，在弹出的下拉列表框中选择"插入工作表"命令，即可在选定工作表之前插入一张新工作表。

（3）将鼠标指针指向工作表标签，单击鼠标右键，在弹出的快捷菜单中选择"插入"命令，打开"插入"对话框，如图 4-23 所示，从中选择"工作表"图标，单击"确定"按钮，即可在选定工作表之前插入一张新工作表。

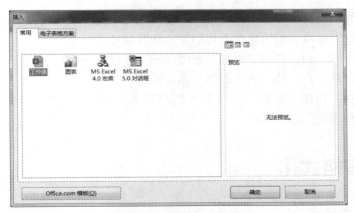

图 4-23　"插入"对话框

删除工作表可以通过以下几种方法实现。

（1）选择"开始"选项卡→"单元格"命令组→"删除"命令，在出现的下拉列表框中选择"删除工作表"命令，即可删除选定的工作表。

（2）将鼠标指针指向工作表标签，单击鼠标右键，在弹出的快捷菜单中选择"删除"命令，即可删除选定的工作表。

如果删除的工作表中存在数据，则执行"删除工作表"操作时会打开"Microsoft Excel"提示信息框，如图 4-24 所示，提示是否继续删除。单击"删除"按钮，则工作表中的数据将被永久删除，且无法用撤销操作恢复；单击"取消"按钮，则取消本次删除操作。

图 4-24　"Microsoft Excel"提示信息框

5. 拆分和冻结工作表窗口

（1）拆分工作表窗口。一个工作表窗口可以拆分为 2 个或 4 个窗口。窗口拆分后，可同时浏览一个较大工作表的不同部分。拆分工作表窗口的操作如下：选定一个单元格，选择"视图"选项卡→"窗口"命令组→"拆分"命令，将一个工作表窗口拆分为 2 个或 4 个窗口。

如果选定的单元格在工作表首行首列（即"A1"单元格），则系统自动以窗口中心为拆分点将工作表拆分为 4 个相等窗口。

如果选定的单元格在工作表首行其他列（或首列其他行），则系统自动将工作表拆分为左右（或上下）2 个窗口。

如果选定的单元格在除以上情况之外的其他位置，如"C6"单元格，则系统自动以"C6"单元格为中心，将工作表拆分为 4 个窗口。

如果要取消窗口的拆分，选择"视图"选项卡→"窗口"命令组→"拆分"命令即可。

（2）冻结工作表窗口。冻结工作表是指将工作表窗口的某一部位固定，使其不随滚动条移动，这样在查看大型表格中的内容时，采用冻结行或列的方法可以始终显示表的前几行或前几列，以方便查看。冻结工作表窗口的操作步骤如下。

选定一个单元格，选择"视图"选项卡→"窗口"命令组→"冻结窗格"命令，从下拉列表框中选择"冻结窗格"命令，则选定单元格的左上角区域被冻结。

如果只冻结首行或首列，选择"视图"选项卡→"窗口"命令组→"冻结窗格"命令，从下拉列表框中选择"冻结首行"或"冻结首列"命令即可。

如果要取消冻结，选择"视图"选项卡→"窗口"命令组→"冻结窗格"命令，从下拉列表框中选择"取消冻结窗格"命令即可。

4.4　工作表格式化

4.4.1　设置单元格格式

1. 设置数字格式

选定要格式化的单元格或区域，选择"开始"选项卡→"数字"命令组，如图 4-25 所示，可以利用其中的快速格式化数字的按钮，即"会计数字格式"按钮 、"百分比样式"按钮 、"千位分隔样式"按钮 、"增加小数位数"按钮 和"减少小数位数"按钮 等设置数字样式。

图 4-25　"开始"选项卡 →"数字"命令组

　　单击"开始"选项卡→"数字"命令组右下角的"对话框启动器"按钮，在弹出的图 4-26 所示的"设置单元格格式"对话框中有"数字""对齐""字体""边框""填充""保护"6 个标签，利用这些标签，可以设置单元格的格式。

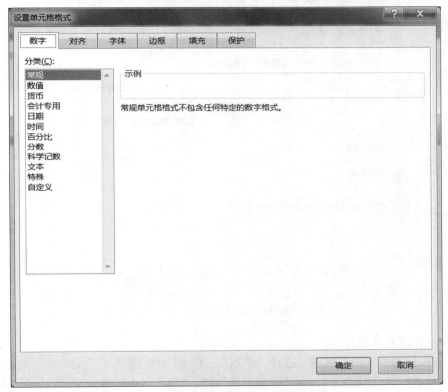

图 4-26　"设置单元格格式"对话框→"数字"标签

　　在"设置单元格格式"对话框的"数字"标签下，可以改变数字（包括日期）在单元格中的显示形式，但是不会改变其在编辑栏的显示形式。数字格式主要有常规、数值、分数、日期、时间、货币、会计专用、百分比、科学记数、文本和自定义等，默认情况下，数字为"常规"格式。

2. 设置字体格式

　　选定要格式化的单元格或区域，可以利用"开始"选项卡→"字体"命令组，设置字体、字号、字形、字体颜色及其他对字符的修饰效果，如图 4-27 所示。在"字体"下拉列表框中选择一种字体；在"字号"下拉列表框中选择字号大小；单击"加粗"按钮 **B**、"倾斜"按钮 *I*、"下画线"按钮 <u>U</u>，可以改变选中单元格区域中文本的字形；单击"字体颜色"按钮 **A** 右侧的下拉按钮，从下拉列表框中选择需要的颜色。

图 4-27 "开始"选项卡→"字体"命令组

也可以在"设置单元格格式"对话框的"字体"标签下，如图 4-28 所示，详细设置单元格内容的字体、颜色、下画线和特殊效果等。

图 4-28 "设置单元格格式"对话框 →"字体"标签

3. 设置对齐方式及缩进

选定要格式化的单元格或区域，选择"开始"选项卡→"对齐方式"命令组，如图 4-29 所示，可以利用其中的对齐和缩进按钮，即"顶端对齐" ▤、"垂直居中" ▤、"底端对齐" ▤、"自动换行" ꜞ、"左对齐" ▤、"右对齐" ▤、"居中" ▤、"合并后居中" ▤、"减少缩进量" ▤、"增加缩进量" ▤、"方向" ▧等设置对齐方式及缩进。

图 4-29 "开始"选项卡→"对齐方式"命令组

也可以在"设置单元格格式"对话框的"对齐"标签下，如图 4-30 所示，设置单元格内容的水平对齐、垂直对齐和文本方向，还可以完成相邻单元格的合并，合并后，只有选定区域左上角的内容才会被放到合并后的单元格中。如果要取消合并单元格，则选定已合并的单元格，取消选中"对齐"标签下的"合并单元格"复选框即可。

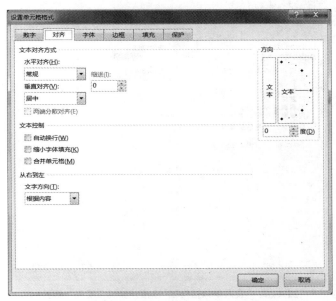

图 4-30　"设置单元格格式"对话框→"对齐"标签

4. 设置单元格边框和底纹

选定要格式化的单元格或区域，可以在"开始"选项卡→"字体"命令组中设置边框和底纹。单击"下框线"按钮 右侧的下拉按钮，从弹出的下拉列表框中选择需要的边框线型；单击"填充颜色"按钮 右侧的下拉按钮，从弹出的下拉列表框中选择所需的填充颜色。

也可以在"设置单元格格式"对话框的"边框"标签下，如图 4-31 所示，在"预置"区域中为单元格或单元格区域设置外边框，在"边框"区域中为单元格设置上边框、下边框、左边框、右边框和斜线等，还可以设置边框的线条样式和颜色。如果要取消已设置的边框，选择"预置"区域中的"无"选项即可。在"设置单元格格式"对话框的"填充"标签下，如图 4-32 所示，可以设置突出显示某些单元格或单元格区域，即为这些单元格设置背景色和图案。

图 4-31　"设置单元格格式"对话框 → "边框"标签

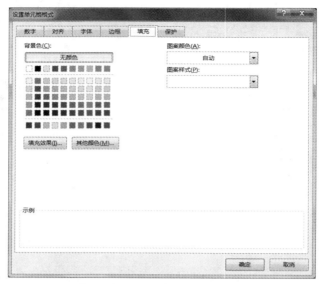

图 4-32 "设置单元格格式"对话框 →"填充"标签

4.4.2 设置行高和列宽

1. 使用鼠标调整行高和列宽

将鼠标指针指向要改变行高和列宽的行号或列标的分隔线上，当鼠标指针变成垂直双向箭头形状或水平双向箭头形状时，按住鼠标左键并拖动鼠标，直至将行高和列宽调整到合适的高度和宽度，释放鼠标按键即可。

2. 使用"格式"下拉列表框调整行高和列宽

选定单元格区域，单击"开始"选项卡→"单元格"命令组→"格式"命令的下拉按钮，在弹出的图 4-33 所示的下拉列表框中选择"行高""列宽"命令，分别在打开的对话框中设置行高和列宽。选择"自动调整行高"或"自动调整列宽"命令，可自动调整表格的行高和列宽。

图 4-33 "格式"下拉列表框

4.4.3　设置条件格式

设置条件格式是指应用某种条件来决定单元格内容的显示格式。

选定要格式化的单元格区域，选择"开始"选项卡→"样式"命令组，如图 4-34 所示，在"条件格式"下拉列表框中通过各个命令的级联菜单来设置条件格式，如图 4-35 所示。

图 4-34　"开始"选项卡→"样式"命令组　　　　图 4-35　"条件格式"下拉列表框→级联菜单

选择"突出显示单元格规则"命令，若在其打开的级联菜单中选择"小于"命令，则会弹出"小于"对话框，如图 4-36 所示，设置好条件和格式后，单击"确定"按钮即可完成设置。

图 4-36　"小于"对话框

选择"新建规则"命令，打开"新建格式规则"对话框，如图 4-37 所示，选择"只为包含以下内容的单元格设置格式"命令，然后设置各个选项，单击"确定"按钮，即可设置高级条件格式。

图 4-37　"新建格式规则"对话框

选择"管理规则"命令，打开"条件格式规则管理器"对话框，如图 4-38 所示，选中要更改的条件格式，单击"编辑规则"按钮，即可更改。如果要删除一个或多个条件，则选择要删除的条件规则，单击"删除规则"按钮即可。

图 4-38 "条件格式规则管理器"对话框

4.4.4 使用单元格样式

单元格样式是单元格字体、字号、对齐、边框和图案等一个或多个设置特性的组合。样式包括内置样式和自定义样式。内置样式为 Excel 2016 内部定义的样式，可以直接使用，包括常规、货币和百分数等；自定义样式是根据需要自己定义的组合设置，需自定义样式名。

1．应用单元格样式

选定要应用样式的单元格区域，单击"开始"选项卡→"样式"命令组→"单元格样式"命令的下拉按钮，在弹出的"单元格样式"下拉列表框中选择具体样式和设置命令，如图 4-39 所示。如果要应用普通数字样式，可单击功能区中的"千位分隔""货币"或"百分比"按钮，再选择需要的格式。

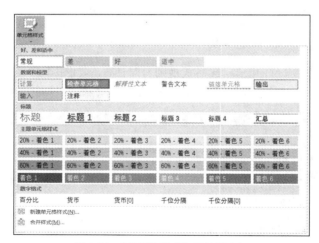

图 4-39 "单元格样式"下拉列表框

2．创建自定义单元格样式

选定要应用样式的单元格区域，单击"开始"选项卡→"样式"命令组→"单元格样式"命令的下拉按钮，在弹出的"单元格样式"下拉列表框中选择"新建单元格样式"命令，打开新建单元格"样式"对话框，如图 4-40 所示。在"样式名"文本框中输入新单元格样式的名称；单击

"格式"按钮会打开"设置单元格格式"对话框，在对话框中的各个标签下设置所需的样式，单击"确定"按钮即可。

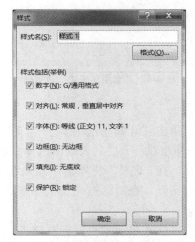

图 4-40　新建单元格"样式"对话框

　　如果要删除已定义的样式，选择样式名后，单击鼠标右键，在弹出的快捷菜单中选择"删除"命令即可。

4.4.5　套用表格格式

　　Excel 2016 中提供了已经预定义的内置表格格式，制作表格时利用"套用表格格式"功能套用这些格式，可以快速格式化工作表。

1. 应用表格格式

　　选定要格式化的单元格区域，单击"开始"选项卡→"样式"命令组→"套用表格格式"命令的下拉按钮，在弹出的图 4-41 所示的"套用表格格式"下拉列表框中选择要使用的格式，然后弹出"套用表格式"对话框，如图 4-42 所示，其中显示的数据来源就是选定的表格区域；若选中"表包含标题"复选框，则在套用格式后，表的第一行作为标题行；最后单击"确定"按钮即可。

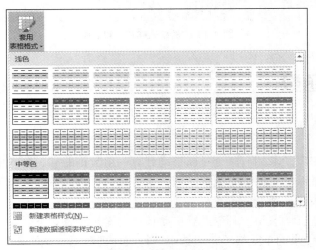

图 4-41　"套用表格格式"下拉列表框

图 4-42 "套用表格式"对话框

2. 新建表格样式

选定要格式化的单元格区域，单击"开始"选项卡→"样式"命令组→"套用表格格式"命令的下拉按钮，在弹出的"套用表格格式"下拉列表框中选择"新建表格样式"命令，将打开"新建表样式"对话框，如图 4-43 所示。在"名称"文本框中输入新建表格样式的名称；单击"格式"按钮，打开"设置单元格格式"对话框，在对话框的各个标签下设置所需的格式，单击"确定"按钮即可。

如果要删除新建表格样式，选择样式名后单击鼠标右键，在弹出的快捷菜单中选择"删除"命令即可。

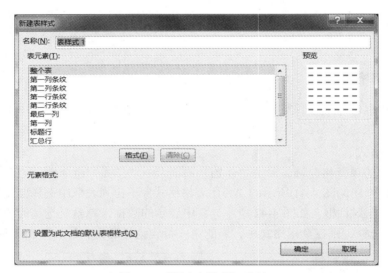

图 4-43 "新建表样式"对话框

4.5 公式和函数

4.5.1 自动计算

利用功能区中的"自动求和"命令可以自动计算一组数据的和、平均值、计数、最大值和最小值等。自动计算既可以计算相邻的数据区域，也可以计算不相邻的数据区域；既可以一次计算一个公式，也可以一次计算多个公式。

利用功能区中的"自动求和"命令进行自动计算的操作步骤如下。

① 选定存放计算结果的单元格（一般选中一行或一列数据末尾的单元格）。

② 选择"开始"选项卡→"编辑"命令组→"自动求和"命令，如图 4-44 所示；或者选择

"公式"选项卡→"函数库"命令组→"自动求和"命令，如图 4-45 所示。

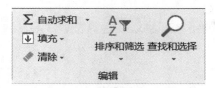

图 4-44　"开始"选项卡→"编辑"命令组

图 4-45　"公式"选项卡→"函数库"命令组

③　自动出现求和函数及求和的数据区域。如果求和的区域不正确，可以用鼠标重新选取。如果是连续区域，可用拖动鼠标的方法选取区域。如果是对单个不连续的单元格求和，可在选取单个单元格后，输入","用于分隔选中的单元格引用，再继续选取其他单元格。

④　确认参数无误后，按<Enter>键确定。

如果单击"公式"选项卡→"自动求和"命令的下拉按钮，则会弹出"自动求和"下拉列表框，如图 4-46 所示。在下拉列表框中可实现自动计算和、平均值、计数、最大值和最小值等操作。如果需要进行其他计算，可以选择"其他函数"命令。

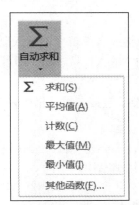

图 4-46　"自动求和"下拉列表框

另外，在工作表中选定一组数据，在状态栏上单击鼠标右键，从弹出的快捷菜单中选择相应命令，无须输入公式，即可在快捷菜单和状态栏中同步显示自动计算出的一组数据的和、平均值、计数、最大值和最小值等。

4.5.2　公式的使用

公式是在工作表中对数据进行分析的等式，它可以对工作表数值进行加法、减法和乘法等运算。公式中可以引用同一工作表中的单元格、同一工作簿不同工作表的单元格和其他工作簿中工作表下的单元格。

1. 公式形式

公式的一般形式为"=<表达式>"。

其中，输入公式以"="开始，<表达式>由运算符、常量、单元格地址、函数及括号等组成，但不能包括空格。

2. 运算符

用运算符把常量、单元格地址、函数及括号等连接起来就构成了表达式。常用的运算符有算术运算符、字符连接符和关系运算符 3 类。不同运算符具有不同的优先级，表 4-2 按运算符优先级由高到低地列出了各运算符及其功能。

表 4-2 常用运算符

运算符	功能	举例
−	负号	−3、−A1
%	百分号	5%（即 0.05）
^	乘方	5^2（即 5^2）
*、/	乘、除	5*3、5/3
+、−	加、减	5+3、5−3
&	字符串连接	"abc" & "123"（即"abc123"）
=、<>	等于、不等于	1=2 的值为假，1<>2 的值为真
>、>=	大于、大于等于	3>2 的值为真，3>=2 的值为真
<、<=	小于、小于等于	3<2 的值为假，3 <=2 的值为假

3. 输入与修改公式

选定存放结果的单元格，在单元格或者编辑栏中输入以"="开始，由运算符和对象组成的公式，按<Enter>键或单击编辑栏中的"输入"按钮✓，即可在单元格中显示出计算结果，而编辑栏中显示的仍是该单元格中的公式。

如果需要修改公式，可双击单元格，直接在单元格中修改；或单击单元格后在编辑栏中修改。

4. 复制公式

对于一些计算方法类似的单元格，不必逐一输入公式，可以采用复制公式的方法进行计算，复制公式可以使用填充柄，也可以使用剪贴法。

（1）使用填充柄复制公式。选定公式所在的单元格，将鼠标指针指向该单元格的右下角，当指针变为黑色十字形填充柄时，按住鼠标左键沿着目标位置方向拖动，就可将公式复制到相邻的单元格（区域）中，此时单元格（区域）中会显示公式计算的结果。

（2）使用剪贴法复制公式。选定公式所在的单元格，单击鼠标右键，在弹出的快捷菜单中选择"复制"命令；然后将鼠标指针移动至目标单元格，单击鼠标右键，从弹出的快捷菜单中选择"选择性粘贴"命令，在打开的"选择性粘贴"对话框中选中"公式"单选项，如图 4-47 所示，单击"确定"按钮即可。

5. 单元格的引用

Excel 2016 中的单元格引用相当于公式中的变量，可以在单元格中引用同一张工作表中的一个单元格、一个单元格区域或另一张工作表或工作簿中的单元格区域等。单元格的引用方式有以下几种。

图 4-47 "选择性粘贴"对话框 → "公式"单选项

（1）相对引用。相对引用与包含公式的单元格地址相关。当包含公式的单元格地址发生变化时，公式中的单元格引用也同步变化，与公式所在单元格地址相对应。相对引用的表示形式为 D2、A6 等。默认情况下，公式中单元格的引用都是相对引用。

（2）绝对引用。绝对引用与包含公式的单元格地址无关。在复制公式时，如果不希望所引用的单元格地址发生变化，就要用到绝对引用。绝对引用是在引用的地址前加入符号"$"，表示形式为$D$2、$A$6 等。

（3）混合引用。当需要固定引用行而允许列变化时，在行号前加符号"$"；当需要固定引用列而允许行变化时，在列标前加符号"$"。混合引用的表示形式为 D$2、$A6 等。

（4）跨工作表的单元格引用。跨工作表的单元格引用的一般形式为：[工作簿文件名]工作表名!单元格地址。在引用当前工作簿的各工作表的单元格时，"[工作簿文件名]"可以省略；在引用当前工作表的单元格时，"工作表名!"可以省略。

4.5.3 函数的使用

函数实际上也是一种公式，只不过 Excel 2016 将常用的公式和特殊的计算公式作为内置公式提供。在处理数据时，只需直接调用函数，而不用再编写公式。Excel 2016 提供的函数包括数学与三角函数、日期与时间函数、财务函数、统计函数、查找与引用函数、数据库函数、文本函数、工程函数、逻辑函数和信息函数等，利用函数能更加方便地进行各种运算。可以利用"公式"选项卡下的"插入函数"命令来使用函数进行计算，也可以利用"公式"选项卡下的"财务""逻辑""文本""日期和时间""查找与引用""数学和三角函数"等函数库完成相应计算。

1. 函数形式

函数一般由函数名和参数组成，形式为：函数名(参数表)。

其中，函数名由 Excel 2016 提供，函数名中的大小写字母等价，参数表由用逗号分隔的参数1、参数 2、…、参数 N（$N \leq 30$）构成，参数可以是常数、单元格地址、单元格区域、单元格区域名称或函数等。

2. 函数引用

函数的引用方式与公式类似，可以直接在单元格或编辑栏中输入"=函数名(引用参数)"，完成编辑后按<Enter>键确认。

通常情况下可以在"插入函数"对话框中引用系统提供的内置函数，具体操作步骤如下。

① 选定要输入函数的单元格。

② 选择"公式"选项卡→"函数库"命令组→"插入函数"命令，或者直接单击编辑栏左侧的"插入函数"按钮，打开"插入函数"对话框，如图 4-48 所示。

图 4-48 "插入函数"对话框

③ 在"或选择类别"下拉列表框中选择函数类别，在"选择函数"列表框中选择所需的函数，单击"确定"按钮，弹出"函数参数"对话框，如图 4-49 所示。

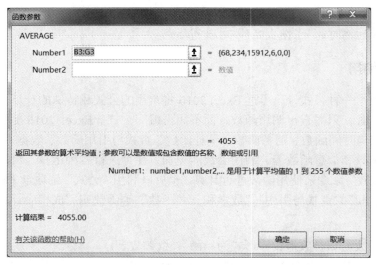

图 4-49 "函数参数"对话框

④ 如果选择单元格区域作为参数，则在参数框"Numberl"内输入选定区域，单击"确定"按钮。也可以单击参数框右侧的折叠对话框按钮（隐藏"函数参数"对话框的下半部分），然后在工作表上选定区域，再单击展开对话框按钮（恢复显示"函数参数"对话框的全部内容），最后单击"确定"按钮。

3. 常用函数

（1）求和函数 SUM()。

① 格式：SUM(number1, number2, …)。

② 功能：计算单元格区域中所有数值的和。

③ 说明：参数可以是数值、单个单元格的地址、单元格区域、简单算式，并且允许最多使用 30 个参数。例如，SUM(A2:A6)表示计算单元格区域 A2:A6 中所有数值之和。

（2）求平均值函数 AVERAGE()。

① 格式：AVERAGE(number1, number2, …)。

② 功能：返回其参数的算术平均值。

③ 说明：参数可以是包含数值的名称、数值或引用。区域内的空白单元格不参与运算，但单元格中的数据为"0"时要参与运算。例如，AVERAGE(A2:A6)表示计算单元格区域 A2:A6 中所有数值的平均值。

（3）最大值函数 MAX()。

① 格式：MAX(number1, number2, …)。

② 功能：返回一组数值中的最大值。

③ 说明：参数可以是数值或者是包含数值的引用，忽略逻辑值及文本。例如，MAX(A2:A6)表示求单元格区域 A2:A6 中所有数值的最大值。

（4）最小值函数 MIN()。

① 格式：MIN(number1,number2,…)。

② 功能：返回一组数值中的最小值。

③ 说明：参数可以是数值或者是包含数值的引用，忽略逻辑值及文本。例如，MIN(A2:A6)表示求单元格区域 A2:A6 中所有数值的最小值。

（5）计数函数 COUNT()。

① 格式：COUNT(value1,value2,…)。

② 功能：计算区域中包含数字的单元格个数。

③ 说明：只对引用中的数字型数据进行计算，而空白单元格、逻辑值、文字和错误值等其他类型数据都将被忽略。例如，COUNT(A2:A6)表示计算单元格区域 A2:A6 中包含数字的单元格的个数。

求"非空"单元格的个数，用 COUNTA(value1,value2,…)实现；求"空"单元格的个数，用 COUNTBLANK(range)实现。

（6）条件函数 IF()。

① 格式：IF(logical_test, value_if_true, value_if_false)。

② 功能：判断是否满足某个条件，如果满足，则返回一个值；如果不满足，则返回另一个值。

③ 说明：根据逻辑值 logical_test 进行判断，若为 true，则返回 value_if_true，否则返回 value_if_false。IF()函数可以嵌套使用，最多嵌套 7 层，用 logical_test 和 value_if_true 参数可以构造复杂的测试条件。例如，IF(F3<60,"不及格","及格")表示如果单元格 F3 中的数值小于 60，则返回值为"不及格"，否则返回值为"及格"。

（7）条件求和函数 SUMIF()。

① 格式：SUMIF(range, criteria, sum_range)。

② 功能：对满足给定条件的单元格求和。

③ 说明：criteria 是以数字、表达式或文本形式定义的条件；sum_range 是用于求和的实际单

元格，如果省略，将使用区域中的单元格。例如，SUMIF(F3:F7,">=80")表示计算单元格区域 F3:F7 中满足给定条件 ">=80" 的单元格数值之和。

（8）条件计数函数 COUNTIF()。

① 格式：COUNTIF(range,criteria)。

② 功能：计算区域中满足给定条件的单元格数目。

③ 说明：criteria 是以数字、表达式或文本形式定义的条件。例如，COUNTIF(F3:F7,">=80") 表示计算单元格区域 F3:F7 中满足给定条件 ">=80" 的单元格数目。

统计满足一个以上的条件的单元格个数，用数据库函数 DCOUNT()或 DCOUNTA()实现，COUNTIF()函数只能统计给定数据区域中满足一个条件的单元格个数。

（9）排名函数 RANK()。

① 格式：RANK(number, ref, order)。

② 功能：返回某数值在一列数值中相对于其他数值的大小排名。

③ 说明：order 是排序的方式，若为 0 或省略，则按降序排列（值最大的排第一位），若不为 0 则按升序排列（值最小的排第一位）。RANK()函数对重复数的排位相同，但重复数的存在将影响后续数值的排位。例如，RANK(F3,$F$3:$F$7) 表示返回单元格 F3 中数值在单元格区域 F3:F7（一列数值）中相对于其他数值的大小排名。

Excel 2016 的"公式"选项卡提供了多种函数功能，"公式"选项卡还包含"定义的名称""公式审核""计算"命令组。"定义的名称"命令组的功能是命名经常使用的或比较特殊的公式，当需要使用该公式时，可直接使用其名称来引用该公式。"公式审核"命令组用于帮助用户快速查找和修改公式，也可以修订公式错误。其他函数的功能和应用可查看 Excel 2016 的帮助信息。

4. 关于错误提示信息

在单元格中输入或编辑公式后，有时会出现诸如 "####!" 或 "#VALUE!" 的错误信息。错误值一般以符号 "#" 开头，以感叹号或问号结束，公式错误值及可能的出错原因如表 4-3 所示。

表 4-3　　　　　　　　　　　　　　公式错误值及可能的出错原因

错误值	可能的出错原因
####	单元格中输入的数值或公式太长，单元格不能完全显示
#DIV/0!	做除法时，分母为 0
#N/A	引用了无法使用的数值
#NAME?	使用了不能识别的文本
#NUM!	它是与数值范围有关的错误
#NULL?	应当用逗号将函数的参数分开时，却使用了空格
#REF!	公式中引用了无效的单元格地址
#VALUE!	在公式中输入了错误的运算符，对文本进行了算术运算

以下简要说明各错误信息出现的可能原因。

（1）####。若单元格中出现 "####" 错误信息，可能的原因是单元格中的计算结果太长，而该单元格宽度小，可以通过调整单元格的宽度来消除该错误；当格式为日期或时间的单元格中出现负值时也会出现 "####" 错误信息。

（2）#DIV/0!。若单元格中出现 "#DIV/0!" 错误信息，可能的原因是该单元格的公式中出现被 0 除的问题，即输入的公式中包含 0 除数，也可能是在公式的除数中引用了 0 值单元格或空白单元格（空白单元格的值将解释为 0 值）。

解决办法是修改公式中的 0 除数、0 值单元格引用或空白单元格引用，或者在用作除数的单元格中输入不为 0 的值。

（3）#N/A。当函数或公式中没有可用数值时，会产生错误信息 "#N/A"。

（4）#NAME?。在公式中使用了 Excel 2016 不能识别的文本时，将产生错误信息 "#NAME?"。

（5）#NUM!。"#NUM" 是公式或函数中的某个数值有问题时产生的错误信息。例如，公式产生的结果太大或太小，即超出范围（$-10^{307} \sim 10^{307}$）。

（6）#NULL!。在单元格中出现此错误信息的原因可能是试图为两个并不相交的单元格区域指定交叉点。例如，使用了不正确的区域运算符或不正确的单元格引用等。

如果要引用两个不相交的单元格区域，则两个区域之间应使用区域运算符 ","。例如，公式 SUM(A1:A10,C1:C10)完成对两个区域的求和计算。

（7）#REF!。单元格中出现这样的错误信息是因为该单元格引用无效。假设单元格 A9 中有数值 5，单元格 A10 中有公式 "=A9+1"，单元格 A10 显示结果为 6。若删除单元格 A9，则单元格 A10 中的公式 "=A9+1" 对单元格 A9 的引用无效，就会出现该错误信息。

（8）#VALUE!。当公式中使用了不正确的参数时，将产生该错误信息，这时应确认公式或函数所需的参数类型是否正确，公式引用的单元格中是否包含有效的数值。如果在需要数值或逻辑值时却输入了文本，就会出现这样的错误信息。

4.6　数据图表

使用 Excel 2016 的图表功能可以将工作表中的数据方便快捷地转换为多种形式的图表，从而直观形象地表现数据信息。Excel 2016 提供了 15 种标准图表类型供用户选择，而每种标准类型又分别含有若干个子类型（如柱形图有 7 个子类型、条形图有 6 个子类型、面积图有 6 个子类型等），共计 59 个图表类型供不同的用户根据不同的需求选择使用。

4.6.1　创建图表

Excel 2016 中的图表有 "嵌入式图表" 和 "独立图表" 两种，它们的创建操作基本相同，主要的区别在于存放的位置不同。

"嵌入式图表" 是指图表作为一个对象与创建该图表的数据源放置在同一张工作表中。

"独立图表" 是以工作表的形式插入工作簿中的一张独立的图表工作表。

创建图表的操作步骤如下。

① 选定要创建图表的数据区域（即创建图表的数据源）。

② 选择 "插入" 选项卡→ "图表" 命令组，如图 4-50 所示。

图 4-50　"插入" 选项卡→ "图表" 命令组

③ 单击 "图表" 命令组右下角的 "对话框启动器" 按钮，打开 "插入图表" 对话框，默认打开的是 "推荐的图表" 标签，如图 4-51 所示。"推荐的图表" 包括 "簇状柱形图" "折线图" "堆

积柱形图"堆积面积图""簇状条形图""堆积条形图""百分比堆积柱形图""排列图"等，可从中选择一种图表类型（如"簇状柱形图"）创建图表。

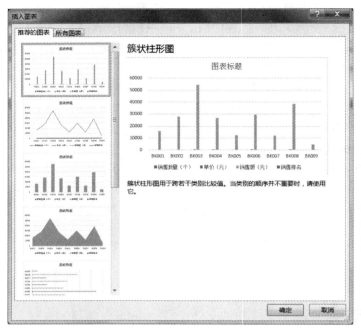

图 4-51 "插入图表"对话框→"推荐的图表"标签

④ 也可打开"所有图表"标签，如图 4-52 所示。"所有图表"包括"柱形图""折线图""饼图""条形图""面积图""XY 散点图""股价图""曲面图""雷达图""树状图""旭日图""直方图""箱形图""瀑布图""组合图"等，从中选择一种图表类型（如"簇状柱形图"）创建图表。

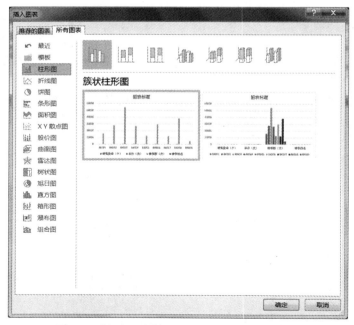

图 4-52 "插入图表"对话框 →"所有图表"标签

⑤ 单击"确定"按钮，创建图表（如"簇状柱形图"），如图 4-53 所示。

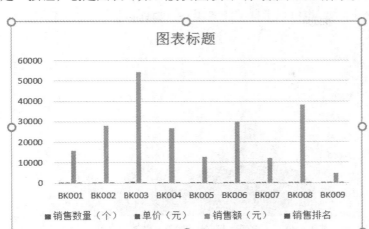

图 4-53 创建图表→"簇状柱形图"

此外，利用快捷键可以自动创建独立图表。先选定要绘图的数据区域，按<F11>键，系统将自动为选定的数据创建独立的簇状柱形图。

4.6.2 编辑和修改图表

编辑图表是指修改图表的布局、类型、样式、数据源、位置、大小等属性。当选定图表时，功能区将出现"图表工具-设计"和"图表工具-格式"选项卡，可以分别设置图表的相关属性。

编辑和修改图表可以选择"图表工具-设计"选项卡下的相关命令组中的命令来完成，如图 4-54 所示。"图表工具-设计"选项卡下包括"图表布局""图表样式""数据""类型""位置"等命令组。

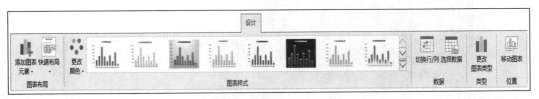

图 4-54 "图表工具-设计"选项卡

也可以选中图表后单击鼠标右键，利用弹出的快捷菜单来编辑和修改图表，如图 4-55 所示。

图 4-55 编辑和修改图表的快捷菜单

1. 修改图表类型

用鼠标右键单击图表绘图区，选择图 4-55 所示快捷菜单中的"更改图表类型"命令，在打开的"更改图表类型"对话框中可以重新选择图表类型。例如，更改图表类型为"堆积面积图"，确定后结果如图 4-56 所示。也可以选择"图表工具-设计"选项卡→"类型"命令组→"更改图表类型"命令来完成。

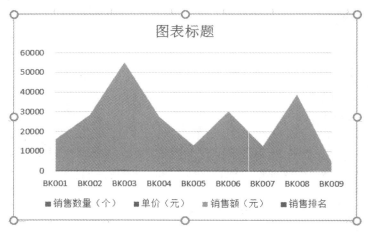

图 4-56　更改图表类型→"堆积面积图"

2. 修改图表数据

（1）修改图表数据源

用鼠标右键单击图表绘图区，选择图 4-55 所示快捷菜单中的"选择数据"命令，在弹出的"选择数据源"对话框中可以对图表进行添加、编辑、删除引用数据等操作，如图 4-57 所示。也可以选择"图表工具-设计"选项卡→"数据"命令组→"选择数据"命令来完成。

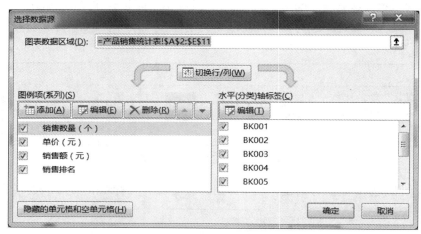

图 4-57　"选择数据源"对话框

（2）删除图表数据

删除图表数据时，如果要同时删除工作表和图表中的数据，只需要删除工作表中的数据，图表将会自动更新。如果只从图表中删除数据，则在图表上单击要删除的图表系列，按<Delete>键即可。

（3）数据行/列之间快速切换

选择"图表工具-设计"选项卡→"数据"命令组→"切换行/列"命令，可以在工作表行或工作表列绘制图表中的数据系列之间快速切换。

3. 修改图表位置

选择"图表工具–设计"选项卡→"位置"命令组→"移动图表"命令，打开"移动图表"对话框，可以在"选择放置图表的位置"下选择"新工作表"单选项，将图表重新创建到新建的工作表中；也可以选择"对象位于"单选项，将图表直接嵌入原工作表中，如图 4-58 所示。

图 4-58　"移动图表"对话框

4. 修改图表样式

Excel 2016 内置了多种图表样式，可以根据需要对创建的图表进行图表样式套用。修改图表样式的具体操作步骤如下。

① 选择需要设置图表样式的图表。

② 选择"图表工具–设计"选项卡→"图表样式"命令组，单击其右侧的上下箭头可查看图表样式。

③ 单击"图表样式"命令组右侧的下拉按钮，展开"图表样式"下拉列表框，如图 4-59 所示。将鼠标指针移动到某表格样式上，可以实时预览相应的效果。

④ 选择一种内置图表样式，即可为所选图表应用该图表样式。

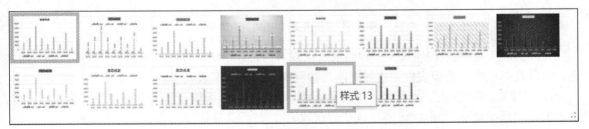

图 4-59　"图表样式"下拉列表框

5. 添加图表元素

在 Excel 2016 中可利用"图表工具–设计"选项卡→"图表布局"命令组添加图表元素。具体操作步骤如下。

选择"图表工具–设计"选项卡→"图表布局"命令组→"添加图表元素"命令，弹出"添加图表元素"下拉列表框，如图 4-60 所示。可以选择 "坐标轴""坐标轴标题""图表标题""数据标签""数据表""误差线""网格线""图例""趋势线"等命令来编辑和设置图表。

图 4-60 "添加图表元素"下拉列表框

4.6.3 修饰图表

在 Excel 2016 中可利用"图表工具-格式"选项卡对已创建的图表进行格式修饰。具体操作步骤如下。

单击选中图表，选择"图表工具-格式"选项卡，功能区会出现"图表工具-格式"选项卡下的所有命令组，如图 4-61 所示。"图表工具-格式"选项卡下包括"当前所选内容""插入形状""形状样式""艺术字样式""排列""大小"等命令组。

图 4-61 "图表工具-格式"选项卡

在"图表工具-格式"选项卡→"当前所选内容"命令组中，单击"图表区"框旁边的下拉按钮，可以在弹出的下拉列表框中选择对图表进行格式设置的图表元素。

在"图表工具-格式"选项卡→"形状样式"命令组中，可以设置所选图表元素的形状样式，或者单击"形状填充""形状轮廓"或"形状效果"，然后选择需要的格式。

在"图表工具-格式"选项卡→"艺术字样式"命令组中，可以使用"艺术字"设置所选图表元素中文本的格式，或者单击"文本填充""文本轮廓"或"文本效果"，然后选择需要的格式。

4.7 数据处理

Excel 2016 不但具有数据计算的能力，而且还提供了强大的数据管理功能。用户可以运用数据的排序、筛选、分类汇总、合并计算、数据透视表等数据处理功能，分析与处理复杂的数据。

分析与处理工作表数据时，要求数据必须按"数据清单"存放。数据清单是一种特殊的表格，由标题行（表头）和数据部分组成。数据清单中的行相当于数据库中的记录，行标题相当于记录名；数据清单中的列相当于数据库中的字段，列标题相当于字段名。

4.7.1　数据排序

数据排序是指按照一定的规则对数据进行重新排列，便于浏览或进一步处理数据。对工作表的数据清单排序是根据选择的"主要关键字"字段内容和排序依据，按升序或降序进行的。用户可以根据需要添加条件、设置"次要关键字"，还可以自定义序列排序等。

1. 使用功能区中的命令快速排序

快速排序是指按照单一字段（关键字）对数据进行升序或降序排列，具体操作步骤如下。

① 单击需要排序的数据表中的任一单元格。

② 选择"数据"选项卡→"排序和筛选"命令组，如图 4-62 所示，单击其中的"升序"按钮📑或"降序"按钮📑，数据表中的记录会以所选字段为排序关键字进行相应的排序。

图 4-62　"数据"选项卡 →"排序和筛选"命令组

2. 使用"排序"对话框排序

设置"排序"对话框中的多个排序条件对数据表中的数据内容进行排序，具体操作步骤如下。

① 单击需要排序的数据表中的任一单元格。

② 选择"数据"选项卡→"排序和筛选"命令组→"排序"命令，打开"排序"对话框，如图 4-63 所示。

图 4-63　"排序"对话框

③ 在"主要关键字"下拉列表框中选择主要关键字，然后设置"排序依据"和"次序"。如果单击"添加条件"按钮，则可以添加第二、第三个"次要关键字"等。如果要排除第一行的标题行，则选中"数据包含标题"复选框。如果数据表没有标题行，则取消选中"数据包含标题"复选框。

④ 单击"确定"按钮即可。

3. 自定义排序

可以根据自己的特殊需要对数据表中的数据内容进行自定义排序，具体操作步骤如下。

① 选择"数据"选项卡→"排序和筛选"命令组→"排序"命令，出现"排序"对话框。

② 单击"排序"对话框的"选项"按钮，打开"排序选项"对话框，如图 4-64 所示，在其中可以设置排序选项。

③ 在"排序"对话框的"次序"下拉列表框中"自定义序列"命令，可以在弹出的"自定义序列"对话框中为"自定义序列"列表框添加定义的新序列，如图 4-65 所示。

④ 选中自定义序列后，单击"确定"按钮返回"排序"对话框，此时"次序"已设置为自定义序列方式。

⑤ 单击"确定"按钮即可让数据内容按自定义的排序方式重新排序。

图 4-64 "排序选项"对话框

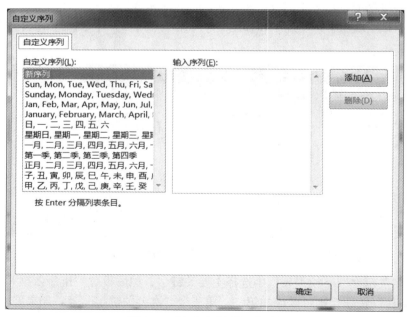

图 4-65 "自定义序列"对话框

4.7.2 数据筛选

数据筛选的主要功能是将符合要求的数据集中显示在工作表上，将不符合要求的数据暂时隐藏，从而从数据库中检索出有用的数据信息。Excel 2016 中常用的筛选方式有自动筛选、自定义筛选和高级筛选。

1. 自动筛选

"自动筛选"是简单的条件筛选，具体操作步骤如下。单击数据表中的任一单元格，选择"数据"选项卡→"排序和筛选"命令组→"筛选"命令，此时每个列标题的右侧出现一个下拉按钮，如图 4-66 所示。单击某字段右侧的下拉按钮，弹出的下拉列表框中列出了该列中的所有项目，从中选择需要显示的项目。

如果要取消"自动筛选"，选择"数据"选项卡→"排序和筛选"命令组→"筛选"命令，则可取消所有筛选，同时取消所有筛选按钮。

	A	B	C	D	E	F	G
1	经销部门	图书类别	季度	数量(册)	销售额(元)	销售量排名	
2	第3分部	计算机类	3	124	8680	42	
3	第3分部	少儿类	2	321	9630	20	
4	第1分部	社科类	2	435	21750	5	
5	第2分部	计算机类	2	256	17920	26	
6	第2分部	社科类	1	167	8350	40	
7	第3分部	计算机类	4	157	10990	41	
8	第1分部	计算机类	4	187	13090	38	
9	第3分部	社科类	4	213	10650	32	
10	第2分部	计算机类	4	196	13720	36	
11	第3分部	社科类	4	210	10050	30	

图 4-66　自动筛选

2. 自定义筛选

自定义筛选提供了多条件定义的筛选，可使筛选数据表的过程更加灵活，筛选出符合条件的数据内容。具体操作步骤如下。

① 在数据表自动筛选的条件下，单击某字段右侧的下拉按钮，在下拉列表框中选择"数字筛选"命令，在弹出的图 4-67 所示的下拉列表框中选择"自定义筛选"命令。

② 在打开的"自定义自动筛选方式"对话框中设置筛选条件，如图 4-68 所示。

③ 单击"确定"按钮即可。

图 4-67　"数字筛选"选项下拉列表框

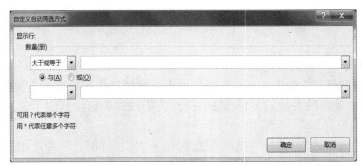

图 4-68 "自定义自动筛选方式"对话框

如果要取消"自定义自动筛选方式"，选择"数据"选项卡→"排序和筛选"命令组→"筛选"命令，则可取消所有筛选，同时取消所有筛选按钮；选择"数据"选项卡→"排序和筛选"命令组→"清除"命令，则可取消所有筛选，但保留筛选按钮。

3. 高级筛选

高级筛选可以实现比较复杂的筛选，是以用户设定的条件为标准对数据表中的数据进行筛选，可以筛选出同时满足两个或两个以上条件的数据。高级筛选的具体操作步骤如下。

① 在工作表中设置条件区域。条件区域至少为两行，第一行为字段名，第二行及以下为查找条件。设置条件区域前，将数据表的字段名复制到条件区域的第一行单元格中，当作查找时的条件字段，然后在其下一行输入条件。同一条件行不同单元格中的条件为"与"逻辑关系，不同行单元格中的条件互为"或"逻辑关系。

② 选定数据表中的任意一个单元格。

③ 选择"数据"选项卡→"排序和筛选"命令组→"高级"命令，打开"高级筛选"对话框，如图 4-69 所示。

图 4-69 "高级筛选"对话框

④ 单击"列表区域"文本框右侧的折叠对话框按钮，将对话框折叠，在工作表中选定数据表所在单元格区域，再单击展开对话框按钮，返回"高级筛选"对话框。

⑤ 单击"条件区域"文本框右侧的折叠对话框按钮，将对话框折叠，在工作表中选定条件区域，再单击展开对话框按钮，返回"高级筛选"对话框。

⑥ 在"方式"区域中选中"在原有区域显示筛选结果"或"将筛选结果复制到其他位置"单选项。

⑦ 单击"确定"按钮即可。

如果要取消"高级筛选",则选择"数据"选项卡→"排序和筛选"命令组→"清除"命令即可。

4.7.3　数据分类汇总

分类汇总是分析数据内容的一种方法。在 Excel 2016 中分类汇总是对工作表中数据清单的内容进行分类,然后统计同类记录的相关信息,包括计算和、计数、平均值、最大值、最小值等。

分类汇总只能对数据清单进行,即数据表的第一行一定是字段名。在进行分类汇总前,必须根据分类汇总的字段排序。

1. 创建分类汇总

利用"数据"选项卡→"分级显示"命令组→"分类汇总"命令可以创建分类汇总,如图 4-70 所示。

图 4-70　"数据"选项卡 →"分级显示"命令组

创建分类汇总的具体操作步骤如下。

① 对分类字段进行排序,将分类字段值相同的记录集中在一起。

② 单击数据表中的任一单元格,选择"数据"选项卡→"分级显示"命令组→"分类汇总"命令,弹出"分类汇总"对话框,如图 4-71 所示。

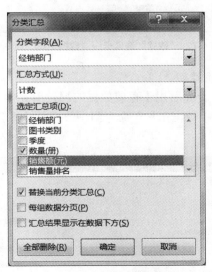

图 4-71　"分类汇总"对话框

③ 在"分类字段"下拉列表框中选择分类依据的字段名;在"汇总方式"下拉列表框中选择汇总的方式(求和、计数、平均值、最大值、最小值等);在"选定汇总项"列表框中指定要对哪些字段进行统计汇总。

④ 设置完成后，单击"确定"按钮即可。

2. 删除分类汇总

如果要删除已经创建的分类汇总，在"分类汇总"对话框中单击"全部删除"按钮即可。

3. 分级显示汇总数据

分类汇总得到的表结构与原表有所不同，除增加了汇总结果行之外，在分类汇总表的左侧还增加了层次按钮和折叠/展开按钮。

分类汇总表一般分为 3 个层次，分别对应分级显示的 3 个按钮标志。"1"代表总的汇总结果范围，单击它时只显示全部数据的汇总结果；"2"代表参加汇总的各个记录项，单击它时显示总的汇总结果和分类汇总结果；"3"代表明细数据，单击它时显示全部数据。单击"+"或"－"按钮可以展开或折叠显示数据。

分级显示可以通过选择"数据"选项卡→"分级显示"命令组→"显示明细数据"命令来实现。

4.7.4　数据合并计算

数据合并可以汇总来自不同数据源区域的数据，并进行合并计算。不同数据源区域包括同一工作表中、同一工作簿的不同工作表中、不同工作簿中的数据区域。数据合并是通过建立合并表的方式进行的。其中，合并表可以建立在某数据源区域所在工作表中，也可以建立在同一个工作簿或不同的工作簿中。

选择"数据"选项卡→"数据工具"命令组→"合并计算"命令可以实现数据合并功能，如图 4-72 所示。

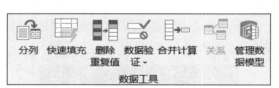

图 4-72　"数据"选项卡→"数据工具"命令组

数据合并计算的具体操作步骤如下。

① 选中目标工作表中合并计算后用于存放数据的起始单元格。

② 选择"数据"选项卡→"数据工具"命令组→"合并计算"命令，打开"合并计算"对话框，如图 4-73 所示。

图 4-73　"合并计算"对话框

③ 在"函数"下拉列表框中选择在合并计算中将用到的汇总函数（如"求和"）。单击"引用位置"右侧的折叠对话框按钮，可以从工作表上直接选择单元格区域，也可以输入要合并计算的第一个单元格区域，然后单击展开对话框按钮展开对话框，单击"添加"按钮，可以看到选择（或输入）的单元格区域已被加入"所有引用位置"列表框中。可以继续选择（或输入）其他要合并计算的单元格区域。在"标签位置"区域确定选中的合并区域中是否含有标志，指定标志是在"首行"还是"最左列"；选中"创建指向源数据的链接"复选框表示当源数据发生变化时，汇总后的数据将自动随之变化。

④ 单击"确定"按钮，即可实现合并计算功能。

4.7.5　建立数据透视表

数据透视表是一种对大量数据进行快速汇总和建立交叉列表的交互式表格，不仅可以转换行和列以显示源数据的不同结果，也可以显示不同页面以筛选数据，还可以根据用户的需要显示区域的细节数据。

利用"插入"选项卡→"表格"命令组→"数据透视表"命令可以建立数据透视表，如图 4-74 所示。

图 4-74　"插入"选项卡 →"表格"命令组

建立数据透视表的具体操作步骤如下。

① 选取需要创建数据透视表的数据清单内容。

② 选择"插入"选项卡→"表格"命令组→"数据透视表"命令，打开"创建数据透视表"对话框，如图 4-75 所示。

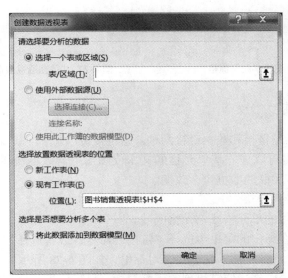

图 4-75　"创建数据透视表"对话框

③ 在"请选择要分析的数据"区域中的"表/区域"文本框中输入引用区域，或单击右侧的折叠对话框按钮，使用鼠标选取引用位置。在"选择放置数据透视表的位置"区域中选择"新工作表"或"现有工作表"单选项。如果选择"现有工作表"单选项，则在"位置"文本框中输入数据透视表的存放位置。

④ 单击"确定"按钮，在工作表右侧弹出"数据透视表字段"窗格，如图 4-76 所示，同时一个空的未完成的数据透视表将被添加到指定的位置，并显示提示信息"若要生成报表，请从数据透视表字段列表中选择字段"。

⑤ 在"数据透视表字段"窗格中选择字段（将字段名前的复选框打钩），将相应的字段拖到相应的标签位置，即可完成数据透视表的创建。

选中数据透视表，单击鼠标右键，在弹出的快捷菜单中选择"数据透视表选项"选项，打开"数据透视表选项"对话框，如图 4-77 所示，利用对话框中的选项可以改变数据透视表的布局和格式、汇总和筛选，以及显示方式等。

图 4-76 "数据透视表字段"窗格

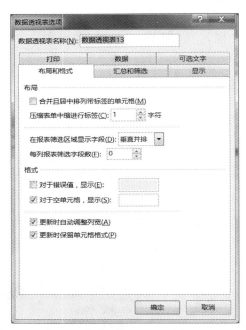

图 4-77 "数据透视表选项"对话框

4.7.6 工作表中的链接

工作表中的链接包括超链接和数据链接两种。超链接可以从一个工作簿或文件快速跳转到其他工作簿或文件，超链接可以建立在单元格的文本或图形上。数据链接可以使数据发生关联，更改一个数据时，与之相关联的数据也会改变。

建立超链接的具体操作步骤如下。

① 选定要建立超链接的单元格或单元格区域。

② 单击鼠标右键，在弹出的菜单中选择"链接"命令；或者选择"插入"选项卡→"链接"命令组→"链接"命令，打开"插入超链接"对话框，如图 4-78 所示。

③ 在"链接到"区域中选择要链接到的目标位置。目标位置包括"现有文件或网页""本文档中的位置""新建文档"和"电子邮件地址"等选项。如果选择"本文档中的位置"，则右侧"或

在此文档中选择一个位置"列表框中将列出本工作簿的所有工作表供选择。如果选择"现有文件或网页",可链接到其他工作簿中。

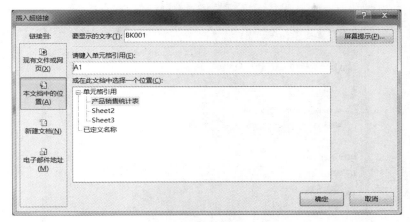

图 4-78　"插入超链接"对话框

④ 在右侧的"请键入单元格引用"文本框中输入要引用的单元格地址,在"或在此文档中选择一个位置"列表框中选定一个位置。

⑤ 单击对话框右上角的"屏幕提示"按钮,打开"设置超链接屏幕提示"对话框,在对话框内输入信息,当鼠标指针放置在建立的超链接位置时,显示相应的提示信息。

⑥ 单击"确定"按钮即可完成。

利用"插入超链接"对话框可以修改超链接信息,也可以取消超链接。选定已建立超链接的单元格或单元格区域,单击鼠标右键,在弹出的快捷菜单中选择"取消超链接"命令即可取消超链接。

选择工作表中需要被引用的数据,单击"复制"按钮。打开相关联的工作表,在工作表中指定的单元格粘贴数据,在"粘贴选项"中选择"粘贴链接"可以建立数据链接。

4.8　页面设置与打印

4.8.1　页面布局

对工作表进行页面布局,可以控制打印出的工作表的版面。页面的布局是利用"页面布局"选项卡下的"主题""页面设置""调整为合适大小""工作表选项""排列"等命令组完成的。其中"页面设置"命令组主要包括"页边距""纸张方向""纸张大小""打印区域""分隔符""背景""打印标题"等命令,如图 4-79 所示。

图 4-79　"页面布局"选项卡→"页面设置"命令组

1. 设置页面

可以利用"页面布局"选项卡→"页面设置"命令组中的命令进行页面设置。也可以单击"页面设置"命令组右下角的"对话框启动器"按钮，打开"页面设置"对话框，默认打开的是"页面"标签，如图 4-80 所示，以设置页面的打印方向、缩放比例、纸张大小及打印质量等。

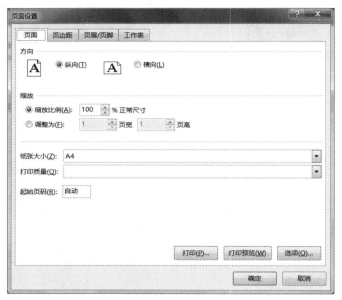

图 4-80 "页面设置"对话框 → "页面"标签

2. 设置页边距

可以利用"页面布局"选项卡→"页面设置"命令组→"页边距"命令设置页边距。也可以利用"页面设置"对话框的"页边距"标签设置页面中正文与页面边缘的距离，在"上""下""左""右"数值框中分别输入所需的页边距，以及对"页眉""页脚"的边距进行设置，如图 4-81 所示。

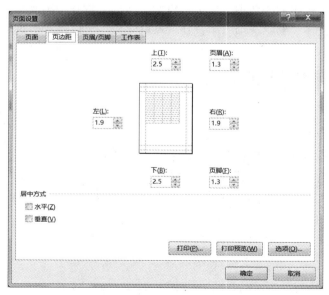

图 4-81 "页面设置"对话框 → "页边距"标签

3. 设置页眉/页脚

利用"页面设置"对话框的"页眉/页脚"标签，如图 4-82 所示，可以在"页眉"或"页脚"

的下拉列表框中选择内置的页眉格式和页脚格式。

　　如果要自定义页眉或页脚，可以单击"自定义页眉"或"自定义页脚"按钮，在打开的对话框中完成所需的设置。

　　如果要删除页眉或页脚，则选定要删除页眉或页脚的工作表，在"页眉"或"页脚"下拉列表框中选择"(无)"，表示不使用页眉或页脚。

图 4-82　"页面设置"对话框 →"页眉/页脚"标签

4．设置工作表

　　利用"页面设置"对话框的"工作表"标签可以进行工作表的设置，如图 4-83 所示。可以利用"打印区域"区域右侧的折叠对话框按钮选定打印区域；利用"打印标题"区域右侧的折叠对话框按钮选定行标题或列标题区域，为每页设置打印行或列标题；在"打印"区域设置有无网格线、行和列标题、注释等；在"打印顺序"区域设置是"先行后列"还是"先列后行"。

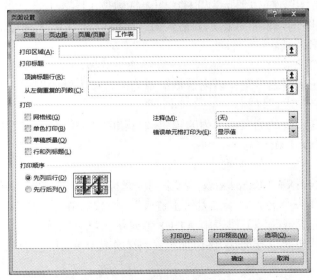

图 4-83　"页面设置"对话框→"工作表"标签

4.8.2　预览与打印

在打印之前可使用打印预览功能快速查看打印页的效果。

选择"文件"选项卡→"打印"命令，可同时进入预览与打印窗口界面。右侧是打印预览区域，可以预览工作表的打印效果；左侧是打印设置区域，可以设置打印份数、选择打印机，设置打印工作表的打印范围、页数，还可以对纸张大小、方向、边距、缩放等进行设置，最后单击"打印"按钮即可。

也可以打开"页面设置"对话框中的"工作表"标签，单击其右下方的"打印预览"按钮和"打印"按钮来预览与打印工作表。

还可以直接从快捷访问工具栏中单击相应按钮执行打印预览和快速打印操作。

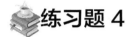
练习题 4

【操作题】

Excel 操作题 1。

打开实验素材\EX4\EX4-1\Exzc1.xlsx，按下列要求完成对此工作簿的操作并保存。

（1）将 Sheet1 工作表的 A1:H1 单元格区域合并为一个单元格，内容水平居中，设置标题字体格式为楷体、20 号、蓝色。

（2）计算"第一季度销售额(元)"列的内容（数值型，保留小数点后 0 位），计算各产品的总销售额，置于 G15 单元格内（数值型，保留小数点后 0 位），将各产品销售额排序（利用 RANK.EQ() 函数，降序），置于 H3:H14 单元格区域；计算各类别产品销售额（利用 SUMIF()函数），置于 J5:J7 单元格区域，计算各类别产品销售额占总销售额的比例，置于"所占比例"列（百分比型，保留小数点后两位）。

（3）选取"产品型号"列（A2:A14）和"第一季度销售额(元)"列（G2:G14）数据区域的内容建立"三维簇状条形图"，柱体形状为圆柱，图表标题位于图表上方，图表标题为"产品第一季度销售统计图"，删除图例，设置数据系列格式为"橄榄色,个性色 3,深色 25%"纯色填充；将图插入表 A16:F36 单元格区域。

（4）将 Sheet1 工作表命名为"产品第一季度销售统计表"。

（5）对"产品销售情况表"工作表内数据清单的内容按主要关键字"季度"的升序和次要关键字"产品名称"的降序进行排列。

（6）完成对各季度、按产品名称排列的销售额总和的分类汇总，将汇总结果置于数据下方。

（7）保存文件"Exzc1.xlsx"。

Excel 操作题 2。

打开实验素材\EX4\EX4-2\Exzc2.xlsx，按下列要求完成对此工作簿的操作并保存。

（1）将 Sheet1 工作表命名为"十二月份工资表"，用智能填充工具添加"工号"列。

（2）将"十二月份工资表"工作表中 A1:L1 单元格区域合并为一个单元格，文字居中对齐，将文字格式设置为微软雅黑、字号为 16、加粗；将工作表中的其他文字（A2:L40）设置为居中对齐。

（3）设置 D3:L40 区域的单元格的数字格式为货币，保留一位小数；为表格添加内边框线和外边框线；设置 A2:L2 区域的单元格底纹填充为黄色（标准色）。

（4）利用 IF()函数，根据"绩效评分"计算"奖金"，计算规则如下。

绩效评分	奖金
大于等于 90	1000 元
大于等于 80	800 元
大于等于 70	600 元
大于等于 60	400 元
小于 60	100 元

利用求和公式计算"应发工资"（应发工资=基本工资+岗位津贴+房屋补贴+饭补+奖金）；计算"实发工资"（实发工资=应发工资-住房基金-所得税）。

（5）选取"工号"列（A2:A40）和"实发工资"列（L2:L40）的单元格内容，建立"簇状柱形图"，图表标题为"十二月份工资图"，置于图表上方，设置图例位置靠上，设置图表绘图区为"水绿色,个性色 5,淡色 80%"纯色填充，将图表插入表的 A42:L60 单元格区域内。

（6）对"产品销售情况表"工作表内数据清单的内容按主要关键字"产品类别"的降序和次要关键字"分公司"的升序进行排列（排列依据均为"数值"），对排序后的数据进行高级筛选（在数据清单前插入 4 行，条件区域设在 A1:G3 单元格区域，请在对应字段列内输入条件），条件是：产品名称为"空调"或"电视"且销售额排名在前 30（小于等于 30）。

（7）保存文件"Exzc2.xlsx"。

Excel 操作题 3。

打开实验素材\EX4\EX4-3\Exzc3.xlsx，按下列要求完成对此工作簿的操作并保存。

（1）选择 Sheet1 工作表，将 A1:N1 单元格区域合并为一个单元格，内容居中对齐。

（2）利用 SUM()函数计算 A 产品、B 产品的全年销售总量（数值型，保留小数点后 0 位），分别置于 N3、N4 单元格内；计算 A 产品和 B 产品每月销售量占全年销售总量的百分比（百分比型，保留小数点后两位），分别置于 B5:M5、B6:M6 单元格区域内；利用 IF()函数计算出"销售表现"行（B7:M7）的内容：如果某月 A 产品所占百分比大于 10%并且 B 产品所占百分比也大于 10%，在相应单元格内填入"优良"，否则填入"中等"；利用条件格式图标集中四等级修饰单元格 B3:M4 区域。

（3）选取 Sheet1 工作表"月份"行（A2:M2）、"A 所占百分比"行（A5:M5）、"B 所占百分比"行（A6:M6）数据区域的内容建立"堆积面积图"，图表标题为"产品销售统计图"，图例位于顶部；设置图表数据系列 A 产品为"蓝色,个性色 1,深色 25%"纯色填充、B 产品为"橄榄色,个性色 3,深色 25%"纯色填充；将图表插入当前工作表的 A9:M25 单元格区域内。

（4）将 Sheet1 工作表命名为"产品销售情况表"。

（5）选择"图书销售统计表"工作表，对工作表内数据清单的内容按主要关键字"图书类别"的降序和次要关键字"季度"的升序进行排列。

（6）完成对各图书类别销售数量求和的分类汇总，将汇总结果置于数据下方。

（7）保存文件"Exzc3.xlsx"。

Excel 操作题 4。

打开实验素材\EX4\EX4-4\Exzc4.xlsx，按下列要求完成对此工作簿的操作并保存。

（1）选择 Sheet1 工作表，将 A1:E1 单元格区域合并为一个单元格，内容居中对齐。

（2）计算"合计"列并将结果置于 E3:E24 单元格区域（利用 SUM()函数，数值型，保留小数点后 0 位）；计算"高工""工程师""助工"职称的人数并将结果置于 H3:H5 单元格区域（利用 COUNTIF() 函数），计算人数总计并将结果置于 H6 单元格，计算各工资范围的人数并将结果置于 H9:H12 单元格区域（利用 COUNTIF() 函数），计算每个区域人数占人员总人数的百分比并将结果置于 I9:I12 单元格区域（百分比型，保留小数点后两位）；利用条件格式将 E3:E24 单元格区域高于平均值的单元格设置为"绿填充色深绿色文本"、低于平均值的单元格设置为"浅红色填充"。

（3）选取 Sheet1 工作表中"工资合计范围"列（G8:G12）和"所占百分比"列（I8:I12）数据区域的内容建立"三维簇状柱形图"，图表标题为"工资统计图"，将标题字体格式设置为微软雅黑、加粗，删除图例，为图添加模拟运算表，设置图表背景墙为"橄榄色,个性色 3,淡色 80%"纯色填充；将图表插入当前工作表的 G15:M30 单元格区域内。

（4）将 Sheet1 工作表命名为"工资统计表"。

（5）选择"图书销售统计表"工作表，对工作表内数据清单的内容按主要关键字"经销部门"的升序和次要关键字"图书类别"的降序进行排列。

（6）对排序后的数据进行筛选，条件为：第 1 分部和第 3 分部、销售额排名小于 20。

（7）保存文件"Exzc4.xlsx"。

Excel 操作题 5。

打开实验素材\EX4\EX4-5\Exzc5.xlsx，按下列要求完成对此工作簿的操作并保存。

（1）选择 Sheet1 工作表，将 A1:H1 单元格区域合并为一个单元格，内容居中对齐。

（2）计算"地区月气温平均值"行（利用 AVERAGE() 函数）、"地区月气温最高值"行（利用 MAX() 函数）、"地区月气温最低值"行（利用 MIN() 函数）的内容（均为数值型，保留小数点后 0 位）。

（3）设置 C2:H8 单元格区域的列宽为 8；利用条件格式中"3 个三角形"修饰 C3:H5 单元格区域；计算北部地区、中部地区、南部地区第三季度和第四季度气温平均值，将结果置于 K3:L5 单元格区域内。

（4）选取 Sheet1 工作表 B2:H5 单元格区域的内容建立"三维折线图"，图表标题为"地区平均气温统计图"，位于图表上方，图表主要纵坐标轴标题为"气温"（竖排标题），设置图例位于底部，将图表插入当前工作表的 A10:H24 单元格区域内。

（5）将 Sheet1 工作表命名为"地区平均气温统计表"。

（6）选择"图书销售统计表"工作表，对"图书销售工作表"工作表内数据清单的内容建立数据透视表，按行标签为"图书类别"、列标签为"经销部门"、数值为"销售额（元）"进行求和布局，并置于现工作表的 I5:N11 单元格区域内。

（7）保存文件"Exzc5.xlsx"。

Excel 操作题 6。

打开实验素材\EX4\EX4-6\Exzc6.xlsx，按下列要求完成对此工作簿的操作并保存。

（1）将 Sheet1 工作表的 A1:K1 单元格区域合并为一个单元格，文字居中对齐，利用填充柄将"学号"列填充完整。

（2）计算"平均成绩"列的内容（数值型，保留小数点后两位）；根据平均成绩利用 RANK() 函数按降序计算"名次"；为 A2:K44 单元格区域套用"表样式浅色 13"样式。

（3）选取"学号"列（B2:B44）和"软件测试技术"列（F2:F44）的单元格内容，建立"簇状圆柱图"，图表标题为"软件测试技术成绩统计图"，不显示图例，显示"数据标签"，将图表插入当前工作表的 A46:K62 单元格区域内。

（4）利用填充柄将 Sheet2 工作表的"学号"列填充完整，利用公式计算每门课程的"学分"

列的内容（数值型，保留小数点后 0 位），条件是该门课程的成绩大于或等于 60 分才可以得到相应的学分，否则学分为 0，每门课程对应的学分请参考"课程相应学分"工作表。

（5）计算 Sheet2 工作表的"总学分"列的内容（数值型，保留小数点后 0 位），根据总学分填充"学期评价"列的内容，总学分大于或等于 14 分的学生评价是"合格"，总学分小于 14 分的学生评价是"不合格"。

（6）对"销售清单"工作表内数据清单的内容建立数据透视表，数据透规表的位置在本工作表的 L2 单元格，按行标签为"销售员"、列标签为"类别"、数值为"销售额(元)"进行求和布局。数值格式为货币型，保留小数点后 0 位。

（7）保存文件"Exzc6.xlsx"。

第5章 演示文稿 PowerPoint 2016

PowerPoint 2016 是 Microsoft Office 2016 办公组件中的又一重要成员。用户可以在 PowerPoint 2016 中以幻灯片的形式，制作集声音、文字、图形、影像（包括视频、动画、电影、特效等）于一体的演示文稿，并将其在计算机或投影屏幕上播放，也可以打印成幻灯片或透明胶片，还可以生成网页等。PowerPoint 2016 被广泛应用于交流观点、宣传展示、信息传递、教学演示等方面，为用户展示主题思想搭建了良好的交流平台。

5.1 PowerPoint 2016 基础

5.1.1 PowerPoint 2016 的启动

PowerPoint 2016 的启动方法与其他的 Microsoft Office 组件基本相同，主要有以下几种。

（1）选择"开始"菜单 → "PowerPoint 2016"命令。

（2）如果在桌面上已经创建了 PowerPoint 2016 的快捷方式，则双击快捷方式图标。

（3）双击任意一个 PowerPoint 演示文稿文件（其扩展名为".pptx"），PowerPoint 2016 会启动并且打开相应的文件。

5.1.2 窗口的组成

启动 PowerPoint 2016 应用程序后，系统会以"普通"视图模式打开演示文稿操作窗口，如图 5-1 所示。

PowerPoint 2016 应用程序窗口主要由标题栏、快速访问工具栏、"文件"选项卡、功能区、幻灯片编辑区、幻灯片窗格和状态栏等部分组成。

1. 标题栏

标题栏位于 PowerPoint 2016 应用程序窗口顶端，包括演示文稿文件名和应用程序名（新建文件的默认名称为"演示文稿 1-PowerPoint"）、"功能区显示选项"按钮🔲、窗口控制按钮等。"功能区显示选项"按钮用于实现"自动隐藏功能区""显示选项卡""显示选项卡和命令"3 项功能。窗口控制按钮位于窗口顶部右端，用于实现"最小化""最大化""向下还原""关闭"等操作。

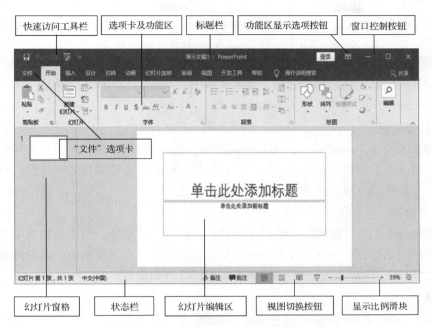

图 5-1　PowerPoint 2016 应用程序窗口

2. 快速访问工具栏

快速访问工具栏位于标题栏的左侧，用于显示一些常用的工具按钮，默认显示"保存""撤销""重复""幻灯片放映""自定义快速访问工具栏"等按钮。单击"自定义快速访问工具栏"按钮，可在弹出的下拉列表框中根据需要选择添加或更改按钮。

3. "文件"选项卡

"文件"选项卡位于所有选项卡的最左侧，单击该选项卡会打开"文件"面板，其中包括文件操作的常用命令，如"信息""新建""打开""保存""另存为""打印""共享""导出""关闭"等命令。

4. 功能区

功能区位于 PowerPoint 2016 应用程序窗口上方，由选项卡、组、命令 3 类基本组件组成。通常包括"开始""插入""设计""切换""动画""幻灯片放映""审阅""视图"等不同类型的选项卡。单击某选项卡，将在功能区切换出与该选项卡类别对应的多个命令组。不同选项卡包含不同类别的命令组。

"开始"选项卡包括"剪贴板""幻灯片""字体""段落""绘图""编辑"等命令组。

"插入"选项卡包括"表格""图像""插图""链接""文本""符号""媒体"等命令组。

"设计"选项卡包括"主题""变体""自定义"等命令组。

"切换"选项卡包括"预览""切换到此幻灯片""计时"等命令组。

"动画"选项卡包括"预览""动画""高级动画""计时"等命令组。

"幻灯片放映"选项卡包括"开始放映幻灯片""设置""监视器"等命令组。

"审阅"选项卡包括"校对""语言""中文简繁转换""批注""比较"等命令组。

"视图"选项卡包括"演示文稿视图""母版视图""显示""显示比例""颜色/灰度""窗口""宏"等命令组。

另外，当幻灯片中插入对象（如表格、形状、图片等）时，标题栏及下方会自动显示"加载项"选项卡（又称为上下文选项卡），并提供选项卡下的命令组。例如，在幻灯片中插入图片，当选择图片时标题栏下方会出现"图片工具-格式"选项卡。

如果暂时不需要使用功能区中的命令组或希望拥有足够的工作空间，可以双击活动选项卡来隐藏功能区。如果需要再次显示命令组，则再次双击活动选项卡即可（与新增功能"功能区显示选项"按钮的相关使用的作用相同）。

5. 幻灯片编辑区

幻灯片编辑区位于 PowerPoint 2016 应用程序窗口的中间，用于显示当前制作和编辑幻灯片的内容。在默认情况下，标题幻灯片中包含一个正标题占位符和一个副标题占位符，标题和内容幻灯片中包含一个标题占位符和一个内容占位符。

6. 幻灯片窗格

幻灯片窗格位于幻灯片编辑区左侧，主要显示幻灯片的缩略图。单击该窗格中某一张幻灯片缩略图，可跳转到该幻灯片并在幻灯片编辑区显示该幻灯片。在该窗格中，通过缩略图可以快速找到需要的幻灯片，并可以通过拖动缩略图来调整幻灯片的位置。

7. 状态栏

状态栏位于 PowerPoint 2016 应用程序窗口底部，用于显示当前幻灯片的编号、幻灯片的总张数、幻灯片应用的主题、拼写和语法检查按钮，以及语言信息等。

视图切换按钮位于 PowerPoint 2016 应用程序窗口底部右侧，用于在"普通""幻灯片浏览""阅读视图"和"备注页"等视图模式之间切换。

显示比例滑块位于 PowerPoint 2016 应用程序窗口底部最右侧，用于调整当前演示文稿的显示比例，拖动显示比例滑块，可以放大或缩小演示文稿中文本或图形的视图。

5.1.3 PowerPoint 2016 的退出

PowerPoint 2016 常见的退出方法有以下几种。
（1）单击标题栏右侧的"关闭"按钮☒。
（2）单击标题栏上的"文件"选项卡，在弹出的"文件"面板中选择"关闭"命令。
（3）在标题栏上单击鼠标右键，在弹出的快捷菜单中选择"关闭"命令。
（4）按<Alt+F4>快捷键。

如果对当前演示文稿进行了编辑修改但还没有执行保存操作，则在退出应用程序时系统会弹出一个提示信息框提示是否保存所做操作。单击"保存"按钮则存盘退出；单击"不保存"则退出但不保存；单击"取消"按钮则取消本次退出操作，返回演示文稿的编辑状态。

5.2 PowerPoint 2016 视图模式

PowerPoint 2016 针对演示文稿的不同设计阶段，提供了不同的工作视图模式，包括"普通""大纲视图""幻灯片浏览""阅读视图""备注页"等视图模式。此外，还有一个用于播放的"幻灯片放映"视图。

切换 PowerPoint 2016 视图模式非常简单，可以通过"视图"选项卡→"演示文稿视图"命令组中的视图命令切换；或者使用状态栏中的视图切换按钮切换。用不同的视图模式显示演示文稿的内容，便于查看与编辑演示文稿，如图 5-2 所示。

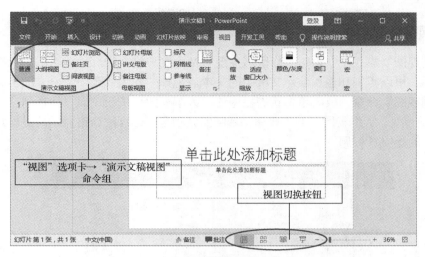

图 5-2 视图的切换方法

5.2.1 普通视图

"普通"视图模式是 PowerPoint 2016 创建演示文稿的默认视图模式，是最基本的视图模式。当启动 PowerPoint 2016 并创建一个新演示文稿时，通常会直接进入"普通"视图模式中。在其他视图模式下，可以选择"视图"选项卡→"演示文稿视图"命令组→"普通"命令；或者单击状态栏中的"普通视图"按钮，即可切换到"普通"视图模式，如图 5-3 所示。在该视图中可以编辑演示文稿的总体结构和单张幻灯片的具体内容，还可以为其添加备注等。

图 5-3 "普通"视图模式

在"普通"视图模式下，窗口工作区域主要包括幻灯片窗格、幻灯片编辑区。幻灯片窗格中的所有幻灯片都以缩略图形式排列显示，可以拖动幻灯片缩略图调整幻灯片的位置，但不能编辑其内容。幻灯片编辑区是系统窗口的主要组成部分，只可以显示单张幻灯片，用于制作和编辑当前幻灯片，可以通过幻灯片窗格切换为不同的幻灯片，在该窗格中对幻灯片进行编辑或格式化处理。通常情况下，可以通过拖动幻灯片窗格、幻灯片编辑区、备注窗格之间的窗格线来改变显示比例。

5.2.2　大纲视图

在"大纲视图"模式下，窗口工作区域主要包括大纲窗格、幻灯片编辑区。大纲窗格以文字标题形式显示，可以组织和输入演示文稿中的文本。选择"视图"选项卡→"演示文稿视图"命令组→"大纲视图"命令；或者单击状态栏中的"大纲视图"按钮，即可切换到"大纲视图"模式，如图 5-4 所示。"大纲视图"同"普通"视图的区别是，幻灯片窗格显示的是幻灯片外观，而大纲窗格显示的是文章标题。

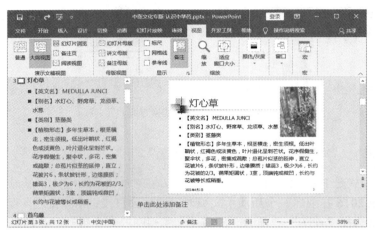

图 5-4　"大纲视图"模式

5.2.3　幻灯片浏览视图

"幻灯片浏览"视图以缩略图的方式显示演示文稿中的所有幻灯片。选择"视图"选项卡→"演示文稿视图"命令组→"幻灯片浏览"命令；或者单击状态栏中的"幻灯片浏览"按钮，即可切换到"幻灯片浏览"视图模式，如图 5-5 所示。在该视图中可以浏览演示文稿的整体效果，可以对幻灯片进行插入、删除、移动、复制，以及设置幻灯片的背景格式和配色方案、隐藏选定的幻灯片、统一幻灯片的母版样式等操作，还可以设置幻灯片的放映时间、选择幻灯片的动画切换方式等，但不能编辑具体的幻灯片。

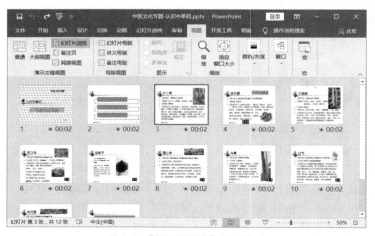

图 5-5　"幻灯片浏览"视图模式

5.2.4 阅读视图

"阅读视图"模式是一种可以动态地放映文稿效果的模式，以动态的形式显示演示文稿中每一张幻灯片。选择"视图"选项卡→"演示文稿视图"命令组→"阅读视图"命令；或者单击状态栏中的"阅读视图"按钮，即可切换到"阅读视图"模式，如图 5-6 所示。在该视图中只保留幻灯片窗格、标题栏和状态栏，其他编辑功能被屏蔽，目的是幻灯片制作完成后可以简单地放映。通常是从当前幻灯片开始放映，单击状态栏上的由于选择"阅读视图"模式而产生的"上一张"和"下一张"按钮来切换幻灯片，放映完最后一张幻灯片后退出"阅读视图"模式。放映过程中随时可以按<Esc>键退出"阅读视图"模式，也可以单击状态栏上的其他视图模式按钮退出"阅读视图"模式。

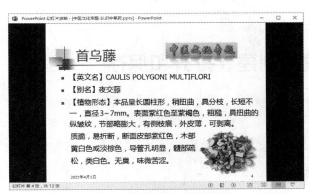

图 5-6 "阅读视图"模式

5.2.5 备注页视图

"备注页"视图是专门用于编辑备注内容的，正文内容不可编辑。选择"视图"选项卡→"演示文稿视图"命令组→"备注页"命令；或者单击状态栏中的"备注"按钮，即可切换到"备注页"视图模式。备注页位于幻灯片编辑区下面，如图 5-7 所示。在该视图中输入幻灯片的备注信息，一般是对幻灯片中的部分内容做注释，记载幻灯片创建的意义、日期，或对与幻灯片相关的信息加以说明。

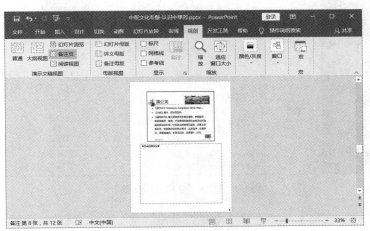

图 5-7 "备注页"视图模式

5.2.6 幻灯片放映视图

"幻灯片放映"视图显示的是演示文稿的放映效果，这是制作演示文稿的最终目的。选择"幻灯片放映"选项卡→"开始放映幻灯片"命令组→"从头开始"命令（或者按<F5>键），即可进入"幻灯片放映"视图模式。无论当前幻灯片的位置在哪里，都将从第一张幻灯片开始播放。如果单击状态栏中的"幻灯片放映"按钮；或者选择"幻灯片放映"选项卡→"开始放映幻灯片"命令组→"从当前幻灯片开始"命令，就会从当前幻灯片开始播放。

"幻灯片放映"视图以全屏方式播放演示文稿中幻灯片的内容，并可以看到各对象在实际放映中的动画、切换等效果。但是这个模式下只能放映，不能修改幻灯片。在播放的过程中，若要换页，则可以单击当前幻灯片（或者按<Enter>键或空格键）；若要退出"幻灯片放映"视图模式，按<Esc>键即可。

5.3 演示文稿的创建、打开和保存

利用 PowerPoint 2016 制作的文件叫"演示文稿"，它是 PowerPoint 2016 管理数据的文件单位，以独立的文件形式存储在磁盘上，其文件扩展名为".pptx"。演示文稿中的每一页称作一张幻灯片，一个演示文稿可以包含多张幻灯片，这些幻灯片既相互独立，又相互联系。

5.3.1 创建演示文稿

与 Word 2016、Excel 2016 基本相同，启动 PowerPoint 2016 后会弹出图 5-8 所示的界面，单击"空白演示文稿"，系统会自动建立一个空白的演示文稿，并以"演示文稿 1"命名，用户可直接在此演示文稿中制作当前幻灯片。如果用户还需要创建其他新的空白演示文稿，可以采用以下几种方法。

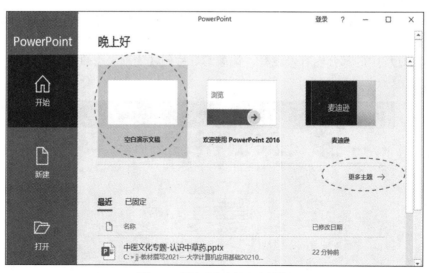

图 5-8 创建"空白演示文稿"

（1）选择"文件"选项卡→"新建"命令，单击"空白演示文稿"，即可新建一个空白演示文稿。

（2）选择"自定义快速访问工具栏"按钮，在弹出的下拉列表框中选择"新建"命令，之后可以单击快速访问工具栏中新添加的"新建"按钮创建空白演示文稿。

（3）按<Ctrl+N>快捷键，会直接建立一个空白演示文稿。

PowerPoint 2016对在"演示文稿1"以后新建的演示文稿以创建的顺序依次命名为"演示文稿2""演示文稿3"……每一个新建的演示文稿对应有一个独立的应用程序窗口，任务栏中也有一个相应的应用程序按钮与之对应。

选择"文件"选项卡→"新建"命令；或者选择"文件"选项卡→"更多主题"命令，弹出图5-9所示的界面，可在"搜索联机模板和主题"搜索框中输入要查找的模板和主题类型进行搜索。若要浏览热门模板和主题类型，还可选择搜索框下方的任何关键字，如演示文稿、主题、教育、图表、业务、信息图等。

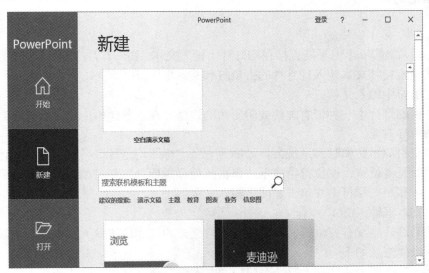

图5-9 "文件"选项卡→"更多主题"

5.3.2 打开演示文稿

下列几种方法都可以打开一个已经存在的演示文稿。

（1）直接双击要打开的文件的图标。

（2）选择"文件"选项卡→"打开"命令，选择"浏览"命令，打开"打开"对话框，选择要打开的文件，单击"打开"按钮（或双击打开文件）即可。也可以选择"最近"或者"这台电脑"命令，打开使用过的已存储的文件。

（3）单击"自定义快速访问工具栏"按钮，在弹出的下拉列表框中选择"打开"命令，再单击快速访问工具栏中新添加的"打开"按钮即可。

5.3.3 保存演示文稿

使用下列几种方法都可以保存演示文稿。

（1）单击快速访问工具栏中的"保存"按钮。

（2）选择"文件"选项卡→"保存"命令。

（3）按<Ctrl+S>快捷键。

如果新建的演示文稿还没有保存过，执行以上保存文件的操作时，需要在"文件"面板的"保存"命令中选择"浏览"命令（或双击"这台电脑"命令），打开"另存为"对话框，在对话框中确定文件保存的位置、命名及类型。如果按<F12>键，可直接弹出"另存为"对话框。

5.4 演示文稿的编辑制作

演示文稿一般由若干张幻灯片组成，编辑演示文稿就是对幻灯片及幻灯片中的对象进行插入、删除、移动、复制等编辑处理。用户可以在"普通"视图或"幻灯片浏览"视图中编辑幻灯片。

5.4.1 编辑幻灯片

1. 输入文本

文本是幻灯片的基础，但不能直接在幻灯片上输入文本。在幻灯片中输入文本的方法有很多，最简单的方式是直接将文本输入幻灯片的占位符和文本框中。

（1）在占位符中输入文本。

占位符是指幻灯片中一种带有虚线或阴影线的边框。在这些边框内可以放置标题、正文、图表、表格、图片等对象。

创建一个空白演示文稿时，系统会自动插入一张"标题幻灯片"。该幻灯片中有两个虚线框，这两个虚线框就是占位符，占位符中显示"单击此处添加标题"和"单击此处添加副标题"的字样。将鼠标指针移至占位符中并单击，即可输入文字。

（2）使用文本框输入文本。

如果当前幻灯片中没有占位符，或要在占位符之外的其他位置输入文本，则可以在幻灯片中插入文本框，操作方法如下。

选择"插入"选项卡→"文本"命令组→"文本框"命令，在幻灯片的适当位置绘制文本框（横排文本框/竖排文本框），在文本框的光标处输入文本。

在 PowerPoint 2016 中，对文字的复制、粘贴、删除、移动和设置文字字体、字号、颜色等，以及设置段落格式等操作，均与 Word 2016 中的相关操作类似，在此不详细叙述。

只有在幻灯片中的占位符中输入的文本，才能在"大纲视图"中显示出来。

---

2. 选定幻灯片

（1）选定单张幻灯片。在"幻灯片窗格"中或在"幻灯片浏览"视图模式下单击幻灯片，可选定单张幻灯片。

（2）选定多张连续的幻灯片。在"幻灯片窗格"中或在"幻灯片浏览"视图模式下单击要选定的第一张幻灯片，按住<Shift>键，再单击要选定的最后一张幻灯片，可选定多张连续的幻灯片。

（3）选定多张不连续的幻灯片。在"幻灯片窗格"中或在"幻灯片浏览"视图模式下，单击要选定的第一张幻灯片，按住<Ctrl>键，再依次单击其他要选定的幻灯片，可选定多张不连续的幻灯片。

（4）选定全部幻灯片。在"幻灯片窗格"中或在"幻灯片浏览"视图模式下，选择"开始"

选项卡→"编辑"命令组→"选择"下拉菜单→"全选"命令，或者按<Ctrl+A>快捷键，可选定全部幻灯片。

3．插入幻灯片

在"幻灯片窗格"中或在"幻灯片浏览"视图模式下均可以插入空白幻灯片，方法有以下几种。

（1）选择"开始"选项卡→"幻灯片"命令组→"新建幻灯片"命令（或者选择"新建幻灯片"命令下拉列表框中的某种版式，如图 5-10 所示）。

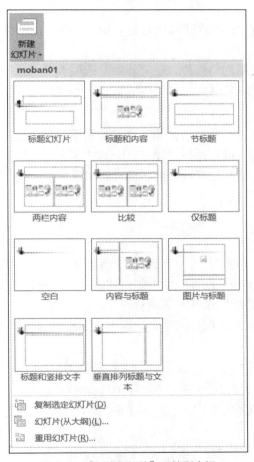

图 5-10　"新建幻灯片"下拉列表框

（2）在"幻灯片窗格"中或在"幻灯片浏览"视图模式下单击鼠标右键，在弹出的快捷菜单中选择"新建幻灯片"命令，如图 5-11 所示。

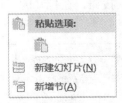

图 5-11　快捷菜单→"新建幻灯片"命令

（3）按<Ctrl+M>快捷键。

4. 移动或复制幻灯片

在"幻灯片窗格"中或在"幻灯片浏览"视图模式下移动或复制幻灯片，有以下 4 种方法。

（1）选定需要移动或复制的幻灯片，按住鼠标左键将其拖动到目标位置可移动幻灯片；按住<Ctrl>键的同时，按住鼠标左键将幻灯片拖动到目标位置可复制幻灯片。

（2）选定需要移动或复制的幻灯片，按<Ctrl+X>快捷键剪切，进入目标位置，按<Ctrl+V>快捷键可以移动幻灯片；按<Ctrl+C>快捷键复制，进入目标位置后按<Ctrl+V>快捷键，可复制幻灯片。

（3）在需要移动或复制的幻灯片上单击鼠标右键，在弹出的快捷菜单中选择"剪切""复制""粘贴"命令来移动或复制幻灯片。

（4）选定需要移动或复制的幻灯片，在"开始"选项卡→"剪贴板"命令组中选择"剪切""复制""粘贴"命令来移动或复制幻灯片。

5. 删除幻灯片

在"幻灯片窗格"中或在"幻灯片浏览"视图模式下选择要删除的幻灯片，按<Delete>键；或者选中幻灯片，单击鼠标右键，选择快捷菜单中的"删除幻灯片"命令，即可删除幻灯片。若要删除多张幻灯片，先选择这些幻灯片，然后执行删除操作。

5.4.2　插入图片

1. 插入图片

在幻灯片中插入来自文件的图片，具体操作步骤如下。

① 选择"插入"选项卡→"图像"命令组→"图片"命令，打开"插入图片"对话框。

② 在"插入图片"对话框中选择所需图片。

③ 单击"插入"按钮或双击图片文件名，即可将图片插入幻灯片中。

2. 设置图片格式

（1）调整图片的大小和位置

在幻灯片中选定图片，功能区中出现"图片工具-格式"选项卡。利用"图片工具-格式"选项卡中的命令组可以编辑插入的图片，包括调整图片颜色/背景色/艺术效果、图片样式、排列方式及裁剪大小等。

可以按照需要调整图片的大小和位置，可以手动调整或精确调整。单击选中要调整的图片，拖曳图片的 4 个角和边框可调整图片的大小，将图片拖到想要的位置可以调整图片的位置。

若要精确调整图片的大小和位置，可以选中要调整的图片，选择"图片工具-格式"选项卡→"大小"命令组，修改其"高度"和"宽度"来调整图片的大小，如图 5-12 所示。也可以单击"大小"命令组右下角的"对话框启动器"按钮，在打开的"设置图片格式"窗格中精确地设定图片的大小和位置，如图 5-13 所示。

图 5-12　"图片工具-格式"选项卡→"大小"命令组

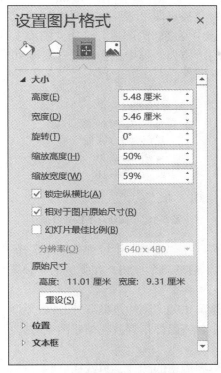

图 5-13 "设置图片格式"窗格

（2）图片的裁剪

要裁剪图片中的某个部分时，可以通过"图片工具-格式"选项卡→"大小"命令组→"裁剪"命令处理。选择"图片工具-格式"选项卡→"大小"命令组→"裁剪"命令以后，鼠标指针和图片中尺寸控制点的样式均会发生改变。向图片内部拖动某个图片尺寸控制点时，线框以外的部分将被剪去，如图 5-14 所示。

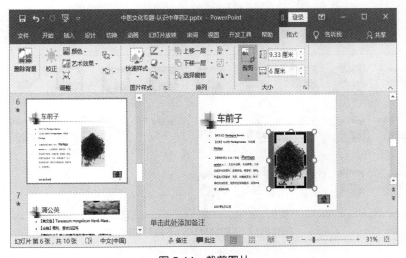

图 5-14 裁剪图片

（3）旋转图片

旋转图片能使图片按要求向不同方向倾斜，可以手动粗略旋转，也可以精确地指定旋转角度。

选中要旋转的图片，拖动上方绿色控点即可随意旋转图片。

要精确地旋转图片，可以选中要旋转的图片，选择"图片工具-格式"选项卡→"排列"命令组→"旋转"命令，在展开的下拉列表框中选择"向右旋转 90°""向左旋转 90°""垂直翻转""水平翻转"命令，如图 5-15 所示。

图 5-15 "旋转"下拉列表框

要按其他角度旋转图片，可以在"旋转"下拉列表框中选择"其他旋转选项"命令；或单击"大小"命令组右下角的"对话框启动器"按钮，在弹出的"设置图片格式"窗格中进行设置。

（4）设置图片样式

图片样式是不同格式设置选项（如"图片边框""图片效果""图片版式"等）的组合，显示在"图片样式"库中的缩略图中。将鼠标指针放在缩略图上时，可以预先查看"图片样式"的外观，单击即可应用这些样式。

要设置图片样式，可以选中要编辑的图片，再选择"图片工具-格式"选项卡→"图片样式"命令组，如图 5-16 所示。单击"图片样式"命令组右侧的"其他"按钮，展开图 5-17 所示的下拉列表框，其中提供了"图片样式"库中的图片样式缩略图，单击需要的图片样式，即可为所选图片设置该图片样式。

图 5-16 "图片工具-格式"选项卡 →"图片样式"命令组

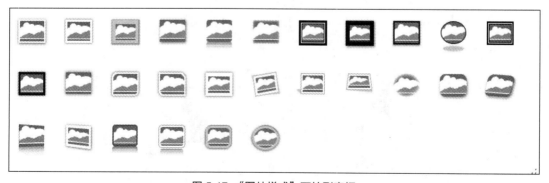

图 5-17 "图片样式"下拉列表框

5.4.3 插入形状

在幻灯片中插入形状有两种方法：选择"插入"选项卡→"插图"命令组→"形状"命令，

或者单击"开始"选项卡→"绘图"命令组→"其他"按钮,弹出"形状"下拉列表框,如图 5-18 所示。

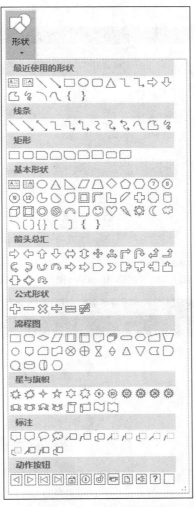

图 5-18　"形状"下拉列表框

当在幻灯片中插入了多幅图片或多个形状后,可以根据需要调整图片的层次位置。单击需要调整层次关系的图片,选择"图片工具-格式"选项卡→"排列"命令组中的相关命令,可以调整图片的层次关系。

另外,对形状的位置、大小、层次关系等的处理类似于对图片的处理,这里不再叙述。

5.4.4　插入 SmartArt 图形

在幻灯片中插入 SmartArt 图形的具体操作步骤如下。

① 选择"插入"选项卡→"插图"命令组→"SmartArt"命令,打开"选择 SmartArt 图形"对话框,如图 5-19 所示,其中包括"列表""流程""循环""层次结构""关系""矩阵""棱锥图""图片"等图形类型。

② 在"选择 SmartArt 图形"对话框中选择所需图形,然后根据提示输入图形中的必要文字,

如图 5-20 所示。

如果需要编辑加入的 SmartArt 图形，可以通过"SmartArt 工具"的"设计"选项卡中的相应命令进行。

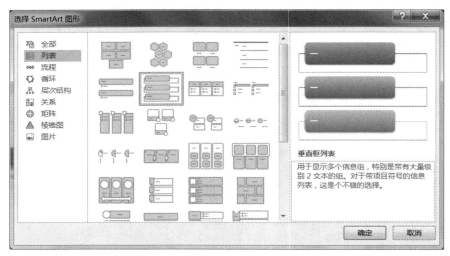

图 5-19　"选择 SmartArt 图形"对话框

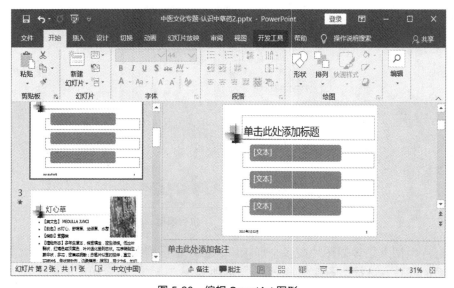

图 5-20　编辑 SmartArt 图形

5.4.5　插入图表

选择"插入"选项卡→"插图"命令组→"图表"命令，打开"插入图表"对话框，如图 5-21 所示。"所有图表"标签中包括"柱形图""折线图""饼图""条形图""面积图""XY 散点图""股价图""曲面图""雷达图""树状图""旭日图""直方图""箱形图""瀑布图""组合图"等图表类型。系统默认打开的是"柱形图"→"簇状柱形图"。

在 PowerPoint 2016 中可以链接或嵌入 Excel 文件中的图表，并可以使用类似 Excel 中的操作方法编辑和处理相关图表。

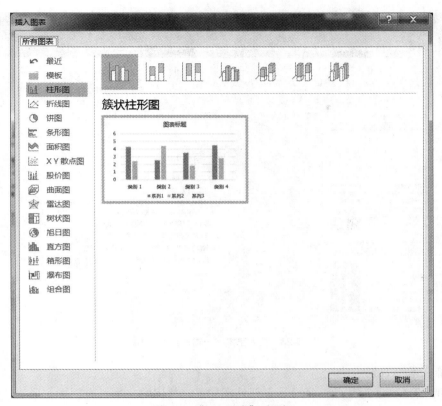

图 5-21 "插入图表"对话框

5.4.6　插入艺术字

1. 创建艺术字

选择"插入"选项卡→"文本"命令组→"艺术字"命令，弹出"艺术字"下拉列表框，如图 5-22 所示。

在"艺术字"下拉列表框中选择一种艺术字样式（如选择"填充:绿色,主题色 1;阴影"），出现指定样式的艺术字编辑框，其中显示提示信息"请在此放置您的文字"，如图 5-23 所示。在艺术字编辑框中输入艺术字文字内容（如"中医文化专题"）。和普通文本一样，用户可以改变艺术字的字体和字号等。

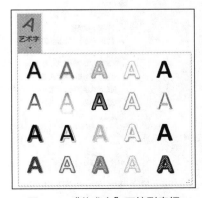

图 5-22 "艺术字"下拉列表框

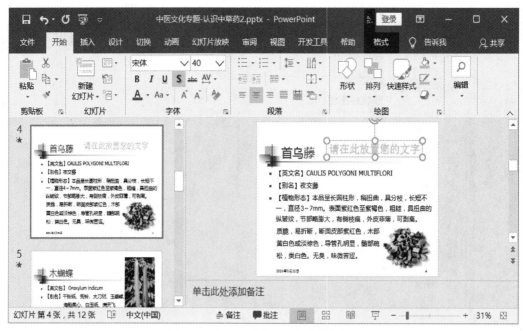

图 5-23　插入艺术字→输入艺术字内容

2. 修饰艺术字效果

艺术字以普通文字为基础，经过一系列处理加工，输出的文字具有阴影、形状、色彩等艺术效果。但艺术字是一种图形对象，它具有图形的属性，创建好的艺术字还可以设置类似图形的样式效果，可以在"绘图工具-格式"选项卡下根据需要设置艺术字的形状样式、排列方向并调整大小等，如图 5-24 所示。

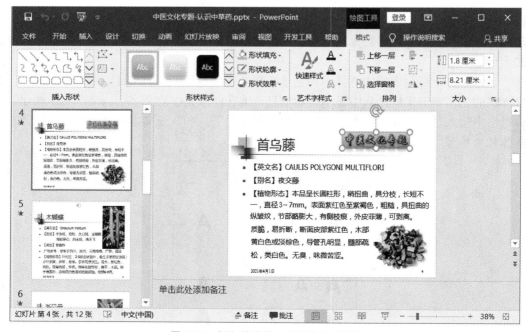

图 5-24　插入艺术字→修饰艺术字效果

5.4.7 插入音频和视频

PowerPoint 2016 提供了功能强大的媒体剪辑库，其中包含音频和视频。为了改善幻灯片放映时的视听效果，可以在幻灯片中插入音频、视频等多媒体对象，从而制作出有声有色的幻灯片。

1. 插入音频

在幻灯片中插入音频的操作步骤如下。选择要插入音频文件的幻灯片。单击"插入"选项卡→"媒体"命令组→"音频"命令的下拉按钮，显示"PC 上的音频""录制音频"等命令，如图 5-25 所示。选择"PC 上的音频"命令，打开"插入音频"对话框，该对话框中列出了文档库中的所有音频文件。选择要插入的音频文件，单击"插入"按钮即可。

幻灯片上会出现一个声音图标和播放控制条，如图 5-26 所示。同时功能区中会出现用于音频编辑的"音频工具–格式"和"音频工具–播放"选项卡。

可以通过"音频工具–播放"选项卡→"音频选项"命令组中的命令设置播放方式，如图 5-27 所示。完成设置之后，该音频文件会按设置要求在放映幻灯片时播放。

图 5-25 "插入"选项卡→"媒体"命令组→"音频"命令

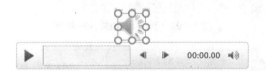

图 5-26 声音图标和播放控制条

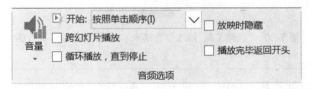

图 5-27 "音频工具–播放"选项卡 →"音频选项"命令组

2. 插入视频

在幻灯片中插入视频的操作步骤如下。选择要插入视频文件的幻灯片。单击"插入"选项卡→"媒体"命令组→"视频"命令的下拉按钮，显示"联机视频""PC 上的视频"等命令，如图 5-28 所示。选择"PC 上的视频"命令，打开"插入视频"对话框，该对话框中列出了文档库中的所有视频文件。选择要插入的视频文件，单击"插入"按钮即可。

幻灯片上会出现一个视频图框和播放控制条，如图 5-29 所示。同时功能区中会出现用于视频编辑的"视频工具–格式"和"视频工具–播放"选项卡。

可以通过"视频工具–播放"选项卡→"视频选项"命令组中的命令设置播放方式，如图 5-30 所示。完成设置之后，该视频文件会按设置要求在放映幻灯片时播放。

需要注意的是，插入"联机视频"的操作必须在连接了互联网的状态下进行。

图 5-28　"插入"选项卡→"媒体"命令组→"视频"命令

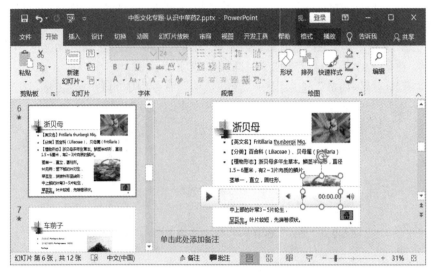

图 5-29　视频图框和播放控制条

图 5-30　"视频工具-播放"选项卡 →"视频选项"命令组

 　　在向幻灯片插入"PC 上的音频"和"PC 上的视频"时，添加的音频和视频文件的路径不能修改，否则在放映幻灯片时将不能播放音频和视频文件。

5.4.8　插入表格

1. 创建表格

在 PowerPoint 演示文稿中，可以使用以下几种方法创建表格。

（1）使用幻灯片内容版式占位符创建表格

在幻灯片内容版式占位符中，有"插入表格""插入图表""插入 SmartArt 图形""插入视频文件""图片"及"联机图片"等图标，如图 5-31 所示。

图 5-31　幻灯片内容版式占位符图标

具体操作步骤如下。

① 单击幻灯片内容版式占位符中的"插入表格"图标，打开"插入表格"对话框，如图 5-32 所示。

② 在对话框中确定表格的行数和列数。

③ 单击"确定"按钮，即可创建指定行数和列数的表格。

图 5-32　"插入表格"对话框

（2）使用功能区中的命令快速生成表格

具体操作步骤如下。

① 选择"插入"选项卡→"表格"命令组→"表格"命令，弹出"表格"下拉列表框，如图 5-33 所示。

② 在示意网格中拖动鼠标指针选择行数和列数，即可快速生成相应的表格。

图 5-33　"表格"下拉列表框

（3）使用"插入表格"对话框创建表格

具体操作步骤如下。

① 选择"插入"选项卡→"表格"命令组→"表格"命令，弹出"表格"下拉列表框。

② 在下拉列表框中选择"插入表格"命令，打开"插入表格"对话框。

③ 在对话框中确定表格的行数和列数。

④ 单击"确定"按钮，即可创建指定行数和列数的表格。

（4）使用绘制表格功能创建自定义表格

具体操作步骤如下。

① 选择"插入"选项卡→"表格"命令组→"表格"命令，弹出"表格"下拉列表框。

② 在下拉列表框中选择"绘制表格"命令，此时鼠标指针呈铅笔形状。

③ 在幻灯片上按住鼠标左键并拖动手动绘制表格。注意首次绘制的是表格的外围边框，之后可以绘制表格的内部框线。

创建表格后，光标在左上角第一个单元格中，此时可以向表格输入内容了。单击某一个单元格，出现光标，在该单元格中输入内容，重复此操作直到完成全部单元格内容的输入。

2. 编辑表格

表格制作完成后，若不满意，可以编辑修改表格，如修改单元格的内容，设置文本对齐方式，调整表格大小和行高、列宽，插入和删除行（列），合并与拆分单元格等。在修改表格对象前，应选择这些对象。这些操作可以在"表格工具-布局"选项卡中进行。

（1）选定表格对象

编辑表格前，必须选择要编辑的表格对象，如整个表格、行（列）、单元格、单元格范围等。

使用功能区中的命令选择表格、行（列）的操作方法为：将光标定位在表格的任一单元格，选择"表格工具-布局"选项卡→"表"命令组→"选择"命令，在弹出的下拉列表框中有"选择表格""选择列""选择行"命令。选择"选择表格"命令，可选择该表格。选择"选择行"（"选择列"）命令，可选中光标所在行（列）。

（2）设置表格大小及行高和列宽

拖动鼠标调整行高和列宽的操作方法为：选择表格，表格四周出现 8 个控点，将鼠标指针移至控点处，出现双向箭头时沿箭头方向拖动，即可改变表格大小；沿水平（垂直）方向拖动，可以改变表格的宽度（高度）；在表格四角拖动控点，可等比例缩放表格的宽和高。

使用功能区中的命令调整行高和列宽的操作方法为：单击表格内的任意单元格，在"表格工具-布局"选项卡→"表格尺寸"命令组中可以输入表格的宽度和高度数值，若选中"锁定纵横比"复选框，则保证按比例缩放表格。

在"表格工具-布局"选项卡→"单元格大小"命令组中可以输入行高和列宽的数值，精确设定当前选定区域的行高和列宽。

（3）插入表格行和列

将光标置于某行的任意单元格中，选择"表格工具-布局"选项卡→"行和列"命令组→"在上方插入"（"在下方插入"）命令，即可在当前行的上方（下方）插入一空白行。

用同样的方法，选择"表格工具-布局"选项卡→"行和列"命令组→"在左侧插入"（"在右侧插入"）命令，即可在当前列的左侧（右侧）插入一空白列。

（4）删除表格行、表格列和整个表格

将光标置于要删除的行（列）的任意单元格中，选择"表格工具-布局"选项卡→"行和列"

命令组→"删除"命令，在出现的下拉列表框中选择"删除行"（"删除列"）命令，则该行（列）被删除；若选择"删除表格"命令，则光标所在的整个表格被删除。

（5）合并和拆分单元格

合并单元格是指将若干相邻单元格合并为一个单元格，合并后的单元格宽度（高度）是被合并的几个单元格宽度（高度）之和。而拆分单元格是指将一个单元格拆分为多个单元格。

合并单元格的方法为：选择相邻的要合并的所有单元格（如同一行相邻的两个单元格），选择"表格工具-布局"选项卡→"合并"命令组→"合并单元格"命令，则所选单元格会合并为一个大单元格。

拆分单元格的方法为：选择要拆分的单元格，选择"表格工具-布局"选项卡→"合并"命令组→"拆分单元格"命令，弹出"拆分单元格"对话框，在对话框中输入行数和列数，即可将单元格拆分为指定行数和列数的多个单元格。

3. 设置表格格式

（1）套用表格样式

系统提供的表格样式已经设置了相应的表格边框线和底纹，可以直接套用这些表格样式。具体方法为：单击表格的任意单元格，选择"表格工具-设计"选项卡→"表格样式"命令组，单击样式列表右侧的"其他"按钮，在弹出的下拉列表框中展开"文档的最佳匹配对象""浅色""中等色""深色"4 类表格样式，将鼠标指针移动到某样式上，可以实时预览相应的效果；从中选择一种表格样式，即可为所选表格设置表格样式，如图 5-34 所示。

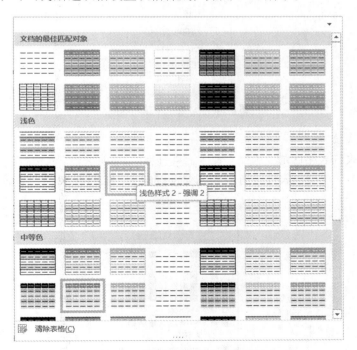

图 5-34　"表格样式"下拉列表框

对于已经选用了表格样式的表格可以清除并重新选用其他表格样式，具体方法为：单击表格的任意单元格，选择"表格工具-设计"选项卡→"表格样式"命令组，单击样式列表右侧的"其他"按钮，在弹出的下拉列表框中选择"清除表格"命令，则表格变成无样式的表格；然后重新选用其他表格样式。

（2）设置表格框线

系统提供的表格样式已经设置了相应的表格边框线和底纹，可以重新定义已经选用的表格框线。具体方法为：单击表格的任意单元格，选择"表格工具-设计"选项卡→"绘图边框"命令组→"笔颜色"命令，在下拉列表框中选择边框线的颜色；单击"笔样式"右侧的下拉按钮，在下拉列表框中选择边框线的线型；单击"笔划粗细"右侧的下拉按钮，在下拉列表框中选择边框线的线条宽度。

设置好表格边框线颜色、线型和线条宽度后，再确定设置该边框线的对象。选择整个表格，选择"表格工具-设计"选项卡→"表格样式"命令组→"边框"命令，弹出的"边框"下拉列表框中有"无框线""所有框线""外侧框线""内部框线""上框线""下框线""左框线""右框线""内部横框线""内部竖框线""斜下框线""斜上框线"等各种边框线设置命令，如图5-35所示，选择其中的命令，即可设置表格的内、外边框线。

图 5-35 "边框"下拉列表框

（3）设置表格底纹

选择要设置底纹的表格区域，选择"表格工具-设计"选项卡→"表格样式"命令组→"底纹"命令，弹出的"底纹"下拉列表框中有各种底纹设置命令，如图5-36所示，选择其中的命令，即可设置表格底纹。

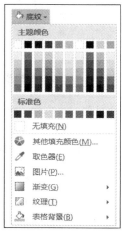

图 5-36 "底纹"下拉列表框

选择"渐变"命令，其下拉列表框中有"无渐变""浅色变体""深色变体""其他渐变"底纹设置命令，可以用指定的颜色变体作为区域中单元格的底纹。

选择"图片"命令，弹出"插入图片"对话框，可以将采用"从文件""必应图像搜索""OneDrive-个人"等方式插入的图片作为区域中单元格的底纹。

选择"纹理"命令，其下拉列表框中有各种纹理，可以将选择的纹理作为区域中单元格的底纹。

（4）设置表格效果

选择表格，选择"表格工具-设计"选项卡→"表格样式"命令组→"效果"命令，弹出的"效果"下拉列表框中有"单元格凹凸效果""阴影""映像"等效果命令，如图 5-37 所示。其中，"单元格凹凸效果"命令主要使表格单元格边框呈现各种凹凸效果，"阴影"命令的作用是为表格内部或外部建立各种方向的光晕，"映像"命令的作用是在表格四周创建倒影的特效。

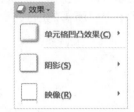

图 5-37　"效果"下拉列表框

5.5　演示文稿外观设置

PowerPoint 2016 创建的空白演示文稿没有任何设计方案和图文信息，为了使演示文稿中的幻灯片具有统一的外观，PowerPoint 2016 提供了版式、母版、主题配色方案和背景等设置方法，用户可以应用版式、选择与内容相匹配的主题来制作精致美观、彰显个性的演示文稿。

5.5.1　幻灯片版式

幻灯片版式包含要在幻灯片上显示的全部内容的格式、位置和占位符。占位符是版式中的容器，可以根据提示在指定位置插入各种对象。PowerPoint 2016 包含标题幻灯片、标题和内容、节标题、两栏内容、比较、仅标题、空白、内容与标题、图片与标题、标题和竖排文字、垂直排列标题与文本等 11 种内置版式。

新建一个演示文稿时，第一张幻灯片的版式默认是"标题幻灯片"，如图 5-38 所示。

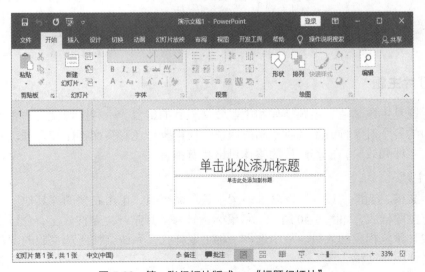

图 5-38　第一张幻灯片版式 →"标题幻灯片"

如果要新建幻灯片，选择"开始"选项卡→"幻灯片"命令组→"新建幻灯片"命令，新建一个固定版式的幻灯片。如果单击"新建幻灯片"命令的下拉按钮，会弹出"新建幻灯片"下拉列表框，可在其中选择所需的版式。

如果要改变已有幻灯片的版式，选择"开始"选项卡→"幻灯片"命令组→"版式"命令，弹出"版式"下拉列表框，如图 5-39 所示，在其中选择所需的版式。也可以在幻灯片空白处单击鼠标右键，在弹出的快捷菜单中选择"版式"命令，同样会弹出幻灯片"版式"下拉列表框，在其中选择所需的版式。

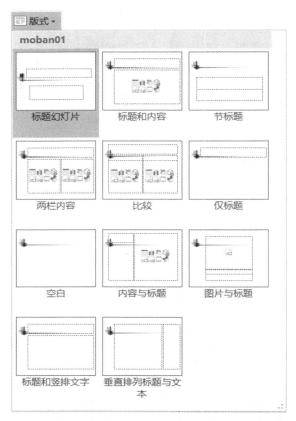

图 5-39 "版式"下拉列表框

5.5.2 幻灯片主题

幻灯片主题是主题颜色、主题字体和主题效果三者的组合。一种主题就是一种配色方案，系统为幻灯片中的各个对象预设了各种不同的颜色，使得整体色彩搭配都比较合理，可以在此基础上设置颜色、字体和效果，使幻灯片的整体风格具有独特性。

1. 应用主题

打开演示文稿，选择"设计"选项卡→"主题"命令组，单击右侧的"其他"按钮，打开系统内置的所有主题样式，如图 5-40 所示。将鼠标指针移动到某一主题样式上，会显示该主题样式的名称并可实时预览相应的效果。从中选择一种主题样式，系统会按所选主题的颜色、字体和图形外观效果修饰演示文稿。

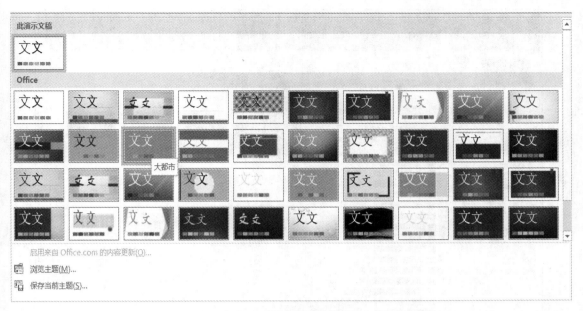

图 5-40　"主题"下拉列表框

如果只希望修饰演示文稿中的部分幻灯片，则先选择这些幻灯片，然后在某种主题样式上单击鼠标右键，弹出的快捷菜单中包括"应用于相应幻灯片""应用于所有幻灯片""应用于选定幻灯片""删除""设置为默认主题""将库添加到快速访问工具栏"等主题设置命令，如图 5-41 所示。若选择"应用于选定幻灯片"命令，则选定的幻灯片采用该主题样式自动更新，其他幻灯片的主题不变；若选择"应用于所有幻灯片"命令，则整个演示文稿均采用所选主题。

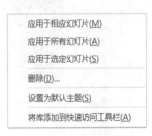

图 5-41　主题设置快捷菜单

2．更改主题颜色、字体和效果

使用系统提供的主题样式设置了演示文稿中的所有或相应的幻灯片后，若想更改主题样式，可以重新设置已经选用的主题的颜色、字体和效果。

（1）更改主题颜色

具体操作步骤如下。

选择"设计"选项卡→"变体"命令组，可根据提供的填充变体列表进行主题颜色更改。也可以单击其填充变体列表右侧的"其他"按钮，在弹出的下拉列表框中选择"颜色"命令，在打开的图 5-42 所示的"颜色"下拉列表框中进行主题颜色的更改。或者选择"颜色"下拉列表框中的"自定义颜色"命令，在打开的图 5-43 所示的"新建主题颜色"对话框中进行主题颜色的更改。

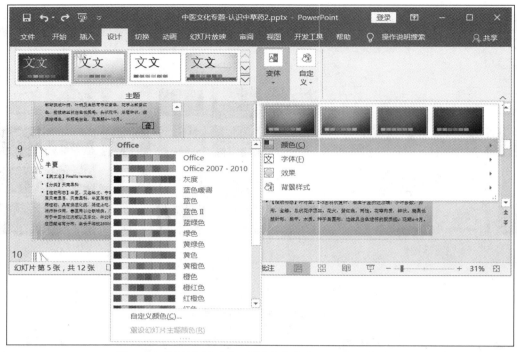

图 5-42 "设计"选项卡→"变体"命令组→"颜色"命令

图 5-43 "新建主题颜色"对话框

（2）更改主题字体

具体操作步骤如下。

选择"设计"选项卡→"变体"命令组，单击其填充变体列表右侧的"其他"按钮，在弹出的下拉列表框中选择"字体"命令，在打开的图 5-44 所示的"字体"下拉列表框中进行主题字体的更改。或者选择选择"字体"下拉列表框中的"自定义字体"命令，在打开的图 5-45 所示的"新建主题字体"对话框中进行主题字体的更改。

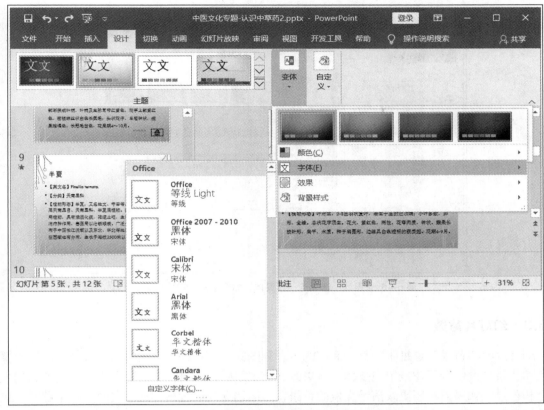

图 5-44　"设计"选项卡→"变体"命令组→"字体"命令

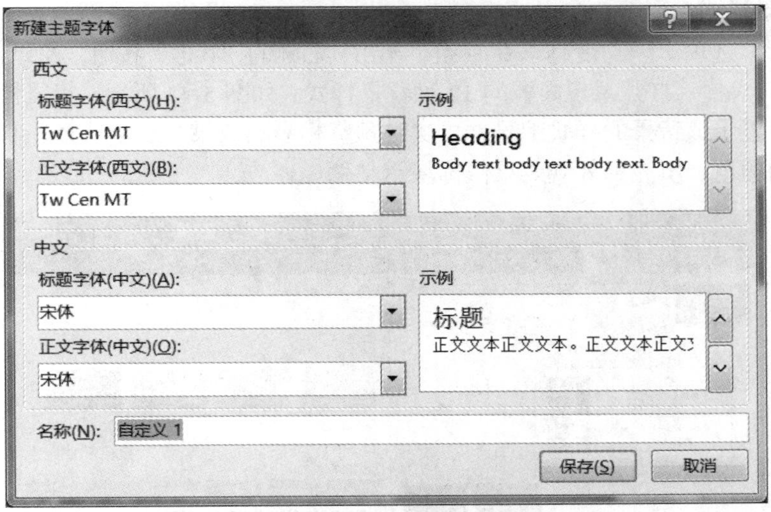

图 5-45　"新建主题字体"对话框

（3）更改主题效果

具体操作步骤如下。

选择"设计"选项卡→"变体"命令组，单击其填充变体列表右侧的"其他"按钮，在弹出的下拉列表框中选择"效果"命令，在打开的图 5-46 所示的"效果"下拉列表框中进行主题效果的更改。

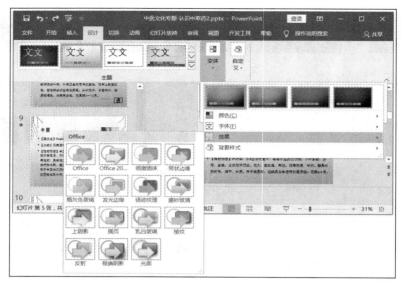

图 5-46 "设计"选项卡→"变体"命令组→"效果"命令

5.5.3 幻灯片背景

幻灯片的"背景"是每张幻灯片底层的色彩和图案。背景样式是当前幻灯片"主题"中主题颜色和背景亮度组合的背景填充变体。当更改文档主题时，背景样式会随之更新以反映新的主题颜色和背景。如果只希望更改演示文稿的背景，则应选择其他背景样式。更改文档主题时，更改的不只是背景，同时会更改颜色、标题和正文字体、线条和填充样式及主题效果等。

1. 更改背景样式

选择"设计"选项卡→"变体"命令组，单击其右侧的"其他"按钮，在弹出的下拉列表框中选择"背景样式"命令，打开系统内置的 12 种背景样式，如图 5-47 所示。将鼠标指针移动到某一背景样式上，会显示该背景的样式编号并可实时预览相应的效果。从中选择一种背景样式，系统会按所选背景的颜色、填充和外观效果修饰演示文稿。

图 5-47 "设计"选项卡→"变体"命令组→"背景样式"命令

如果只希望改变部分幻灯片的背景，则选择这些幻灯片，然后在某一种背景样式上单击鼠标右键，弹出的快捷菜单中有"应用于相应幻灯片""应用于所有幻灯片""应用于选定幻灯片""添加到快速访问工具栏"等主题设置命令。若选择"应用于选定幻灯片"命令，则选定的幻灯片采用该背景样式，而其他幻灯片的背景样式不变；若选择"应用于所有幻灯片"命令，则整个演示文稿均采用所选背景样式。

2. 设置背景格式

选择"设计"选项卡→"变体"命令组，单击其右侧的"其他"按钮，在弹出的下拉列表框中选择"背景样式"命令，在"背景样式"下拉列表框中选择"设置背景格式"命令，打开"设置背景格式"窗格进行设置，如图 5-48 所示。或者选择"设计"选项卡→"自定义"命令组→"设置背景格式"命令，可直接打开"设置背景格式"窗格进行设置。

图 5-48　"设置背景格式"窗格

单击"关闭"按钮，即可对当前幻灯片完成背景格式设置。如果需要对演示文稿中所有幻灯片设置该背景格式，则单击"应用到全部"按钮即可。

5.5.4　使用母版

在演示文稿中，所有的幻灯片都可基于某一个特殊的母版而创建。母版也可以被看作一个用于构建幻灯片的框架。如果更改了幻灯片的母版，则会影响所有基于母版而创建的幻灯片。PowerPoint 2016 的母版包括幻灯片母版、讲义母版和备注母版，如图 5-49 所示。

图 5-49 "视图"选项卡→"母版视图"命令组

1. 幻灯片母版

选择"视图"选项卡→"母版视图"命令组→"幻灯片母版"命令，进入"幻灯片母版"窗口，如图 5-50 所示。PowerPoint 2016 自带的一个幻灯片母版中包括 11 个版式。每一个版式都可编辑"母版标题样式""母版文本样式""日期和时间""幻灯片编号"等格式，还可以拖动占位符调整各对象的位置。可以编辑幻灯片母版的主题、指定背景样式，还可以通过"插入"选项卡将对象（如图形、图片、表格、图表、艺术字等）添加到幻灯片母版上。

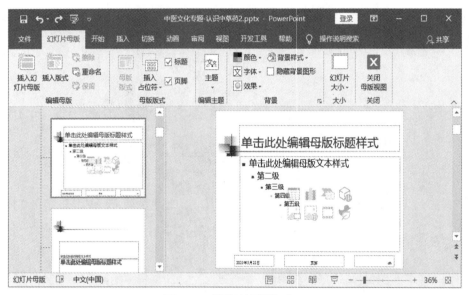

图 5-50 "幻灯片母版"窗口

因为对幻灯片母版所做的设置或更改将会反映到每一张幻灯片上。所以，若想演示文稿的每一张幻灯片上都具有相同的对象或格式，只需在幻灯片母版中设置一次即可。

选择"幻灯片母版"选项卡→"关闭"命令组→"关闭母版视图"命令，即可返回到原始演示文稿中。

2. 讲义母版

选择"视图"选项卡→"母版视图"命令组→"讲义母版"命令，进入"讲义母版"窗口，如图 5-51 所示。讲义母版将多张幻灯片显示在一页中，系统默认显示 6 张幻灯片。可以通过"页面设置""占位符""编辑主题""背景"等命令组设置幻灯片的打印设计和版式。

选择"讲义母版"选项卡→"关闭"命令组→"关闭母版视图"命令，即可返回到原始演示文稿中。

图 5-51 "讲义母版"窗口

3. 备注母版

选择"视图"选项卡→"母版视图"命令组→"备注母版"命令，进入"备注母版"窗口，如图 5-52 所示。备注母版主要用于对幻灯片备注窗格中的内容格式进行设置，选择各级标题文本后即可对其字体格式等进行设置。

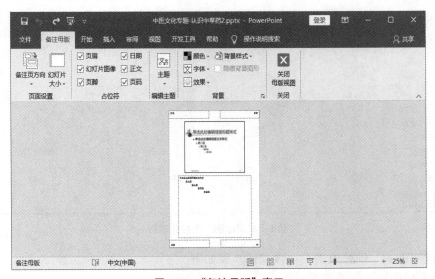

图 5-52 "备注母版"窗口

5.6 动画设置与放映方式

PowerPoint 2016 提供的动画方案包括对象的动画效果和幻灯片的切换效果两种。对象的动画效果是指幻灯片中各个对象元素进入、强调或退出播放时的动态效果。幻灯片的切换效果就是幻灯片之间在进入、退出时的切换交互效果。创建演示文稿的最终目的是为观众放映。根据不同场合的放映需求，可以设置幻灯片的不同放映方式。

5.6.1 动画效果设置

演示文稿在放映时，要使幻灯片上的每个对象，如文本、图形、图像、表格等以一定的次序或动作进入幻灯片，或强调某对象，或以某种动作退出幻灯片，甚至希望带有音效，就必须给这些对象添加相应的动画效果。

1. 设置动画效果

动画效果是系统预设好的一系列动作方案。系统为对象设置了 4 种类型的动画效果，分别用于制作对象的"进入""强调""退出""动作路径"等效果，如图 5-53 所示。

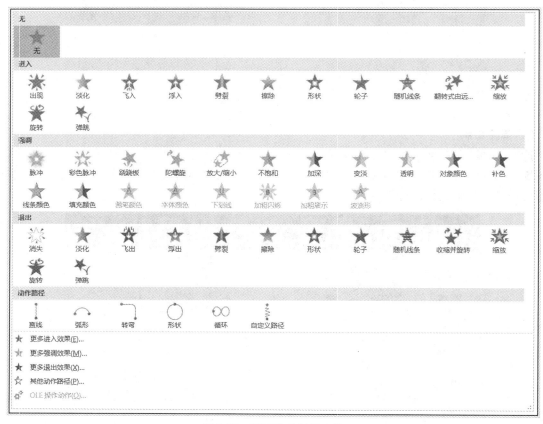

图 5-53 "动画"下拉列表框

（1）设置"进入"动画效果，具体操作步骤如下。

① 选择需要设置动画效果的对象。

② 在"动画"选项卡→"动画"命令组中，单击动画样式列表右侧的"其他"按钮，出现包含各种动画效果的下拉列表框。

③ 在"进入"类中选择一种动画样式（如"飞入"），则所选对象被赋予该动画效果。

对象被添加动画效果后，对象旁边会出现数字编号，表示该动画出现的序号。

如果对所选动画效果不满意，还可以选择"动画"下拉列表框下方的"更多进入效果"命令，打开"更改进入效果"对话框，如图 5-54 所示。其中按"基本""细微""温和""华丽"等类型列出了更多"进入"动画效果供选择。

图 5-54 "更改进入效果"对话框

（2）设置"强调"动画效果。"强调"动画效果主要用于突出显示播放画面中的对象，起强调的作用。设置方法类似于设置"进入"动画。具体操作步骤如下。

① 选择需要设置动画效果的对象。

② 在"动画"选项卡→"动画"命令组中，单击动画样式列表右侧的"其他"按钮，出现包含各种动画效果的下拉列表框。

③ 在"强调"类中选择一种动画样式（如"陀螺旋"），则所选对象被赋予该动画效果。

还可以选择"动画"下拉列表框下方的"更多强调效果"命令，打开"更改强调效果"对话框，如图 5-55 所示。其中按"基本""细微""温和""华丽"等类型列出了更多"强调"动画效果供选择。

图 5-55 "更改强调效果"对话框

（3）设置"退出"动画效果。"退出"动画效果是指播放画面中的对象离开播放画面的动画效果。具体操作步骤如下。

① 选择需要设置动画效果的对象。

② 在"动画"选项卡→"动画"命令组中，单击动画样式列表右侧的"其他"按钮，出现包含各种动画效果的下拉列表框。

③ 在"退出"类中选择一种动画样式（如"飞出"），则所选对象被赋予该动画效果。

还可以选择"动画"下拉列表框下方的"更多退出效果"命令，打开"更改退出效果"对话框，如图 5-56 所示。其中按"基本""细微""温和""华丽"等类型列出了更多"退出"动画效果供选择。

图 5-56 "更改退出效果"对话框

（4）设置"动作路径"动画效果。"动作路径"动画效果是指播放画面中的对象按指定路径移动的动画效果。具体操作步骤如下。

① 选择需要设置动画效果的对象。

② 在"动画"选项卡→"动画"命令组中，单击动画样式列表右侧的"其他"按钮，出现包含各种动画效果的下拉列表框。

③ 在"动作路径"类中选择一种动画样式（如"弧形"），则所选对象被赋予该动画效果。

还可以选择"动画"下拉列表框下方的"其他动作路径"命令，打开"更改动作路径"对话框，如图 5-57 所示。其中按"基本""直线和曲线""特殊"等类型列出了更多"动作路径"动画效果供选择。

2. 设置动画属性

幻灯片动画属性包括"动画效果选项""动画开始方式""持续时间和声音"效果等。对象进行动画设置时，如不对其动画属性进行修改，系统将采用默认设置。如果对动画属性的默认设置不满意，则可以重新设置。

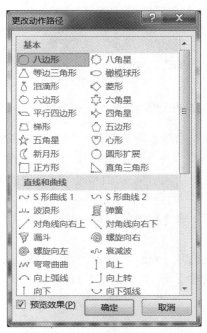

图 5-57　"更改动作路径"对话框

（1）设置"动画效果"属性。动画效果属性是指动画的方向和形式。选择设置动画的对象，选择"动画"选项卡→"动画"命令组→"效果选项"命令，在出现的包含各种效果选项的下拉列表框中选择所需选项。不同的动画效果有不同的设置内容，如图 5-58 所示。

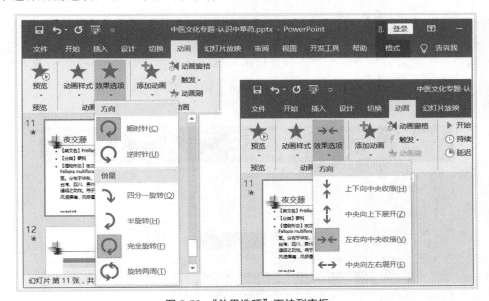

图 5-58　"效果选项"下拉列表框

（2）设置动画开始方式、持续时间和延迟时间。动画开始方式是指开始播放动画的方式，动画持续时间是指动画开始后的整个播放时间,动画延迟时间是指播放操作开始后延迟播放的时间。具体设置可以通过"动画"选项卡→"计时"命令组来实现，如图 5-59 所示。

图 5-59　"动画"选项卡→"计时"命令组

在"动画"选项卡→"计时"命令组中的"开始"下拉列表框中选择动画"开始"方式。动画"开始"方式有 3 种："单击时""与上一动画同时""上一动画之后"，如图 5-60 所示。"单击时"是指单击鼠标时开始播放动画。"与上一动画同时"是指播放前一动画的同时播放该动画，可以在同一时间组合多个效果。"上一动画之后"是指前一动画播放之后开始播放该动画。

在"动画"选项卡→"计时"命令组中的"持续时间"数值框内调整动画持续时间，在"延迟"数值框内调整动画延迟时间。

（3）设置动画音效。设置动画时，默认动画无音效。音效可以通过"动画"选项卡→"高级动画"命令组→"动画窗格"命令来设置，如图 5-61 所示。以下以设置"陀螺旋"动画对象音效为例，说明设置音效的方法。

图 5-60　动画"开始"方式设置

图 5-61　"动画"选项卡→"高级动画"命令组→"动画窗格"命令

选择要设置动画音效的对象（例如，对象已设置"陀螺旋"动画），选择"动画"选项卡→"高级动画"命令组→"动画窗格"命令，演示文稿窗口右侧调出"动画窗格"，如图 5-62 所示。在"动画窗格"中动画对象右侧的下拉列表框中选择"效果选项"命令，打开"陀螺旋"对话框，如图 5-63 所示。在"效果"标签下的"声音"下拉列表框中选择一种音效（如"打字机"），单击"确定"按钮即可。

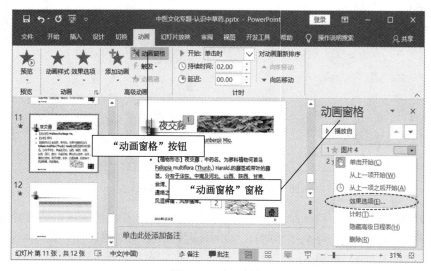

图 5-62　动画窗格

图 5-63 "陀螺旋"对话框→"效果"标签

"效果选项"对话框也可通过单击"动画"选项卡→"动画"命令组右下角的"对话框启动器"按钮直接打开。在"效果"标签下可以设置动画方向、形式和音效效果。在"计时"标签下可以设置动画开始方式、动画持续时间（在"期间"栏设置）和动画延迟时间等，如图 5-64 所示。因此，需设置多种动画属性时，可以直接调出该动画的"效果选项"对话框，分别设置各种动画效果。

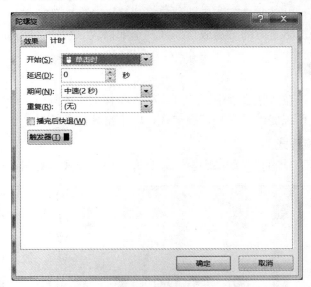

图 5-64 "陀螺旋"对话框→"计时"标签

3. 调整动画播放顺序

对象添加动画效果后，对象旁边出现该动画播放的序号。一般来说，该序号与设置动画的顺序一致，即按照设置动画的顺序播放动画。为多个对象设置动画效果后，如果对原有播放顺序不满意，可以调整对象动画的播放顺序，操作方法如下。

选择"动画"选项卡→"高级动画"命令组→"动画窗格"命令，调出动画窗格。动画窗格显示所有动画对象，它左侧的数字表示该对象动画播放的序号，与幻灯片中动画对象旁边显示的序号一致。选择动画对象，单击其中的向上、向下重排箭头，即可改变该动画对象的播放顺序，如图 5-65 所示。或者直接选择"动画"选项卡→"计时"命令组，选择其中的"向前移动"或"向后移动"命令，用以调整动画的播放顺序。

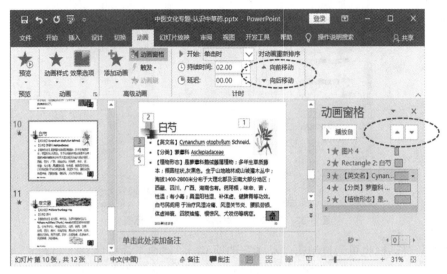

图 5-65　调整对象动画的播放顺序

4. 预览动画效果

动画设置完成后，可以预览动画的播放效果。选择"动画"选项卡→"预览"命令组→"预览"命令。或单击动画窗格上方的"播放自"或"全部播放"按钮，即可预览动画。

5.6.2　切换效果设置

幻灯片切换效果是指在放映过程中，幻灯片移入和移出播放画面时产生的视觉效果。为了增强幻灯片的放映效果，系统提供了多种切换样式，以丰富其过渡效果。

1. 设置幻灯片切换样式

系统提供了"细微""华丽""动态内容"等类型的切换样式，如图 5-66 所示。

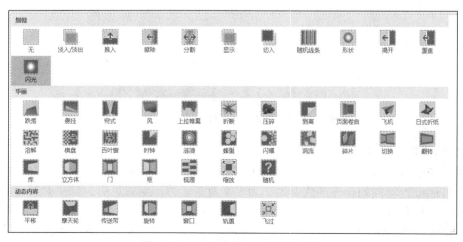

图 5-66　幻灯片切换样式下拉列表框

设置幻灯片切换效果的操作步骤如下。

① 打开演示文稿文件，选中需要设置切换方式的幻灯片（组）。

② 在"切换"选项卡→"切换到此幻灯片"命令组中，单击切换样式列表右侧的"其他"按钮，出现幻灯片切换样式下拉列表框。

③ 在切换样式下拉列表框中选择一种切换样式即可。

默认设置当前幻灯片的切换样式。如果要对所有幻灯片应用此切换样式，则选择"切换"选项卡→"计时"命令组→"应用到全部"命令。

2. 设置幻灯片切换属性

幻灯片切换属性包括"换片方式""持续时间"和"声音"等。设置幻灯片切换效果时，如果不设置切换属性，则系统将采用默认的切换属性。若对默认的切换属性不满意，也可以重新设置切换属性。

设置动画切换方式。在"切换"选项卡→"计时"命令组中设置"换片方式"，如图 5-67 所示。选中"单击鼠标时"复选框，表示单击鼠标时才切换幻灯片。选中"设置自动换片时间"复选框，表示经过该段时间后自动切换到下一张幻灯片。

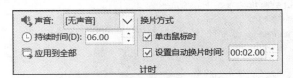

图 5-67 "切换"选项卡→"计时"命令组

在"切换"选项卡→"计时"命令组中设置换片声音、持续时间及应用范围。在"声音"下拉列表框中选择一种音效（如"爆炸"）。在"持续时间"数值框中输入切换持续时间。选择"应用到全部"命令，表示要对所有幻灯片应用此切换效果。

5.6.3 幻灯片放映

幻灯片有 3 种放映类型："演讲者放映""观众自行浏览""在展台浏览"，不同的播放类型分别适合不同的播放场合。在默认情况下，PowerPoint 2016 会按照预设的"演讲者放映"方式来放映幻灯片。

1. 幻灯片放映类型

（1）演讲者放映。演讲者放映是最常用的放映方式。这种方式可全屏显示幻灯片，并且能手动控制幻灯片的放映，在放映过程中可由演讲者控制速度和时间，也可使用排练计时自动放映，还可以录制旁白等。

（2）观众自行浏览。观众自行浏览是指演示可以由观众自己动手操作。在标准窗口中观看放映，包含自定义菜单和命令，便于观众自己浏览演示文稿。但只能自动放映或利用滚动条放映，不能通过单击鼠标来放映。

（3）在展台浏览。在展台浏览是最简单的放映方式。这种方式将自动全屏放映幻灯片，并且循环放映幻灯片，放映过程中除了通过超链接或动作按钮来进行切换以外，其他的功能都不能使用，若要停止放映，只能按<Esc>键实现。

2. 设置幻灯片放映方式

设置幻灯片放映方式的操作步骤如下。

① 打开演示文稿文件，选择"幻灯片放映"选项卡→"设置"命令组，如图 5-68 所示。选择"设置幻灯片放映"命令，打开"设置放映方式"对话框，如图 5-69 所示。

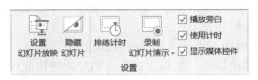

图 5-68 "幻灯片放映"选项卡→"设置"命令组

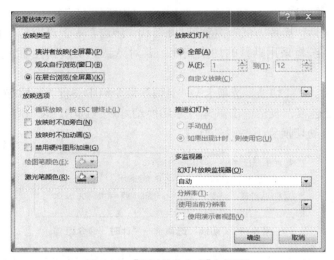

图 5-69 "设置放映方式"对话框

② 在"放映类型"区域中，可以选择"演讲者放映(全屏幕)""观众自行浏览(窗口)"和"在展台浏览(全屏幕)"3 种方式中的一种。

③ 在"放映幻灯片"区域中，可以确定幻灯片的放映范围（全部或部分幻灯片）。放映部分幻灯片时，可以指定放映幻灯片的开始序号和终止序号。

④ 在"推进幻灯片"区域中，可以选择控制放映速度的两种换片方式中的一种。

⑤ 单击"确定"按钮即可。

3. 幻灯片放映

启动幻灯片放映的方法有很多，常用的有以下几种。

（1）单击窗口右下角（视图切换按钮区）的"放映幻灯片"按钮，从当前幻灯片开始放映。

（2）选择"幻灯片放映"选项卡→"开始放映幻灯片"命令组→"从头开始"（或者"从当前幻灯片开始""自定义幻灯片放映""联机演示"等）命令，如图 5-70 所示。

（3）按<F5>键（按<F5>键从第一张幻灯片开始放映，或者按<Shift+F5>快捷键从当前幻灯片开始放映）。

图 5-70 "幻灯片放映"选项卡→"开始放映幻灯片"命令组

若要退出幻灯片放映，可以按<Esc>键。

5.6.4 设置链接

在 PowerPoint 2016 中插入超链接，可以在幻灯片播放过程中实现交互控制，便于在各张幻灯片间跳转，或跳转到其他 PowerPoint 演示文稿、Office 文档，甚至指向某个网站。PowerPoint 2016 可以用任何文本或对象（包括图形、图像、表格、图片等）创建超链接。

在幻灯片中创建超链接有两种方法：使用"超链接"命令和"动作按钮"。

1. 编辑超链接

选择要创建超链接的文本或对象，选择"插入"选项卡→"链接"命令组→"超链接"命令，打开"插入超链接"对话框，如图 5-71 所示，选择左边"链接到"区域中的命令，确定要链接到的目标位置。

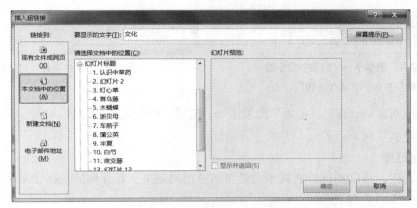

图 5-71 "插入超链接"对话框

现有文件或网页：在右侧选择或输入需要链接到的文件或 Web 页的地址。

本文档中的位置：右侧将列出本演示文稿的所有幻灯片以供选择。

新建文档：选择该命令，打开"新建文档名称"文本框，在"新建文档名称"文本框中输入新建文档的名称，单击"更改"按钮，设置新文档所在的文件夹名，然后在"何时编辑"区域中设置是否立即开始编辑新文档。

电子邮件地址：选择该命令，打开"电子邮件地址"文本框，在"电子邮件地址"文本框中输入要链接的邮件地址，在"主题"文本框中输入邮件的主题。当用户希望访问者给自己回信，并且将信件发送到自己的电子邮箱中时，可以创建一个电子邮件地址的超链接。

选好目标位置后，单击"确定"按钮，就为这些文字或对象创建了超链接。

设置了超链接的文本带有下画线，并显示系统配色方案指定的颜色。图片、形状和其他对象的链接没有附加格式。放映幻灯片时，将鼠标指针移到超链接上，鼠标指针会变成手形，单击可以跳转到链接的目标位置。

2. 编辑动作链接

在"插入"选项卡→"插图"命令组→"形状"下拉列表框中选择"动作按钮"，如图 5-72 所示，其中不同的按钮可代表不同的超链接位置。选取需要的动作按钮，在幻灯片中单击或拖曳出该按钮图形，在释放鼠标的同时，打开"操作设置"对话框，如图 5-73 所示。从中选择鼠标动作、超链接到的目标位置和单击鼠标时要运行的程序播放的声音等，单击"确定"按钮。

图 5-73　"操作设置"对话框

图 5-72　"插入"选项卡→"插图"命令组→
"形状"命令→"动作按钮"

选定文本或对象后，选择"插入"选项卡→"链接"命令组→"动作"命令，同样能进入"操作设置"对话框进行设置。

3．删除超链接

要删除超链接，可以用鼠标右键单击设置超链接的对象，在弹出的快捷菜单中选择"删除链接"命令即可，如图 5-74 所示。

如果要删除整个超链接，则选中包含超链接的文本或图形，然后按<Delete>键，可以删除超链接及代表超链接的文本或图形。

图 5-74　快捷菜单→"删除链接"命令

5.7　演示文稿的输出与打印

5.7.1　演示文稿的打包

1. 将演示文稿打包成 CD

将演示文稿打包成 CD 的操作步骤如下。

① 选择"文件"选项卡→"导出"命令，选择"将演示文稿打包成 CD"命令，如图 5-75 所示。

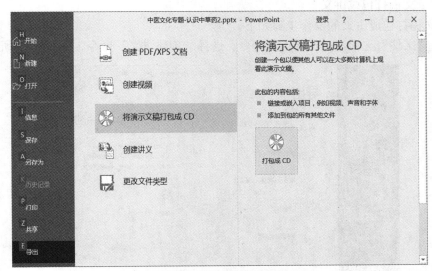

图 5-75　"将演示文稿打包成 CD"命令

② 单击右侧"打包成 CD"按钮，打开"打包成 CD"对话框，如图 5-76 所示。

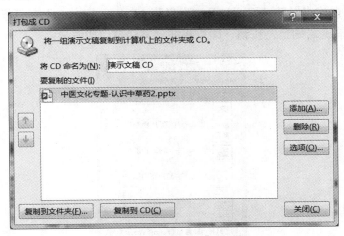

图 5-76　"打包成 CD"对话框

③ 单击"复制到 CD"按钮，即可将演示文稿保存为 CD。

④ 单击"复制到文件夹"按钮，打开"复制到文件夹"对话框，如图 5-77 所示，在其中输入文件夹的名称，选择保存位置，单击"确定"按钮，即可将演示文稿保存到文件夹，此时可以

脱离 PowerPoint 2016 环境播放演示文稿。

图 5-77 "复制到文件夹"对话框

2. 将演示文稿打包成讲义

将演示文稿打包成讲义的操作步骤如下。

① 选择"文件"选项卡→"导出"命令，选择"创建讲义"命令，如图 5-78 所示。

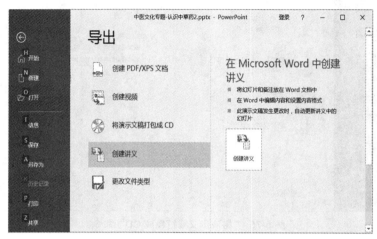

图 5-78 "创建讲义"命令

② 单击右侧"创建讲义"按钮，打开"发送到 Microsoft Word"对话框，如图 5-79 所示，选择使用的版式，单击"确定"按钮，即可将演示文稿打包成讲义。

图 5-79 "发送到 Microsoft Word"对话框

3. 直接将演示文稿转换为放映格式文件

直接将演示文稿转换为放映格式文件的操作步骤如下。

① 选择"文件"选项卡→"导出"命令，选择"更改文件类型"命令，在右侧选择"PowerPoint 放映(*.ppsx)"命令，如图 5-80 所示。

② 在"另存为"对话框中输入文件名和存放路径，设置文件类型为"PowerPoint 放映(*.ppsx)"，单击"保存"按钮。

③ 双击上述保存的放映格式文件，即可观看播放效果。

图 5-80　"更改文件类型"命令

5.7.2　页面设置与打印

1. 幻灯片大小设置

选择"设计"选项卡→"自定义"命令组→"幻灯片大小"命令，在弹出的下拉列表框中选择"自定义幻灯片大小"命令，弹出"幻灯片大小"对话框，设置页面的幻灯片显示比例、纸张大小、幻灯片编号起始值、幻灯片与讲义的方向等，如图 5-81 所示。

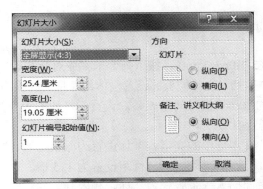

图 5-81　"幻灯片大小"对话框

2. 预览与打印

在打印之前，可以使用打印预览功能快速查看打印页的效果。

选择"文件"选项卡→"打印"命令，可同时进入预览与打印窗口界面。右侧是打印预览区域，可以预览幻灯片的打印效果；左侧是打印设置区域，可以设置打印机属性、打印幻灯片范围、整页中幻灯片的数量、打印颜色、打印份数等。最后单击"打印"按钮即可。

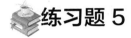 练习题 5

【操作题】

PowerPoint 操作题 1。

打开实验素材\EX5\EX5-1\Ppzc1.pptx，按下列要求完成对此演示文稿的操作并保存。

（1）在第 1 张幻灯片前插入一张版式为"标题幻灯片"的新幻灯片，输入标题内容，"产品策划书"为标题文字，"晶泰来水晶吊坠"为副标题文字。设置副标题的字体为楷体，字体样式为加粗，字体大小为 34 磅，设置副标题的动画效果为"飞入"，效果选项为"自右侧"。

（2）在第 1 张幻灯片中插入一张图片"ppt1.jpg"，设置图片高度为 7 厘米、"锁定纵横比"，图片位置为水平 3.4 厘米、垂直 2.7 厘米，均为自"左上角"，图片边框为"棱台形椭圆,黑色"，并为图片设置"淡出"动画效果，开始条件为"上一动画之后"。

（3）选择第 2 张幻灯片文本框中的文字，字体设置为微软雅黑，字体样式为加粗，字体大小为 28 磅，文字颜色设置成深蓝色（RGB 颜色模式：红色 0，绿色 20，蓝色 60），行距设置为 1.5 倍，幻灯片背景设置为"羊皮纸"纹理。

（4）移动第 5 张幻灯片，使它成为第 3 张幻灯片，并将该幻灯片的背景设置为"粉色面巾纸"纹理。

（5）将第 4 张幻灯片的版式改为"两栏内容"，在右侧栏中插入一张图片"ppt2.jpg"，设置图片高度为 8 厘米、"锁定纵横比"，图片位置设置为水平 13 厘米、垂直 6 厘米，均为自"左上角"；并为图片设置"浮入"动画效果，效果选项为"下浮"。

（6）将第 5 张幻灯片的文本框中的文字转换成为"垂直项目符号列表"的 SmartArt 图形，并设置其动画效果为"飞入"，效果选项的方向为"自左侧"，序列为"逐个"。

（7）为演示文稿应用"离子会议室"设计模板；设置全体幻灯片的切换方式为"揭开"，效果选项为"从右下部"。

（8）保存文件"Ppzc1.pptx"。

PowerPoint 操作题 2。

打开实验素材\EX5\EX5-2\Ppzc2.pptx，按下列要求完成对此演示文稿的操作并保存。

（1）为演示文稿应用"剪切"设计模板；设置全体幻灯片的切换方式为"覆盖"，效果选项为"从左上部"，每张幻灯片的自动切换时间是 5 秒。设置幻灯片的大小为"全屏显示(16:9)"；设置放映方式为"观众自行浏览(窗口)"。

（2）选择第 2 张幻灯片文本框中的文字，字体设置为微软雅黑，字体样式为加粗，字体大小为 24 磅，文字颜色设置成深蓝色（标准色），行距设置为 1.5 倍。

（3）在第 1 张幻灯片后面插入一张版式为"标题和内容"的新幻灯片，标题处输入文字"目录"，在文本框中按顺序输入第 3 到第 8 张幻灯片的标题，并且添加相应幻灯片的超链接。

（4）将第 7 张幻灯片的版式改为"两栏内容"，在右侧栏中插入一个组织结构图，结构如下图所示，设置该结构图的颜色为"彩色轮廓-个性色 1"，将组织结构调整到合适大小。

（5）为第 7 张幻灯片的结构图设置"浮入"动画效果，效果选项为"下浮"，序列为"逐个级别"；为左侧文字设置"出现"动画效果；动画顺序是先文字后结构图。

（6）在第 8 张幻灯片中插入一张图片"ppt1.jpg"，设置图片高度为 7 厘米、"锁定纵横比"，图片位置设置为水平 17 厘米、垂直 6 厘米，均为自"左上角"；并为图片设置"跷跷板"动画效果。

（7）在最后一张幻灯片后面插入一张版式为"空白"的新幻灯片，设置该幻灯片的背景为"羊皮纸"纹理；插入样式为"填充-灰色-50%,着色 1,阴影"的艺术字，文字为"谢谢观看"，文字大小为 80 磅，文本效果为"半映像,4pt 偏移量"，并设置为"水平居中"和"垂直居中"。

（8）保存文件"Ppzc2.pptx"。

PowerPoint 操作题 3。

打开实验素材\EX5\EX5-3\Ppzc3.pptx，按下列要求完成对此演示文稿的操作并保存。

（1）为第 1 张幻灯片添加副标题"觅寻国际 2016 年度总结报告会"，字体设置为微软雅黑。字体大小为 32 磅字；将主标题的文字大小设置为 66 磅，文字颜色设置成红色（RGB 颜色模式：红色 255，绿色 0，蓝色 0）。

（2）在第 6 张幻灯片后面加入一张版式为"两栏内容"的新幻灯片，输入标题"收入组成"，在左侧栏中插入一张 6 行 3 列的表格，内容如下表所示，设置表格高度为 8 厘米、宽度为 8 厘米。

名称	2016	百分比
烟酒	201 万	26.9%
旅游	156 万	20.9%
农产品	124 万	16.6%
直销	105 万	14.1%
其他	160 万	21.4%

（3）在第 7 张幻灯片中，根据左侧表格中"名称"和"百分比"两列的内容，在右侧栏中插入一张"三维饼图"，图表标题为"收入组成"，图表标签显示"类别名称"和"值"，不显示图例。设置图表高度为 10 厘米、宽度为 12 厘米。

（4）将第 2 张幻灯片的文本框中的文字转换成 SmartArt 图形"垂直曲形列表"，并且为每个项目添加相应幻灯片的超链接。

（5）为整个演示文稿应用"木材纹理"主题；设置全体幻灯片的切换方式为"擦除"，效果选项为"从右上部"；设置幻灯片的大小为"全屏显示(16:9)"；放映方式设置为"观众自行浏览(窗口)"。

（6）将第 3 张幻灯片中的"良好态势"和"不足弊端"这两项内容的列表级别降低一个等级（即增大缩进级别）；将第 5 张幻灯片中的所有对象（幻灯片标题除外）组合成一个图形对象，并为这个组合对象设置"跷跷板"动画效果；将第 6 张幻灯片的表格中所有文字大小设置为 24 磅，设置表格样式为"中度样式 2-强调 2"，所有单元格的对齐方式为垂直居中。

（7）将最后一张幻灯片的背景设置为预设颜色"浅色渐变-个性色 5"，方向为"线性向右"；在幻灯片中插入样式为"填充-褐色,着色 4,软棱台"的艺术字，艺术字的文字为"感谢大家的支持与付出"；为艺术字设置"形状"动画效果，效果选项为"切入""菱形"。设置标题居中对齐，为标题设置"放大/缩小"动画效果。效果选项为"水平""巨大"，持续时间为 3 秒。动画顺序是先标题后艺术字。

（8）保存文件"Ppzc3.pptx"。

PowerPoint 操作题 4。

打开实验素材\EX5\EX5-4 文件夹，按下列要求完成操作并保存演示文稿。

（1）新建演示文稿 Ppzc4.pptx，共 4 张幻灯片，在每一张幻灯片的页脚插入与其幻灯片编号相同的数字，例如第 4 张幻灯片的页脚内容为"4"。

（2）为整个演示文稿应用"Module.thmx"主题，设置放映方式为"观众自行浏览(窗口)"。按各幻灯片页脚内容从大到小重排幻灯片的顺序。

（3）第 1 张幻灯片版式为"标题幻灯片"，主标题为"冰箱不是食品的'保险箱'"，副标题为"不适合放入冰箱的食物"；设置主标题格式为黑体、53 磅，副标题格式为 25 磅；第 1 张幻灯片的背景设置为"斜纹布"纹理。

（4）第 2 张幻灯片版式为"两栏内容"，标题为"冰箱不是万能的"。将"ppt1.jpg"图片插入第 2 张幻灯片右侧的内容区，设置图片样式为"复杂框架,黑色"，图片效果为"橙色,11pt 发光,个性色 5"。为图片设置"陀螺旋"动画效果。将"素材.docx"文档的第 1 段文本插入左侧内容区，为文本设置"字幕式"动画效果。动画顺序是先文本后图片。

（5）第 3 张幻灯片版式为"两栏内容"，标题为"冰箱不适合储存巧克力"，在右侧的内容区插入"ppt2.jpg"图片。将"素材.docx"文档的第 2、3 段文本插入左侧内容区。

（6）第 4 张幻灯片版式为"标题和内容"，标题为"不该存放在冰箱中的 8 种食物表"，在内容区插入一张 9 行 2 列的表格，设置表格样式为"中度样式 4"，第 1 列列宽为 4.23 厘米，第 2 列列宽为 22.5 厘米。第 1 行第 1、2 列内容依次为"种类"和"不宜存放的原因"，参考"素材.docx"文档的内容，按淀粉类、鱼、荔枝、草莓、香蕉、西红柿、叶菜及黄瓜青椒的顺序从上到下将适当内容填入表格的其余 8 行，表格第 1 行和第 1 列文字全部设置为居中和垂直居中对齐方式。

（7）设置页脚内容为奇数的幻灯片切换方式为"碎片"，效果选项为"向外条纹"；页脚内容为偶数的幻灯片切换方式为"飞过"，效果选项为"切出"。

（8）保存文件"Ppzc4.pptx"。

PowerPoint 操作题 5。

打开实验素材\EX5\EX5-5\Ppzc5.pptx，按下列要求完成对此演示文稿的操作并保存。

（1）在第 1 张幻灯片前插入 4 张新幻灯片，设置第 1 张幻灯片的页脚内容为"D"，第 2 张幻灯片的页脚内容为"C"，第 3 张幻灯片的页脚内容为"B"，第 4 张幻灯片的页脚内容为"A"。

（2）为整个演示文稿应用"丝状"主题，设置放映方式为"演讲者放映(全屏幕)"。幻灯片大小设置为"A3 纸张(297×420 毫米)"。按各幻灯片页脚内容的字母顺序重排所有幻灯片的顺序。

（3）第 1 张幻灯片的版式为"空白"，并在位置（水平：4.58 厘米，自：左上角，垂直：11.54 厘米，自：左上角）插入样式为"填充-褐色,着色 3,锋利棱台"的艺术字"紫洋葱拌花生米"，设置艺术字宽度为 27.2 厘米、高度为 3.57 厘米，艺术字文字效果为"转换-弯曲-倒 V 形"。为艺术字设置"陀螺旋"动画效果，效果选项为"旋转两周"。第 1 张幻灯片的背景样式设置为"样式 6"。

（4）第 2 张幻灯片版式为"比较"，主标题为"洋葱和花生是良好的搭配"，将"素材.docx"文档的第 4 段文本"洋葱和花生……威力。"插入左侧内容区，将"ppt3.jpg"图片插入右侧的内容区。

（5）第 3 张幻灯片版式为"图片与标题"，标题为"花生利于补充抗氧化物质"，将第 5 张幻灯片左侧内容区的全部文本移到第 3 张幻灯片标题区下半部的文本区中，将"ppt2.jpg"图片插入图片区。

（6）第 4 张幻灯片版式为"两栏内容"，标题为"洋葱营养丰富"，将"ppt1.jpg"图片插入右侧的内容区，将"素材.docx"文档的第 1 段和第 2 段文本"洋葱……黄洋葱。"插入左侧内容区。设置图片样式为"棱台透视"，图片效果为"柔圆"。为图片设置"跷跷板"动画效果，为左侧文字设置"曲线向上"动画效果。动画顺序是先文字后图片。

（7）第 5 张幻灯片版式为"标题和内容"，标题为"'紫洋葱拌花生米'的制作方法"，标题大小为 53 磅。将"素材.docx"文档的最后 3 段文本"主料……可以食用。"插入内容区。在备注区插入备注"本款小菜适合高血脂、高血压、动脉硬化、冠心病、糖尿病患者及亚健康人士食用。"

（8）设置第 1 张幻灯片的切换方式为"缩放"，效果选项为"切出"，其余幻灯片切换方式为"库"，效果选项为"自左侧"。

（9）保存文件"Ppzc5.pptx"。

PowerPoint 操作题 6。

打开实验素材\EX5\EX5-6\Ppzc6.pptx，按下列要求完成对此演示文稿的操作并保存。

（1）为整个演示文稿应用"Technic.thmx"主题，设置幻灯片的大小为"全屏显示(16:9)"，设置幻灯片放映方式为"观众自行浏览(窗口)"。

（2）在第 1 张幻灯片前插入版式为"两栏内容"的新幻灯片，标题为"长寿秘密——豆腐海带味噌汤"，将"素材.docx"文档的第 1、2 段文本插入左侧内容区。将"ppt1.jpg"图片插入幻灯片右侧的内容区。设置图片样式为"棱台透视"，图片效果为"斜面"。为图片设置"轮子"动画效果，效果选项为"3 轮辐图案"。幻灯片的页脚内容为"2"。

（3）将第 2 张幻灯片版式改为"标题和内容"，标题为"海带和豆腐的功效表"，在内容区插入一张 10 行 2 列的表格，表格样式为"浅色样式 3-强调 1"，表格第 1、2 列的宽度依次为 2.8 厘米和 19.5 厘米。第 1 行第 1、2 列的内容依次为"食材"和"功效"，将第 1 列的 2~5 行合并成一个单元格，并在其中输入"豆腐"。将第 1 列的 6~10 行合并成一个单元格，并在其中输入"海带"。参考"素材.docx"文档的相关内容，按原有顺序将适当内容填入表格第 2 列，表格第 1 行和第 1 列文字全部设置为居中和垂直居中对齐方式。幻灯片的页脚内容为"3"。

（4）在第 2 张幻灯片后插入版式为"标题和内容"的新幻灯片，标题为"豆腐海带味噌汤做法"。在内容区插入"素材.docx"文档的相关内容，幻灯片的页脚内容为"4"。

（5）在第 1 张幻灯片前插入版式为"标题幻灯片"的新幻灯片，主标题为"豆腐海带味噌汤"；设置主标题格式为黑体、56 磅，副标题格式为 42 磅；幻灯片的页脚内容为"1"。

（6）在第 4 张幻灯片后插入版式为"空白"的新幻灯片，在位置（水平：2.3 厘米，自：左上角，垂直：6 厘米，自：左上角）插入"竖卷形"形状，设置形状效果为"发光-金色,18pt 发光,个性色 2"，高度为 8.6 厘米、宽度为 3.1 厘米。然后从左至右再插入与第 1 个竖卷形格式大小完全相同的 5 个竖卷形，并参考"素材.docx"文档的相关内容，按段落顺序依次将烹调豆腐海带味噌汤的建议从左至右分别插入各竖卷形，例如在从右数第 2 个竖卷形中插入文本"甲亢患者不宜食海带"。为 6 个竖卷形都设置"翻转式由远及近"动画效果。除左边第 1 个竖卷形外，其他竖卷形动画的开始条件均设置为"上一动画之后"，持续时间均设置为"2"。幻灯片的页脚内容为"5"。

（7）设置页脚内容为奇数的幻灯片的切换方式为"传送带"，效果选项为"自左侧"；页脚内容为偶数的幻灯片的切换方式为"飞过"，效果选项为"切出"。

（8）保存文件"Ppzc6.pptx"。

06 第6章 计算机网络与Internet 应用

　　计算机网络是指将地理位置不同的、具有独立功能的多台计算机及其外部设备，通过通信设备和通信线路互相连接起来，在网络操作系统、网络管理软件及网络通信协议的管理和协调下，实现资源共享和数据传输的计算机系统。Internet 是通过各种通信设备和 TCP/IP 等协议，将分布在世界各地的几百万个网络、几千万台计算机和上亿个用户连接在一起的全球性网络。它提供的服务非常广泛，如收发电子邮件、文件传输、地址查询、网络媒体和 WWW 服务等。随着计算机技术与网络技术的不断发展，Internet 在人们的生活、工作和学习中发挥着越来越重要的作用。

6.1 计算机网络概述

6.1.1 计算机网络的定义

　　计算机网络可以从以下几个方面理解这个定义。

　　（1）两台或两台以上的计算机相互连接起来才能构成网络。网络中的各台计算机具有独立功能，既可以联网工作，也可以脱离网络独立工作。

　　（2）计算机之间要通信、交换信息，彼此就需要有某些约定和规则，这些约定和规则就是网络协议。网络协议是计算机网络工作的基础。

　　（3）网络中的各台计算机之间相互通信，需要有一条通道及必要的通信设备。通道是指网络传输介质，它可以是有线的（如双绞线、同轴电缆等），也可以是无线的（如激光、微波等）。通信设备是在计算机与通信线路之间按照一定通信协议传输数据的设备。

　　（4）计算机网络的主要目的是实现资源共享，即能够共享网络中的所有硬件、软件和数据资源。

6.1.2 计算机网络的组成

　　计算机网络按逻辑功能可分为资源子网和通信子网两部分，如图 6-1 所示，其中实线框外的部分归为资源子网。

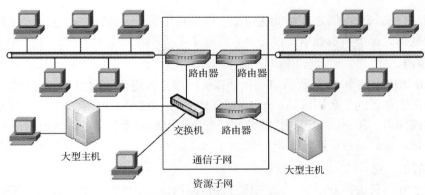

图 6-1　通信子网与资源子网

资源子网是计算机网络中面向用户的部分，负责数据处理的工作。它包括网络中独立工作的计算机及其外围设备、软件资源和整个网络共享的数据。

通信子网则是网络中的数据通信系统，它由用于信息交换的网络节点处理机和通信链路组成，主要负责通信处理的工作，如网络中的数据传输、加工、转发和变换等。

计算机网络按物理结构可分为网络硬件和网络软件两部分，其组成结构如图 6-2 所示。

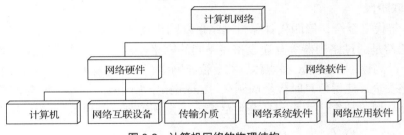

图 6-2　计算机网络的物理结构

网络硬件是指计算机网络中运行的实体，对网络的性能起决定性作用。它包括网络中使用的计算机（客户机和服务器）、网络互联设备和传输介质。

网络软件是指支持网络运行、提高效益和开发网络资源的工具。它包括网络中的网络系统软件和网络应用软件。

为了使网络内各台计算机之间的通信可靠、有效，通信各方必须共同遵守统一的通信规则，即通信协议。通信协议可以使各台计算机之间相互理解会话、协调工作，如 TCP/IP 等。

6.1.3　计算机网络的发展

计算机网络出现的历史不长，但发展迅速，经历了从简单到复杂、从地方到全球的发展过程，从形成初期到现在，大致可以分为 4 个阶段。

1. 诞生阶段

计算机网络诞生于 20 世纪 50 年代至 60 年代中期，是面向终端的具有通信功能的单机系统。

在第一代计算机网络中，所有的终端共享主机资源，终端到主机都单独占一条线路，线路利用率低，而且主机既要负责通信，又要负责数据处理，因此主机的效率低。这种网络组织形式是集中控制形式，可靠性较低，如果主机出现问题，则所有终端都会被迫停止工作。面对这种情况，人们提出了改进方法，就是在远程终端聚集的地方设置一个终端集中器，把所有的终端聚集到终端集中器，而且终端到集中器之间是低速线路，终端到主机是高速线路，这样使得主机只负责以集中方式处理数据，而不负责通信工作，大大提高了主机的利用率。

2．形成阶段

20 世纪 60 年代中期至 70 年代，第二代计算机网络是以通信子网为中心的主机互连。

此阶段最引人注目的是美国国防部于 1969 年建立的 ARPANET（通常称为 ARPA 网）是第一个远程分组交换网络，第一次实现了由通信网络和资源网络复合构成的计算机网络系统，标志了计算机网络真正诞生，是这一阶段的典型代表。

3．互通阶段

从 20 世纪 70 年代末至 90 年代，第三代计算机网络，主要进行网络体系结构与网络协议的标准化。

此阶段各计算机厂商和研究机构相继推出自己的网络体系结构及实现这些结构的软、硬件产品。由于没有统一的标准，不同厂商的产品之间互连很困难，人们迫切需要一种开放性的标准化实用网络环境，国际标准化组织（International Organization for Standardization，ISO）提出的开放式系统互联（Open System Interconnection，OSI）参考模型，对网络体系的形成与网络技术的发展起到了重要的作用。OSI 是一个纯理论分析模型，而 TCP/IP 体系结构则成为网络体系真正的工业标准。

4．网络互联阶段

20 世纪 90 年代末至今，第四代计算机网络是以网络互联为核心的。

网络互联通常是通过路由器等互连设备将不同的网络连接在一起。此阶段局域网技术发展成熟，出现了光纤及高速网络技术、多媒体网络、智能网络，而迅速发展的 Internet、信息高速公路、无线网络与网络安全，使得信息时代全面到来。Internet 作为国际性的网际网与大型信息系统，在当今经济、文化、科学研究、教育与社会生活等方面发挥着越来越重要的作用。

6.1.4　数据通信

数据通信是指在两台计算机或终端之间以二进制的形式进行信息交换、数据传输。计算机网络是计算机技术和数据通信技术相结合的产物，研究计算机网络就要先了解数据通信的相关概念及常用术语。

1．信道

信道是信息传输的媒介或渠道，它把携带信息的信号从输入端传递到输出端，好比车辆行驶的道路。根据传输媒介的不同，常用的信道可分为两类：一类是有线的，一类是无线的。常见的有线信道包括双绞线、同轴电缆、光缆等；无线信道有地波传播、短波、超短波、人造卫星中继等。

2．数字信号和模拟信号

通信的目的是传输数据，信号是数据的表现形式。数据通信技术要研究的是如何将表示各类信息的二进制比特序列通过传输媒介在不同计算机之间传输。信号可以分为数字信号和模拟信号两类：数字信号是一种离散的脉冲序列，计算机产生的电信号用两种不同的电平（0 和 1）表示；模拟信号是一种在时间和取值上都连续变化的信号，如电话线上传输的按照声音强弱幅度连续变化产生的电信号，就是一种典型的模拟信号，可以用连续的电波表示。数字信号与模拟信号的波形对比如图 6-3 所示。

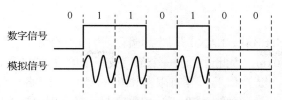

图 6-3　数字信号与模拟信号的波形对比图

3. 调制与解调

普通电话线是针对语音通话而设计的模拟信道，适用于传输模拟信号，但是计算机产生的离散脉冲表示的是数字信号，因此要利用电话交换网传输计算机的数字脉冲信号，就必须先将数字脉冲信号转换成模拟信号。将发送端数字脉冲信号转换成模拟信号的过程称为调制；将接收端模拟信号还原成数字脉冲信号的过程称为解调。将调制和解调两种功能结合在一起的设备称为调制解调器（Modem），即我们通常所说的"猫"。

4. 带宽与传输速率

在模拟信道中，以带宽表示信道传输信息的能力。带宽以信号的最高频率和最低频率之差表示，即频率的范围。信道的带宽越宽（带宽数值越大），其可用的频率就越多，传输的数据量就越大。

在数字信道中，用数据传输速率（比特率）表示信道的传输能力，即每秒传输的二进制位数（bit/s，比特/秒），单位为 bit/s、kbit/s、Mbit/s、Gbit/s 与 Tbit/s 等，其中：

$1kbit/s=1×10^3bit/s$

$1Mbit/s=1×10^6bit/s$

$1Gbit/s=1×10^9bit/s$

$1Tbit/s=1×10^{12}bit/s$

研究证明，信道的最大传输速率与信道带宽之间存在明确的关系，所以人们经常用"带宽"来表示信道的数据传输速率。带宽与数据传输速率是通信系统的主要技术指标之一。

5. 误码率

误码率是指二进制数据在传输过程中被传错的概率，是通信系统的可靠性指标。传输错误是不可避免的，但是一定要控制在某个允许的范围内。在计算机网络系统中，一般要求误码率低于 10^{-6}。

6.1.5　计算机网络的分类

计算机网络可根据网络使用的传输技术、网络的拓扑结构、网络协议等不同的标准进行分类，根据网络覆盖的地理范围和规模分类是最普遍的分类方法，它能较好地反映网络的本质特征。由于不同网络覆盖的地理范围不同，它们采用的传输技术也不同，因此形成了不同的网络技术特点与网络服务功能。依据这种分类标准，计算机网络可以分为个人区域网、局域网、城域网和广域网 4 类。

1. 个人区域网

个人区域网（Personal Area Network，PAN）是在个人工作或生活的地方把属于个人使用的电子设备（如便携式计算机、平板计算机、蜂窝电话等）用有线或无线技术连接起来的网络。个人区域网既可用于这些设备之间交换数据，也可以用于连接到高层网络或互联网中。如果将个人使用的电子设备使用无线技术连接起来，那么这样的 PAN 也称为无线个人区域网（Wireless Personal Area Network，WPAN）。WPAN 不需要使用接入点 AP，它是电子设备构成的自组网络，整个网络的范围很小（10m 左右）。WPAN 可以一个人使用，也可以若干人使用。

2. 局域网

局域网（Local Area Network，LAN）是局部地区范围内的网络，它覆盖的地区范围较小，其最大传送距离一般不超过 10km，因此适用于一个部门或一个单位。典型的局域网有办公室网络、企业与学校的主干局域网、机关和工厂等有限范围内的计算机网络。局域网具有数据传输速率（10Mbit/s～10Gbit/s）高、误码率低、成本低、组网容易、易管理、易维护、使用灵活方便等优点。

美国电气和电子工程师协会（Institute of Electrical and Electronics Engineers，IEEE）的 802 标准委员会定义了多种主要的 LAN 网：以太网（Ethernet）、令牌环网（Token Ring）、光纤分布式接口网络（Fiber Distributed Data Interface，FDDI）、异步传输模式网（Asynchronous Transfer Mode，ATM）及无线局域网（Wireless Local Area Network，WLAN）。

3. 城域网

城域网（Metropolitan Area Network，MAN）是介于广域网与局域网之间的一种高速网络，一般是指在一个城市但不在同一地理范围内的计算机互连，用于连接距离在 10～100km 的大量企业、学校、公司的多个局域网，引入光纤连接，多采用 ATM 技术做骨干网，实现大量用户之间的信息传输。

4. 广域网

广域网（Wide Area Network，WAN）也称为远程网，它覆盖的范围比城域网更广，一般是在不同城市之间的 LAN 或者 MAN 互联，地理范围可从几十千米到几千千米，传输速率比较低，一般为 96kbit/s～45Mbit/s。广域网可以覆盖一个国家、地区，甚至可以横跨几个洲，形成国际性的远程计算机网络。广域网可以使用电话交换网、微波、卫星通信网或它们的组合信道进行通信。

6.1.6 网络拓扑结构

计算机网络拓扑的原理是将构成网络的节点和连接节点的线路抽象成点和线，用几何中的拓扑关系表示网络结构，从而反映网络中各实体的结构关系。常见的网络拓扑结构主要有星型拓扑结构、总线型拓扑结构、树型拓扑结构、环型拓扑结构及网状拓扑结构等，如图 6-4 所示。

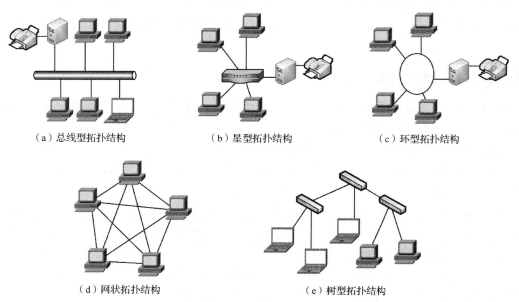

（a）总线型拓扑结构　　　　（b）星型拓扑结构　　　　（c）环型拓扑结构

（d）网状拓扑结构　　　　（e）树型拓扑结构

图 6-4　网络拓扑结构

（1）总线型拓扑结构。网络中所有的节点由一根总线相连，数据在总线上由一个节点传向另一个节点。总线型拓扑结构的特点是结构简单灵活，节点加入和退出都非常容易，使用方便，总线上某个节点出现故障也不会影响其他节点之间的通信，不会造成网络瘫痪，可靠性较高。其缺点是主干总线对网络起决定性作用，总线发生故障将影响整个网络。总线型拓扑结构曾是局域网普遍采用的形式，以太网是总线型拓扑结构的典型，通常这种局域网络的传输速率为 100Mbit/s，网络连接选用同轴电缆或双绞线，总线型拓扑如图 6-4（a）所示。

（2）星型拓扑结构。网络中的每个节点都与中心节点连接，中心节点控制全网的通信，各节点必须通过中心节点才能实现通信。星型拓扑结构的特点是结构简单，建网容易，便于控制和管理。其缺点是这种集中控制方式的结构，要求中心节点有很高的可靠性，一旦中心节点出现故障，就会造成全网瘫痪。星型拓扑结构是最早的通用网络拓扑结构，如图 6-4（b）所示。

（3）环型拓扑结构。各节点通过中继器首尾相连形成一个闭合环型线路，环中的数据单向传送，由目的节点接收，如图 6-4（c）所示。环型拓扑结构简单，成本低，适用于数据不需要在中心节点上处理而主要在各自节点上处理的情况。其缺点是当节点过多时，将影响传输效率，不利于扩充，环中任意一个节点发生故障都可能造成网络瘫痪。

（4）网状拓扑结构。节点任意连接，无规律。网状拓扑结构的优点是系统可靠性高，但是由于结构复杂，必须采用路由协议、流量控制等方法。广域网中基本都采用网状拓扑结构，如图 6-4（d）所示。

（5）树型拓扑结构。节点按层次连接，信息交换主要在上、下节点之间进行，如图 6-4（e）所示。树型拓扑结构可以看作星型拓扑结构的一种扩展，主要适用于汇集信息的应用要求。这种结构的特点是扩充方便、灵活，成本低，易推广，适用于分主次或分等级的层次型管理系统。

6.1.7　网络硬件和网络软件

1．网络硬件

（1）传输介质（Media）。传输介质是指数据传输系统中发送者和接收者之间的物理路径。数据传输的特性和质量取决于传输介质的性质。在计算机网络中使用的传输介质可以分为有线和无线两大类。

① 有线传输介质。有线传输介质主要有双绞线、同轴电缆和光缆等，如图 6-5 所示。

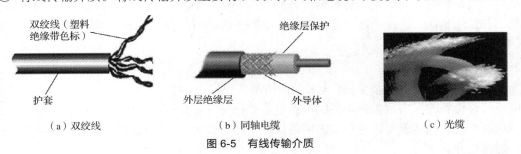

双绞线（塑料绝缘带色标）　　绝缘层保护

护套　　　外层绝缘层　　外导体

（a）双绞线　　　　（b）同轴电缆　　　　（c）光缆

图 6-5　有线传输介质

- 双绞线。双绞线由两根、4 根或 8 根绝缘导线组成，两根为一线作为一条通信链路。为了减少各线对之间的电磁干扰，各线对以均匀对称的螺旋状方式扭绞在一起。线对的绞合程度越高，抗干扰能力越强。
- 同轴电缆。同轴电缆由内导体、外屏蔽层、绝缘层及外部保护层组成。同轴电缆可连接的地理范围比双绞线更宽，抗干扰能力较强，使用与维护也方便，但价格比双绞线高。

● 光缆。光纤电缆简称为光缆。一条光缆中包含多条光纤，每条光纤是由玻璃或塑料拉成极细的能传导光波的细丝，外面再包裹多层保护材料构成的。光纤通过内部的全反射来传输一束经过编码的光信号。光缆因其数据传输速率高、抗干扰性强、误码率低及安全保密性好的特点，而被认为是最有前途的传输介质。光缆价格高于同轴电缆与双绞线。

② 无线传输介质。无线传输介质使用特定频率的电磁波作为传输介质，可以避免有线传输介质（双绞线、同轴电缆、光缆）的束缚，组成无线局域网。目前计算机网络中常用的无线传输介质有无线电（信号频率为 30MHz～1GHz）、微波（信号频率为 2GHz～40GHz）、红外线（信号频率为 $3×10^{11}$Hz～$2×10^{14}$Hz）等。

（2）网络接口卡（Network Interface Card，NIC）。网络接口卡简称网卡，是构成网络必需的基本设备。每台联网的计算机都需要安装网卡，用于将计算机和通信电缆连接起来，以便经电缆在计算机之间进行高速数据传输。通常，网卡都插在计算机的扩展槽内。网卡的种类很多，它们各有自己适用的传输介质和网络协议。网卡属于 OSI 模型的数据链路层设备。

（3）交换机（Switch）。通过集线器（Hub）组建的共享式局域网在每个时间片上只允许有一个节点占用公用的通信信道；而通过交换机组建的交换式局域网，支持端口连接的各节点之间的多个并发连接，增大了网络带宽，改善了局域网的性能和服务质量。集线器属于 OSI 模型的物理层设备，而交换机属于 OSI 模型的数据链路层设备，也有一些具备路由功能的交换机属于网络层设备。

（4）无线 AP（Access Point）。无线 AP 也称为无线访问点，是传统的有线局域网络与无线局域网络之间的桥梁。任何一台装有无线网卡的主机都可通过无线 AP 连接有线局域网络。无线 AP 含义较广，不仅提供单纯性的无线接入点，也同样是无线路由器等设备的统称，兼具路由、网管等功能。单纯性的无线 AP 就是一个无线交换机，仅仅提供无线信号的发射功能，其工作原理是将网络信号通过双绞线传送过来，AP 将电信号转换成无线电信号发送出来，形成无线网的覆盖。不同型号的无线 AP 具有不同的功率，可以实现不同程度、不同范围的网络覆盖。一般无线 AP 的最大覆盖距离可达 300m，非常适合在建筑物之间、楼层之间等不便架设有线局域网的地方构建无线局域网。

（5）路由器（Router）。处于不同地理位置的局域网通过广域网进行互联是当前网络互联的常见的方式。路由器是实现局域网与广域网互联的主要设备。路由器检测数据的目的地址，对路径进行动态分配，根据不同的地址将数据分流到不同的路径中。如果存在多条路径，则根据路径的工作状态和忙闲情况，选择一条合适的路径，动态平衡通信负载，路由器属于 OSI 模型的网络层设备。

2. 网络软件

为了降低网络设计的复杂性，绝大多数网络都划分层次，每一层都向上一层提供特定的服务。提供网络硬件设备的厂商很多，不同的硬件设备如何统一划分层次，才能够保证通信双方对数据的传输理解一致，这些就要通过单独的网络软件，即协议来实现。通信协议就是通信双方都必须遵守的通信规则。

TCP/IP 是当前最流行的商业化协议，在 Internet 中得到了广泛的应用，被公认为是当前的工业标准或事实标准。TCP/IP 参考模型的分层结构将计算机网络划分为 4 个层次：应用层、传输层、网络层和网络接口层，如图 6-6 所示。

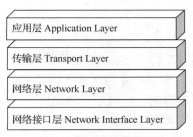

图 6-6　TCP/IP 参考模型

（1）应用层（Application Layer）：负责两个应用程序进程之间的通信，为应用程序提供网络接口，即主要为网络用户之间的通信提供专用的应用程序，包括 HTTP（超文本传输协议）、Telnet（远程登录）、FTP（文件传输协议）等协议。

（2）传输层（Transport Layer）：为两台主机间的进程提供端到端的数据报传输服务，主要协议有 TCP（传输控制协议）和 UDP（用户数据报协议）。

（3）网络层（Network Layer）：确定数据报从源端到目的端如何选择路由，主要协议有 IP（因特网互联协议）、ICMP（因特网控制报文协议）。

（4）网络接口层（Network Interface Layer）：规定了数据报从一个设备的网络层传输到另一个设备的网络层的方法。

6.1.8　无线局域网

随着技术的发展，无线局域网已逐渐代替有线局域网，成为现在家庭、小型公司主流的局域网。无线局域网利用射频技术，使用电磁波取代由双绞线构成的局域网络。无线局域网的连接如图 6-7 所示。

图 6-7　无线局域网示意图

无线局域网的实现协议有很多，其中应用最为广泛的是无线保真技术（Wi-Fi），由于其较快的传输速度、较大的覆盖范围等优点，在现代生活中发挥了重要的作用。Wi-Fi 不是具体的协议或标准，它是无线局域网联盟为了保障使用 Wi-Fi 标志的商品之间可以相互兼容而推出的。Wi-Fi 提供了能够将各种终端都使用无线方式进行互联的技术，为用户弱化了各种终端之间的差异性。

要实现无线局域网功能，目前一般需要一台无线路由器、多台有无线网卡的计算机和手机等可以上网的智能移动设备。无线路由器可以看作一个转发器，它将宽带网络信号通过天线转发给附近的无线网络设备，同时它还具有其他的网络管理功能，如 DHCP 服务、NAT（Network Address Translation）防火墙、MAC 地址过滤、动态域名等。

6.2　Internet 基础

Internet（因特网）是国际计算机互联网的英文称谓。它以 TCP/IP 将各种不同类型、不同规模、位于不同地理位置的物理网络连接成一个整体。它把分布在世界各地、各部门的电子计算机存储在信息总库里的信息资源通过电信网络连接起来，从而进行通信和信息交换，实现资源共享。

6.2.1 Internet 概述

Internet 始于 1968 年美国国防部高级研究计划局（Advanced Research Projects Agency，ARPA）提出并资助的 ARPANET 网络计划，其目的是将各地不同的主机以一种对等的通信方式连接起来，最初只有 4 台主机。此后，大量的网络、主机与用户接入 ARPANET，很多地区性网络也接入进来，于是这个网络逐步扩展到其他国家与地区。

20 世纪 80 年代，世界上先进的工业国家纷纷接入 Internet，使之成为全球性的互联网络。20 世纪 90 年代是 Internet 历史上发展最为迅速的时期，互联网的用户数量以平均每年翻一番的速度增长，目前几乎所有的国家都加入了 Internet。

由此可以看出，Internet 是通过路由器将世界不同地区中规模、类型不一的网络互相连接起来的网络，是一个全球性的计算机互联网络，因此也称为"国际互联网"，它是信息资源极其丰富的、世界上最大的计算机网络。

我国于 1994 年 4 月正式接入 Internet，从此中国的网络建设进入了大规模发展阶段。到 1996 年初，中国的 Internet 已经形成了中国科技网（CSTNET）、中国教育和科研计算机网（CERNET）、中国公用计算机互联网（CHINANET）和中国金桥信息网（CHINAGBN）四大具有国际出口的网络体系。前两个网络主要面向科研和教育机构；后两个网络向社会提供 Internet 服务，以经营为目的，带有商业性质。

6.2.2 TCP/IP 网络协议的工作原理

TCP/IP（Transmission Control Protocol/Internet Protocol，传输控制协议/网际协议）是指能够在多个不同网络间实现信息传输的协议簇。TCP/IP 不仅仅指的是 TCP 和 IP 两个协议，而是指一个由 HTTP、FTP、SMTP、TCP、UDP、IP 等协议构成的协议簇，只是因为在 TCP/IP 中 TCP 和 IP 最具代表性，所以被称为 TCP/IP。

1. 应用层协议

应用层的协议很多，这里只介绍一些常用的应用协议。

（1）超文本传输协议（Hypertext Transfer Protocol，HTTP）是一个简单的请求-响应协议，定义浏览器向 Web 服务器请求网页文档的方式，以及 Web 服务器将网页文档传送给浏览器的方式。HTTP 是互联网上应用最为广泛的一种网络协议，它是万维网交换信息的基础。

（2）文件传输协议（File Transfer Protocol，FTP）是 Internet 上使用得最广泛的文件传输协议，包括两个组成部分：FTP 服务器和 FTP 客户端。FTP 服务器用来存储文件，用户使用 FTP 客户端通过 FTP 访问位于 FTP 服务器上的资源。

（3）简单邮件传输协议（Simple Mail Transfer Protocol，SMTP）是一种提供可靠且有效的电子邮件传输的协议。SMTP 是建立在 FTP 文件传输服务上的一种邮件服务，主要用于系统之间的邮件信息传递，并提供有关来信的通知。

（4）远程登录协议（Telnet）是 Internet 远程登录服务的标准协议和主要方式，帮助用户在本地主机上完成远程主机工作。

2. 传输层协议

传输层使用以下两种协议。

（1）传输控制协议（Transmission Control Protocol，TCP）负责向应用层提供面向连接的服务，确保网上发送的数据报可以完整接收，一旦某个数据报丢失或损坏，TCP 就向发送端发出信号，要求重新传输，以确保所有数据安全可靠地传输到目的地。

（2）用户数据报协议（User Datagram Protocol，UDP）负责向应用层提供无连接的、尽最大努力的数据传输服务，不保证数据传输的可靠性。

3. 网络层协议

网际协议（Internet Protocol，IP）是 TCP/IP 体系中最主要的协议之一，也是网络层最重要的协议，它的主要作用是实现大规模异构网络的互联互通。不管什么类型的网络，只要在网络层使用 IP 地址，就可以实现互相通信。IP 地址有 32 位的 IPv4 和 128 位的 IPv6 两种类型。IP 既可以向它的上层（传输层）提供 TCP 或 UDP 信息，又可以向它的下层（网络接口层）传递数据。为了实现异构网络通信的简洁性和可操作性，IP 提供一种简单灵活的、无连接的、尽最大努力交付的数据报服务。

6.2.3　客户机/服务器体系结构

计算机网络中的每台计算机都是"自治"的，既要为本地用户提供服务，也要为网络中其他主机的用户提供服务，因此每台联网计算机的本地资源都可以作为共享资源，提供给其他主机用户使用。而网络上的大多数服务是通过一个服务程序进程来提供的，这些进程要根据每个获准的网络用户请求执行相应的操作，提供相应的服务，以满足网络资源共享的需要，实质上是进程在网络环境中进行通信。

在 Internet 的 TCP/IP 环境中，联网计算机之间进程相互通信的模式主要采用客户机/服务器（Client/Server，C/S）结构，如图 6-8 所示。在这种结构中，客户机和服务器分别表现相互通信的两个应用程序进程，此处的 Client 和 Server 并不是人们常说的硬件中的概念，特别要注意与通常称作服务器的高性能计算机区分开。其中客户机向服务器发出服务请求，服务器响应客户机的请求，为客户机提供需要的网络服务。提出请求，发起本次通信的计算机进程叫作客户机进程；而响应、处理请求，提供服务的计算机进程叫作服务器进程。

Internet 中常见的 C/S 结构的应用有远程登录、文件传输服务、超文本传输、电子邮件服务、域名解析服务等。

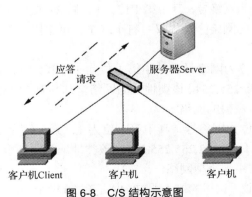

图 6-8　C/S 结构示意图

6.2.4　IP 地址和域名

Internet 通过路由器将成千上万个不同类型的物理网络互联成一个超大规模的网络。为了使信息能够准确到达 Internet 上指定的目的节点，必须给 Internet 上的每一个节点指定一个全局唯一的地址标识，就像每一部电话都具有一个全球唯一的电话号码一样。在 Internet 通信中，通过 IP 地址和域名可以实现明确的目的地指向。

1. IP 地址

IP 地址是 TCP/IP 中使用的网络层地址标识，是一种在 Internet 中通用的地址格式，并在统一管理下进行地址分配，保证一个地址对应网络中的一台主机。

IP 地址是一种层次型地址，在概念上分 3 个层次，如图 6-9 所示。

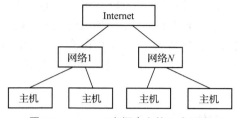

图 6-9　Internet 在概念上的 3 个层次

IP 地址用 32 位二进制数（4 字节）表示，为了便于管理和配置，将每个 IP 地址分为 4 段，每一段用一个十进制数来表示，段和段之间用圆点隔开。每一段的十进制数范围是 0～255，例如，61.134.63.214 和 166.160.66.119 都是合法的 IP 地址。

一台主机的 IP 地址由"网络号+主机号"组成，由各级 Internet 管理组织分配，它们被分为不同的类别。根据地址的第一段分为 5 类：0～127 为 A 类，128～191 为 B 类，192～223 为 C 类，如表 6-1 所示。另外还有 D 类和 E 类留作特殊用途，D 类地址留给 Internet 体系结构委员会使用，E 类地址保留今后使用。

表 6-1　　　　　　　　　　　　　　　常用 IP 地址的分类

网络类别	最大网络数	网络号取值范围	每个网络最大主机数
A	126（2^7-2）	1～126	$2^{24}-2=16777214$
B	16383（$2^{14}-1$）	128.1～191.255	$2^{16}-2=65534$
C	2097151（$2^{21}-1$）	192.0.1～223.255.255	$2^8-2=254$

A 类：IP 地址的前 8 位为网络号，其中第 1 位为 0，后 24 位为主机号，其有效范围为 1.0.0.1～126.255.255.254。此类地址的网络全世界仅可有 126 个，每个网络可连接 16777214 个主机节点，通常用于超大规模网络。

B 类：IP 地址的前 16 位为网络号，其中第 1 位为 1，第 2 位为 0，后 16 位为主机号，其有效范围为 128.1.0.1～191.255.255.254。该类地址的网络全球共有 16383 个，每个网络可连接 65534 个主机节点，通常用于中等规模的网络。

C 类：IP 地址的前 24 位为网络号，其中第 1 位为 1，第 2 位为 1，第 3 位为 0，后 8 位为主机号，其有效范围为 192.0.1.1～223.255.255.254。该类地址的网络全球共有 2097151 个，每个网络可连接 254 台主机，通常用于小型网络。

IP 是 Internet 的核心协议。这里的 IP（即 IPv4）是在 20 世纪 70 年代末期设计的。随着 Internet 的迅速发展，IPv4 地址逐渐匮乏，后来采用了划分子网、NAT（网络地址转换）等方法暂时解决了问题，但根本的解决方法就是增加 IPv4 地址的位数。目前已经实施的 IPv6 采用长达 128 位的地址长度，IPv6 的地址空间是 IPv4 的 2^{96} 倍，能提供超过 $3.4×10^{38}$ 个地址。在 IPv6 中除了解决了地址短缺问题以外，还解决了在 IPv4 中存在的其他问题，如端到端 IP 连接、服务质量（QoS）、安全性、多播、移动性、即插即用等。IPv6 成为新一代的网络协议标准。

选择 Windows 10 的 "开始" 菜单→ "Windows 系统" → "命令提示符" 命令, 打开 Windows 的命令行窗口, 输入 "ipconfig/all" 命令后按<Enter>键, 可以查看当前计算机上网卡的状态, 包括它的物理地址和 IP 地址。

2. 域名

IP 地址能方便地标识 Internet 上的计算机, 但难于记忆。因此, TCP/IP 引进了字符型的主机命名制, 这就是域名 (Domain Name)。

域名的实质就是用一组由字符组成的名字代替 IP 地址。为了避免重名, 域名采用层次结构, 各层次的子域名之间用圆点 "." 隔开, 从右至左分别是第一级域名 (或称顶级域名)、第二级域名……主机名。其结构如下。

主机名.…….第二级域名.第一级域名

国际上, 第一级域名采用的是标准代码, 它分为组织机构和地理模式两类。由于 Internet 诞生在美国, 所以其第一级域名采用组织机构域名, 美国以外的其他国家和地区都采用主机所在地的名称作为第一级域名, 如 CN (中国)、JP (日本)、KR (韩国)、UK (英国) 等。

《中国互联网络域名注册暂行管理办法》规定, 我国的第一级域名是 CN, 次级域名分为类别域名和地区域名, 共计 40 个。类别域名有: AC (表示科研院及科技管理部门)、COM (表示工商和金融等企业)、EDU (表示教育单位)、GOV (表示国家政府部门)、ORG (表示各社会团体及民间非营利组织)、NET (表示互联网络、接入网络的信息和运行中心) 6 个。地区域名有 34 个, 如 BJ (北京市)、SH (上海市)、JS (江苏省)、ZJ (浙江省) 等。

例如, www.pku.edu.cn 是北京大学的一个域名。其中 www 是主机名, pku 是北京大学的英文缩写, edu 表示教育机构, cn 表示中国。

3. 域名系统

把域名映射成 IP 地址的软件称为域名系统 (Domain Name System, DNS)。域名系统采用客户机/服务器工作模式。域名服务器 (Domain Name Server) 实际上就是装有域名系统的主机, 是一种能够解析域名的分层数据库。

对用户而言, 使用域名比直接使用 IP 地址方便多了, 但对 Internet 的内部数据传输来说, 使用的还是 IP 地址。通常通过域名服务器实现二者之间的转换, 其中, 将域名转换为 IP 地址称为域名解析, 将 IP 地址转换为域名称为反向域名解析。

DNS 以一个大型的分布式数据库方式工作, 许多域名服务器形成一个大的协同工作的域名数据库, 采用类似目录树的树型等级结构。当用户在应用程序中输入域名时, 就包含了一个发送给域名服务器的域名转换请求信息, 域名服务器从请求中取出域名, 将它转换为对应的 IP 地址, 然后在一个应答信息中将结果地址返回给用户。如果当前请求的服务器处理不了请求, 就把它转发给它的上级服务器, 一直到成功解析。

6.2.5 Internet 的接入

Internet 接入方式通常有专线连接、局域网连接、无线连接、ADSL 连接、FTTH 连接等。其中企业用户常用专线连接, 而个人用户主要使用 FTTH 接入及无线接入等。

1. ADSL 接入

ADSL (Asymmetric Digtal Subscriber Line, 非对称数字用户环路) 是运行在现有普通电话线上的一种宽带技术, 为用户提供上、下行非对称的传输速率 (带宽)。

　　ADSL 技术的最大特点是不需要改造信号传输线路，完全可以利用普通铜质电话线作为传输介质，配上专用的 Modem 即可实现数据高速传输。ADSL 支持上行速率为 640kbit/s～1Mbit/s，下行速率为 1～8Mbit/s，其有效的传输距离为 3～5km。在 ADSL 接入方案中，每个用户都有单独的一条线路与 ADSL 局端相连，它的结构可以看作星型结构，数据传输带宽是由每一个用户独享的。

　　采用 ADSL 接入 Internet，除了一台带有网卡的计算机和一条直拨电话线外，还需向 Internet 服务提供商申请 ADSL 业务。由相关服务部门负责安装话音分离器、ADSL 调制解调器和拨号软件。完成安装后，可以根据提供的用户名和口令拨号上网。

2. FTTH 接入

　　FTTH（Fibre To The Home，光纤到户）是一种光纤通信的传输方法，指将光网络单元（Optical Network Unit，ONU）安装在住家用户或企业用户处，是光接入系列中除 FTTD（Fiber To The Desktop，光纤到桌面）外最靠近用户的光接入网应用类型。FTTH 的显著技术特点是不但提供了更大的带宽，而且增强了网络对数据格式、速率、波长和协议的透明性，放宽了对环境条件和供电等方面的要求，是迄今为止全业务、高带宽的接入需求的最好模式。

3. ISP 接入

　　要通过专线接入 Internet，找到合适的 ISP（Internet Service Provider，Internet 服务提供商）是非常重要的。一般 ISP 提供的功能主要有分配 IP 地址、网关及 DNS，提供联网软件，提供各种 Internet 服务和接入服务。

　　除了前面提到的 CHINANET、CERNET、CSTNET、CHINAGBN 这 4 家政府资助的 ISP 外，还有大量 ISP 提供 Internet 接入服务，如 163、169、联通、网通等。

4. 无线连接

　　无线局域网的构建不需要布线，因此为用户提供了极大的便捷，省时省力，并且在网络环境发生变化、需要更改时，便于更改、维护。接入无线网需要一台无线 AP，AP 很像有线网络中的集线器或交换机，是无线局域网络中的桥梁。有了 AP，装有无线网卡的计算机或支持 Wi-Fi 功能的手机等设备就可以与网络相连，这些计算机或无线设备就可以接入 Internet。

　　几乎所有的无线网络都在某一个点上连接到有线网络中，以便访问 Internet 上的文件。要接入 Internet，AP 还需要与有线局域网连接，AP 将计算机和有线网连接起来，从而接入 Internet。无线 AP 价格较低，目前在家庭用户中应用广泛。

6.3　Internet 的应用

6.3.1　WWW

　　万维网（World Wide Web，WWW），又称为 Web，是 Internet 最重要的应用，也是应用最广泛的服务，是集文本、声音、图像、视频等多媒体信息于一身的全球信息资源网络。

　　万维网是一种基于超文本（Hypertext）方式的信息查询工具，人们通过万维网服务浏览和查询信息，它的影响力已远远超出了计算机领域，并且已经进入广告、新闻、销售、电子商务与信息服务等各个行业。万维网的出现使 Internet 从仅有少数计算机专家使用变为普通大众也能利用的信息资源，它是 Internet 发展中的一个里程碑。

万维网采用 C/S 工作方式，由 3 部分组成：浏览器、Web 服务器和超文本传输协议。浏览器向 Web 服务器发出请求，Web 服务器向浏览器返回其所需的万维网文档，然后浏览器解释该文档并按照一定的格式将其显示在屏幕上。浏览器与 Web 服务器使用 HTTP 互相通信。

（1）浏览器（Browser）。浏览器是一个用于浏览万维网的客户端程序，其主要功能是使用户获取 Internet 上的各种资源。常用的浏览器如微软公司的 Internet Explorer（IE）。

（2）Web 服务器（Web Server）。Web 服务器是一台在 Internet 上向客户机提供万维网服务的、具有独立 IP 地址的计算机。Web 服务器负责管理构成网站的一个个由各种信息组成的超文本文件，随时准备响应远程浏览器发来的浏览请求，为用户提供需要的超文本文件。Web 服务器上的每一个超文本文件就是一个 Web 页，Web 服务器的入口网页称为主页或首页。

（3）超文本传输协议（Hyper Transfer Protocol，HTTP）。它是 Web 客户机与 Web 服务器之间的应用层传输协议。Web 中信息的传输基于 HTTP。

（4）统一资源定位器（Uniform Resource Locator，URL）。它用来定位信息资源所在的位置，其完整地描述了 Internet 上网页和其他资源的地址。URL 的格式如下：

传输协议://主机 IP 地址或者域名地址/资源所在路径和文件名

其中，传输协议就是服务方式或获取数据的方法，常见的有 HTTP、FTP 等；协议后的冒号加双斜杠表示接下来是存放资源的主机的 IP 地址或域名；路径和文件名是用路径的形式表示 Web 页在主机中的具体位置。

例如，http://www.china.com.cn/news/tech/09/news_5.htm 就是一个 Web 页的 URL，浏览器可以通过这个 URL 得知：使用的协议是 HTTP，资源所在主机的域名为 www.china.com.cn，要访问的文件具体位置在文件夹 news/tech/09 下，文件名为 news_5.htm。

万维网上的每一个 Web 页面都有一个唯一的 URL 地址，也就是网页地址。

（5）超文本与超链接。万维网的网页文件是用超文本标记语言（Hyper Text Makeup Language，HTML）编写成的，称为超文本文件。超文本文件的扩展名通常为 ".html" 或 ".htm"。超文本文件是一种可包含文本、图形、图像、声音、视频的多媒体文件，并往往包含指向其他超文本的链接，这种链接称为超链接（Hyperlink）。这些超链接通过颜色和字体的改变与普通文本区别开来，它含有指向其他 Internet 信息的 URL 地址，利用这些超链接，用户能轻松地从一个网页链接到其他相关内容的网页上，而不必关心这些网页分散在何处的主机中。

超文本与多媒体一起构成了超媒体（Hypermedia），万维网采用超文本和超媒体的信息组织方式，将信息的链接扩展到整个 Internet 上。

目前，万维网提供了 Internet 的大部分主要功能，用户利用万维网不仅能访问到 Web 服务器的信息，而且如 E-mail、FTP、BBS、搜索引擎、网络购物、网上娱乐、博客、社交网站等，都可通过万维网方便地实现。因此，万维网已经成为 Internet 上应用最广和最有前途的访问方式，并在商业领域发挥着越来越重要的作用。

6.3.2　浏览器的使用

要访问万维网，就必须安装浏览器。Windows 10 操作系统自带了 Microsoft Edge 浏览器和 Internet Explorer 浏览器。下面以 Microsoft Edge 浏览器为例，介绍浏览器的常用功能及操作方法。

1. Microsoft Edge 的启动与退出

Microsoft Edge 就是一个应用程序，Microsoft Edge 的启动与其他应用程序的启动过程基本相同。选择"开始"菜单→"Microsoft Edge"命令，或者单击"开始"菜单右侧磁贴区的 Microsoft

Edge 图标或任务栏快速启动区的 Microsoft Edge 图标，均可启动 Microsoft Edge 浏览器。

若要退出 Microsoft Edge 浏览器，单击窗口右上角的"关闭"按钮 × （鼠标指针移到"关闭"按钮上时，图标会变成红色 × ）；或用鼠标右键单击任务栏的 Microsoft Edge 图标，选择快捷菜单中的"关闭窗口"命令；或按<Alt+F4>快捷键。

2. Microsoft Edge 的窗口

Microsoft Edge 浏览器界面经过了简化设计，界面十分简洁、美观。打开 Microsoft Edge 窗口，会打开一个选项卡，即默认主页。默认主页主要由标签栏、功能区、收藏夹栏、网页信息区等组成。例如，图 6-10 所示的是百度的页面，可以看出窗口界面没有以往类似 Windows 应用程序窗口上的功能按钮，以便用户有更多的空间来浏览网站。

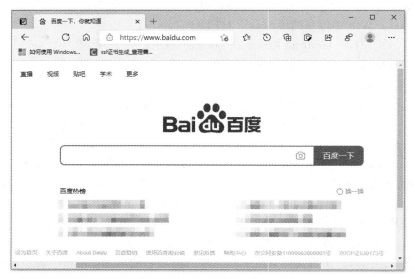

图 6-10　Microsoft Edge 窗口

在 Microsoft Edge 浏览器窗口的上方列出了最常用的功能，具体如下。

多个标签页可以在 Microsoft Edge 浏览器窗口的上方水平排列（默认），也可以在窗口左侧垂直排列。"打开垂直标签页"按钮 和"关闭垂直标签页"按钮 用于标签页在两种排列方式之间切换。标签页 百度一下，你就知道 × 用于显示页面标题，其中 × 按钮用来关闭网页；将鼠标指针移到标签页右边并单击 + 按钮可新建一个标签页。控制按钮组 − □ × 的功能分别为最小化、最大化/还原、关闭窗口。

"前进""后退"按钮 ← → 用来方便地返回先后访问过的页面。"刷新"按钮 ↻ 用于刷新页面。当正在访问某个页面，但还未显示全页面时，"刷新"按钮会显示为"停止"按钮 × ，单击后会停止对当前网页的访问。单击"主页"按钮 ⌂ 可显示主页的内容。每次打开浏览器都会打开一个标签页，标签页默认显示主页，主页的地址可以在"设置"标签页→"外观"→"自定义工具栏"中设置。

在地址栏用来输入想要访问的网址，也可用来输入想要搜索的内容，是地址栏和搜索栏功能的合并。单击地址栏末端的 按钮，可以将当前页面添加到收藏夹。单击地址栏右侧的收藏夹按钮 ，在打开的下拉列表框可以看到收藏夹收藏的网页列表，方便快捷地显示收藏的网页。

单击"历史记录"按钮 ↺ ，显示访问过的网页列表，包括网页的标题和访问的时间。

若在 Microsoft Edge 浏览器窗口上没有显示需要的按钮，可以通过在浏览器窗口工具栏上任一按钮上单击鼠标右键，在弹出的快捷菜单中选择"自定义工具栏"，如图 6-11 所示。或者单击工具栏最右侧的"设置及其他"按钮，在弹出下拉列表框中选择"设置"命令，打开"设置"标签页，如图 6-12 所示，根据需要设置是否显示主页网址和命令按钮。

图 6-11　工具栏的快捷菜单

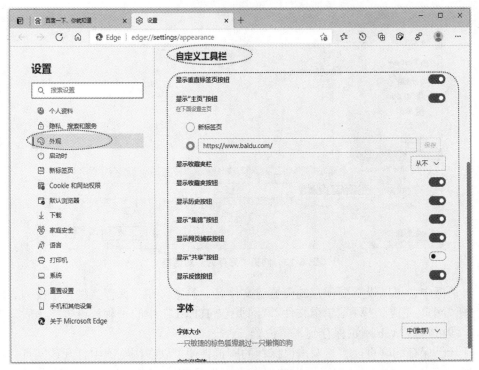

图 6-12　"设置"标签页

3.　浏览网页

将光标定位到地址栏内就可以输入 Web 地址，浏览器为地址输入提供了很多方便，如用户不用输入像"http://""ftp://"这样的协议开始部分，浏览器会自动补上；用户第一次输入某个地址时，浏览器会记忆这个地址，再次输入这个地址时，只需输入开始的几个字符，浏览器就会检查保存过的地址并把其开始几个字符与用户输入的字符符合的地址罗列出来供用户选择。用户上下移动鼠标指针选择其一即可转到相应网址。

输入 Web 地址后，按<Enter>键，浏览器就会按照地址栏中的地址转到相应的网站或页面。

打开 Microsoft Edge 浏览器时自动进入的页面称为主页或首页，浏览时，可能需要返回前面浏览过的页面。此时，可以使用前面提到的"后退""前进"按钮跳转到最近访问过的页面。

Microsoft Edge 浏览器还提供了许多其他的浏览方法，以便用户使用，如利用"历史""收藏夹""集锦"等实现有目的的浏览，提高浏览效率。

此外，很多网站（如 Yahoo、Sohu 等）都提供了到其他站点的导航，还有一些专门的导航网站（如百度网址大全、hao123 网址之家等），可以在上面通过分类目录导航的方式浏览网页，这些都是比较好的浏览网页的方法。

4. Web 页面的保存和阅读

将网页内容保存到本地硬盘上，即使断开网络连接，也可以通过硬盘脱机阅读。

（1）保存 Web 页。打开要保存的 Web 网页，在网页空白处单击鼠标右键，在弹出的快捷菜单中选择"另存为"命令，或者按<Ctrl+S>快捷键，打开"另存为"对话框，如图 6-13 所示。

图 6-13　网页"另存为"对话框

在该对话框中，可以设置要保存的位置、文件名、类型。在"保存类型"下拉列表框中，根据需要选择"网页,完成""网页,单个文件""网页,仅 HTML"中的一种，设置完毕后，单击"保存"按钮，即可将该 Web 网页保存到指定位置。

（2）打开已保存的网页。直接双击已保存的网页，便可以在浏览器中打开该网页。

（3）保存部分网页内容。有时只需要保存页面上的部分信息，这时可以选中目标内容，按<Ctrl+C>（复制）和<Ctrl+V>（粘贴）两个快捷键将 Web 页面上感兴趣的内容复制、粘贴到某一个空白文件上，具体操作步骤如下。

① 拖动鼠标选定想要保存的页面文字。

② 按<Ctrl+C>快捷键（或者单击鼠标右键，选择快捷菜单中的"复制"命令），将选定的内容复制到剪贴板。

③ 打开一个空白的 Word 文档、记事本或其他文字编辑软件，按<Ctrl+V>快捷键，将剪贴板中的内容粘贴到文档中。

④ 单击快速访问工具栏上的"保存"按钮（Word 2016 应用程序窗口）或者按<Ctrl+S>快捷键。

（4）保存图片、音频等文件。如果要单独保存网页中的图片，可按以下步骤进行。

① 用鼠标右键单击要保存的图片，在快捷菜单中选择"图片另存为"命令，弹出"另存为"对话框，如图 6-14 所示。

图 6-14　图片"另存为"对话框

② 在"另存为"对话框中设置图片的保存位置、文件名等。

③ 设置完毕后，单击"保存"按钮即可。

在网页上经常会遇到指向声音文件、视频文件、压缩文件等的超链接。下载保存这些资源的具体操作步骤如下。

① 在超链接上单击鼠标右键，选择"将链接另存为"命令，弹出"另存为"对话框。

② 在"另存为"对话框内选择要保存的路径，输入要保存的文件名，单击"保存"按钮。此时浏览器底部会出现一个下载传输状态窗口，如图 6-15（a）所示，包括下载完成量、估计剩余时间、"选项"按钮等。

③ 单击功能栏上的"设置及其他"按钮，在下拉列表框中选择"下载"命令，打开"下载"标签页，如图 6-15（b）所示，其中列出了通过 Microsoft Edge 浏览器下载的文件列表，以及它们的状态，方便用户查看和跟踪下载的文件。

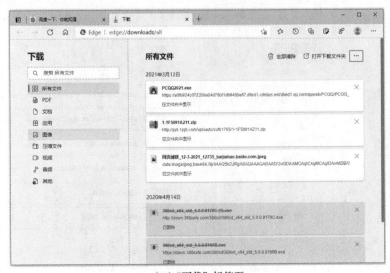

（a）下载提示框　　　　　　　　　　　　　　　　（b）"下载"标签页

图 6-15　文件下载

5. 历史记录的使用

浏览器会自动将浏览过的网页地址按日期先后保留在历史记录中，以备查用。灵活利用历史记录可以提高浏览效率。可以设置历史记录保留期限（天数），如果磁盘空间充裕，保留天数可以多一些，否则可以少一些。用户也可以随时删除历史记录。

（1）浏览"历史记录"的操作步骤如下。

① 单击功能栏上的"历史记录"按钮 ⟲ ，显示一个浮动面板，其中包含 Microsoft Edge 浏览器浏览网页的历史记录，如图 6-16 所示。顶部有个搜索按钮，支持输入关键字，在"历史记录"中搜索，找到所需的历史记录。"历史记录"分为 3 类："全部""最近关闭""来自其他设备的标签页"。单击浮动面板上的访问过的网页记录，可以打开对应网页进行浏览。

② 单击"历史记录"浮动面板右侧的"更多选项"按钮，弹出下拉列表框。

③ 选择"管理历史记录"命令，打开"历史记录"标签页，如图 6-17 所示。左侧窗格包括"全部""今天""昨天""上周""更早""最近关闭""来自其他设备的标签页"等导航标签。右侧窗格显示对应的历史记录，单击记录即可访问对应网页。

图 6-16 "历史记录"浮动面板

图 6-17 "历史记录"标签页

（2）历史记录的设置和删除。设置历史记录保存天数和删除历史记录的操作步骤如下。

① 在"任务栏"上的搜索框中输入"Internet 选项"，会找到最佳匹配项，单击搜索结果，打开"Internet 属性"对话框，如图 6-18 所示。或者选择"开始"菜单→"设置"命令，打开"设置"窗口，输入"Internet 选项"搜索。还可以通过"控制面板"窗口查找打开。

图 6-18　"Internet 属性"对话框

② 在"常规"标签页下，单击"浏览历史记录"组→"设置"按钮，打开"网站数据设置"对话框，切换到"历史记录"标签页，如图 6-19 所示，在右侧输入天数，系统默认为 20 天。

③ 如果要删除所有的历史记录，在"Internet 属性"对话框中单击"删除"按钮，弹出"删除浏览历史记录"对话框，如图 6-20 所示，在其中选择要删除的内容，如果选中"历史记录"复选框，就可以清除所有的历史记录。

或者在"历史记录"标签页中单击单条记录右侧的"删除"按钮，可删除此条历史记录，选中多条历史记录时，单击浮出的"删除"按钮，可以批量删除历史记录。

6. 收藏夹的使用

在 Microsoft Edge 浏览器中，可以把经常浏览的网页保存到收藏夹中。

（1）将 Web 页地址添加到收藏夹中。通过"将此页面添加到收藏夹"按钮可添加收藏 Web 页地址，具体操作步骤如下。

① 进入要收藏的网页或网站，单击"将此页面添加到收藏夹"按钮 ☆，在打开的图 6-21 所示的"已添加到收藏夹"浮动面板上输入要保存的名称，选择文件夹。

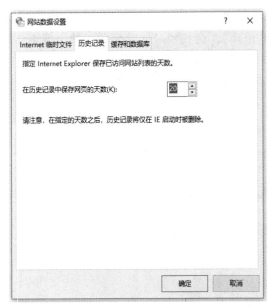

图 6-19 "网站数据设置"对话框

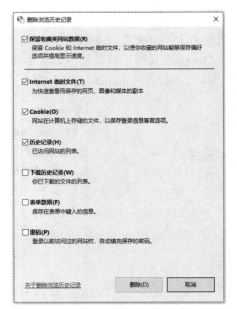

图 6-20 "删除浏览历史记录"对话框

② 单击"完成"按钮，即添加成功。

如果想新建一个收藏文件夹，则可单击"收藏夹"按钮 <img>，打开"收藏夹"浮动面板，单击面板上的"添加文件夹"按钮，面板下方立即出现新的文件夹，且默认的"新建文件夹"名称处在可编辑状态，如图 6-22 所示，输入文件夹的名称，按<Enter>键即可。

图 6-21 "已添加到收藏夹"浮动面板

图 6-22 创建文件夹

通过拖动法添加收藏 Web 页地址，具体操作步骤如下。

① 进入要收藏的网页或网站，单击"收藏夹"按钮 <img>，显示"收藏夹"浮动面板，单击面板上的"更多选项"按钮 …，弹出下拉列表框，选择"显示收藏夹栏"命令，如图 6-23 所示。

② 在出现的"显示收藏夹栏"浮动窗口中选中"始终"单选项，如图 6-24 所示，单击"完成"按钮。在"功能栏"下方出现"收藏夹栏"。

③ 拖动地址栏中网页地址前的 <img> 图标至收藏夹栏中，在选好出现的黑线停放的位置后松开即可。

（2）使用收藏夹中的地址。单击 Microsoft Edge 窗口功能栏上的"收藏夹"按钮 <img>，在打开的浮动面板中选择需要访问的网站，单击即可打开对应网页。

图 6-23 "收藏夹"浮动面板

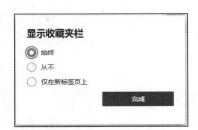

图 6-24 "显示收藏夹栏"浮动面板

（3）整理收藏夹。单击"收藏夹"按钮 ，显示"收藏夹"浮动面板，单击面板上的"更多选项"按钮 …，在弹出下拉列表框中，选择"管理收藏夹"命令，打开"收藏夹"标签页，如图 6-25 所示。在其中可以执行"搜索收藏夹""显示收藏夹栏""添加收藏夹""添加文件夹""按名称排序"等操作。用鼠标右键单击某个文件夹或网址名称，在弹出的快捷菜单中选择"编辑""复制链接""删除"等命令，即可对收藏夹进行整理；还可以使用拖曳的方式移动文件夹或网址的位置，从而改变收藏夹的组织结构。

图 6-25 "收藏夹"标签页

7. 集锦的使用

Microsoft Edge 浏览器的集锦功能类似于浏览器的收藏夹，但是功能相对于收藏夹更加丰富，因为集锦不仅可以收藏网页，还可以收藏图片、便签等。

（1）创建集锦。

单击 Microsoft Edge 浏览器窗口功能栏上的"集锦"按钮  或者单击"设置及其他"按钮 …，在下拉列表框中选择"集锦"命令，打开"集锦"窗格，单击"启动新集锦"，显示新建集锦窗格，集锦名称处于可编辑状态，如图 6-26 所示。输入新集锦的名称，按<Enter>键。

图 6-26　新建集锦

（2）向集锦中添加内容。

打开需要收藏的网页，单击"集锦"按钮 ，打开"集锦"窗格。单击窗格中的"添加当前页面"按钮，可以将当前网页网址收藏到新集锦中。或者在网页空白处单击鼠标右键，在弹出的快捷菜单中选择"将页面添加到集锦"命令，在出现的级联菜单中单击集锦名称或者选择"启动新集锦"命令。

单击"添加注释"按钮，打开"便签"窗格，如图 6-27 所示。输入便签内容，设置字体格式、便签背景颜色，单击"保存"按钮，即可向集锦中添加便签。

用鼠标右键单击要收藏的图片，在弹出的快捷菜单中选择"添加到集锦"命令，在出现的级联菜单中单击集锦名称或者选择"启动新集锦"命令，即可向集锦中添加图片。

图 6-27　"便签"窗格

（3）整理集锦。

"集锦"窗格中会显示已创建的集锦名称，将鼠标指针移动到某个集锦名称上，会出现加号和选择框，如图 6-28 所示。单击加号，可以将当前网页添加到该集锦中；单击选择框，会出现"删除"按钮，单击"删除"按钮，可将该集锦和集锦中收藏的内容全部删除。

图 6-28　"集锦"窗格

单击某个集锦，打开该集锦窗格，在其中可以向当前集锦添加当前网页，如图 6-29 所示。若当前已登录 Microsoft Edge 浏览器，单击"共享及更多"按钮，可以将集锦共享到其他应用上，实现跨设备查看。可以对集锦中的内容按时间和按名称进行排序，可以打开所有收藏内容。

单击集锦中收藏的网址或图片，可以打开对应链接。用鼠标右键单击某个收藏记录，可以选择"编辑""复制""复制链接""删除""添加注释"等命令以执行对应操作，如图 6-30 所示。可以批量删除集锦中收藏的内容。

图 6-29　创建的集锦窗格

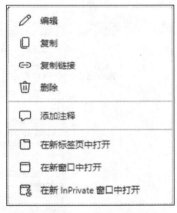

图 6-30　集锦中的网址弹出菜单

6.3.3　搜索引擎

搜索信息最常用的方法是利用搜索引擎，根据关键词来搜索需要的信息。常用的搜索引擎有百度、搜狗等。这里以百度为例，介绍一些最简单的信息检索方法，以提高信息检索效率。

具体操作步骤如下。

① 在浏览器的地址栏中输入"www.baidu.com"，打开百度搜索引擎的页面。在搜索文本框中输入关键词（如"计算机设计大赛"），如图 6-31 所示。

② 单击文本框后面的"百度一下"按钮，开始搜索。最后在网页浏览窗口显示搜索结果，如图 6-32 所示。

搜索结果页面中列出了所有包含关键词的网页地址，单击某一项可以转到相应网页查看相关内容。另外，从图 6-32 可以看到，关键词文本框下方除了默认选中的"网页"超链接标签外，还有"资讯""视频""图片""知道"等超链接标签。在搜索时，选择不同的标签就可以针对不同的目标进行搜索，从而提高搜索的效率。

图 6-31　输入搜索关键词

图 6-32　搜索结果页面

6.3.4　文件传输服务

文件传输服务又称 FTP 服务，是 Internet 提供的基本服务之一，用于将一台计算机上的文件传输到另一台计算机上。

FTP 服务是基于 TCP 的连接，采用 C/S 工作方式，端口号为 21。用户在使用普通 FTP 服务时，必须建立与远程计算机之间的连接。为了实现 FTP 连接，需要拥有该主机的 IP 地址（主机域名）、账号、密码，连接到主机后，一般要登录，在检验用户名和口令后，连接才得以建立。

FTP 服务最大的特点是用户可以使用 Internet 上众多的、不需要专门的用户名和口令就可访问的匿名 FTP 服务器，这些服务器允许用户以 anonymous 作为用户名，以自己的电子邮件地址作为口令匿名登录 FTP 服务器，从而实现文件传输。如果是通过浏览器访问 FTP 服务器，则用户不用登录，就可访问提供给匿名用户的目录和文件。

FTP 服务可以实现文件传输的如下两种功能。

下载（download）：从远程主机向本地主机复制文件。

上传（upload）：从本地主机向远程主机复制文件。

匿名服务器的标准目录为 pub，用户通常可以访问该目录下所有子目录中的文件。考虑到安全问题，大多数匿名服务器不允许用户上传文件。

下面介绍如何在 FTP 站点上浏览和下载文件。

浏览器还有一个功能，就是可以以 Web 方式访问 FTP 站点，如果访问的是匿名 FTP 站点，则浏览器可以自动匿名登录。

当登录一个 FTP 站点时，需要打开 IE 浏览器，在地址栏输入 FTP 站点的 URL。需要注意的是，因为要浏览的是 FTP 站点，所以 URL 的协议部分应该输入 "ftp"。例如，一个完整的 FTP 站点的 URL 为：ftp://ftp.sjtu.edu.cn/。这是上海交通大学的 FTP 站点的 URL。

使用 IE 浏览器访问 FTP 站点并下载文件的操作步骤如下。

① 在 IE 浏览器的地址栏中输入要访问的 FTP 站点地址，按<Enter>键。

② 如果该站点不是匿名站点，则 IE 浏览器会提示输入用户名和密码，然后登录；如果该站点是匿名站点，则 IE 浏览器会自动匿名登录。登录成功后的界面如图 6-33 所示。

图 6-33　使用 IE 浏览器访问 FTP 站点

FTP 站点上的资源以链接的方式呈现，可以单击链接进行浏览。需要下载某一个文件时，在链接上单击鼠标右键，在弹出的快捷菜单中选择 "目标另存为" 命令，即可将文件下载到本地计算机上。

另外，也可以在"Windows 文件资源管理器"的地址栏输入 FTP 站点的地址，按<Enter>键访问该站点。

6.3.5 电子邮件服务

1. 电子邮件概述

电子邮件（E-mail）是 Internet 上使用得非常广泛的一种服务。用户根据需要可以在网页上收发电子邮件，也可以使用专门的软件——Outlook 2016 收发电子邮件。

电子邮件在 Internet 上发送和接收的原理可以形象地用我们日常生活中的邮寄包裹来形容。要使用电子邮件进行信息交流，要先申请一个电子邮箱，每一个电子邮箱应有一个唯一可识别的电子邮件地址。电子邮箱是由提供电子邮件服务的机构为用户建立的。任何人都可以将电子邮件发送到某个电子邮箱中，但是只有电子邮箱的拥有者输入正确的用户名和密码登录后，才能查看电子邮件的内容。电子邮件不仅可以传送文本，还可以传送声音、视频等多种类型的文件。

（1）电子邮件地址的格式。电子邮件地址的格式是：<用户标识> @ <主机域名>。

电子邮件地址由用户标识（如姓名或缩写）、字符"@"和电子邮箱所在计算机的域名 3 部分组成，地址中间不能有空格或逗号。例如，abc123@163.com 就是一个合法的电子邮件地址。

电子邮件首先被送到收件人的邮件服务器，存放在收信人的电子邮箱里。在 Internet 上收发电子邮件不受地域和时间的限制，双方的计算机并不需要同时打开。

（2）电子邮件的格式。电子邮件包括两个基本部分：信头和信体。信头相当于信封，信体相当于信件内容。

信头通常包括以下几项。

收件人：收件人的电子邮件地址。多个收件人地址用逗号","隔开。

抄送：表示同时可接收此电子邮件的其他收件人的电子邮件地址。

主题：邮件的标题，用于概括地描述信件的内容，可以是一句话或一个词。

信体是指收件人可以看到的正文内容，有时还可以包含附件。

（3）申请一个电子邮件地址。一般大型网站，如新浪、搜狐、网易等都提供免费电子邮箱，可以到相应网站申请。此外，腾讯 QQ 用户不需要申请，即可拥有以 QQ 号为名称的电子邮箱。

这里举例说明如何在网易网页中申请一个免费的电子邮箱，操作步骤如下。

① 在浏览器中输入网易邮箱的网址"mail.163.com"，按<Enter>键，打开"网易邮箱"网站首页，选择其中的"注册网易邮箱"命令。

② 打开注册网页，如图 6-34 所示，根据提示输入电子邮件地址、密码和手机号码等信息，根据提示发送短信，选中"同意《服务条款》《隐私政策》和《儿童隐私政策》"复选框，单击"立即注册"按钮，打开的网页中将提示注册成功。

2. 使用 Outlook 2016 收发电子邮件

目前电子邮件客户端软件很多，如 Foxmail、金山邮件、Outlook 等都是常用的收发电子邮件的客户端软件。虽然各软件的界面不同，但其操作方式基本都是类似的。下面以 Microsoft

图 6-34 输入申请电子邮箱的注册信息

Outlook 2016 为例，介绍电子邮件的撰写、收发、阅读、回复和转发等操作。

在 Outlook 2016 中配置一个电子邮箱，然后使用该邮箱发送和接收电子邮件。

（1）账号的设置

具体操作步骤如下。

① 通过浏览器登录邮箱，在设置里授权第三方登录邮箱。以 QQ 邮箱为例，输入网址 "mail.qq.com"，按<Enter>键，打开"QQ 邮箱"网站首页，输入账号和密码，单击 "登录"按钮。（如果当前计算机已登录 QQ 软件，可以通过单击首页上的 QQ 头像图标或者 QQ 软件上的邮箱图标完成登录，也可以打开手机 QQ 软件扫码登录）。登录邮箱后，选择页面上的"设置"命令，切换到"账户"区域，在"POP3/IMAP/SMTP/Exchange/CardDAV/CalDAV 服务"区域选择"开启"命令，根据提示发送短信，如图 6-35 所示。

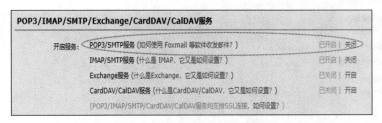

图 6-35　第三方登录邮箱授权设置

② 选择"开始"菜单→"Outlook 2016"命令，启动 Microsoft Outlook 2016 软件。如果是第一次启动，将打开账户配置向导对话框，如图 6-36 所示，单击"下一步"按钮。

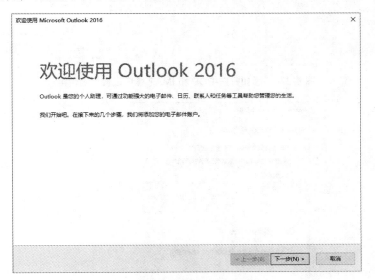

图 6-36　账户配置向导对话框

③ 打开的"添加电子邮件账户"对话框中提示是否配置电子邮箱，选中"是"单选项，单击"下一步"按钮。

④ 打开"添加账户-自动账户设置"对话框，选中"手动设置或其他服务器类型"单选项，单击"下一步"按钮。

⑤ 在打开的"添加账户-选择服务"对话框中选中"POP 或 IMAP(P)"单选项，单击"下一步"按钮。

⑥ 在打开的"添加账户-POP 和 IMAP 账户设置"对话框中按要求输入用户姓名、电子邮件地址、接收邮件和发送邮件服务器地址、授权密码等信息，如图 6-37 所示。

⑦ 单击"其他设置"按钮，打开"Internet 电子邮件设置"对话框，切换到"发送服务器"页面，选中"使用与接收邮件服务器相同的设置"单选项，如图 6-38 所示，单击"确定"按钮，返回到上一对话框，单击"下一步"按钮。

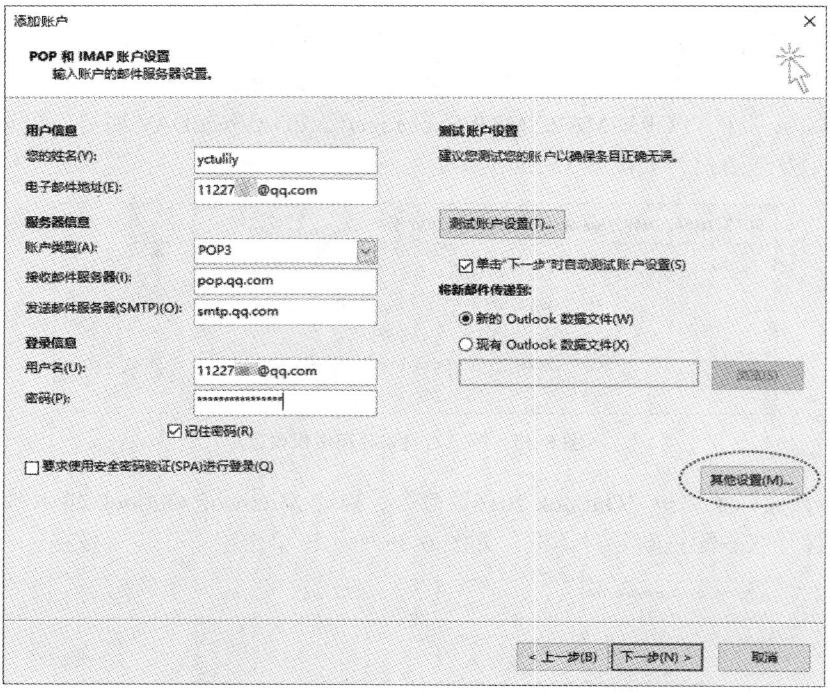

图 6-37 "添加账户-POP 和 IMAP 账户设置"对话框

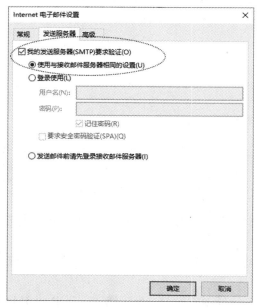

图 6-38 "Internet 电子邮件设置"对话框

⑧ Outlook 2016 自动连接用户的电子邮箱服务器配置账户，稍候将打开提示对话框提示配置成功，如图 6-39 所示。单击"完成"按钮结束账号的设置，并打开 Outlook 2016 窗口，如图 6-40 所示。

图 6-39 账户配置成功提示对话框

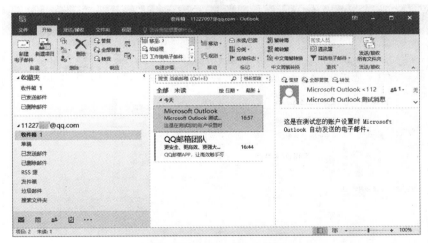

图 6-40 Outlook 2016 窗口

如果需要添加新的账户，则在打开的 Outlook 2016 窗口中，选择"文件"选项卡→"信息"命令，进入"账户信息"窗口，如图 6-41 所示。单击"添加账户"按钮，在打开的"添加新账户"对话框中进行设置即可。

（2）发送邮件（撰写内容、抄送和添加附件）

具体操作步骤如下。

① 启动 Outlook 2016，选择"开始"选项卡→"新建"命令组→"新建电子邮件"命令，打开新建（发送）邮件窗口。

图 6-41　添加新账户设置

② 在"收件人"和"抄送"文本框中输入接收邮件的用户的电子邮件地址，在"主题"文本框中输入邮件的标题。在下方的正文内容文本框中输入相关信息。

③ 如果需要添加附件，则选择"邮件"选项卡→"添加"命令组→"附加文件"命令。若文件在"最近使用的项目"列表中，则直接单击需要添加的文件即可。如果不在列表中，则单击"浏览此电脑"，在打开的"插入文件"对话框中选择附件文件，单击"打开"按钮，将附件文件添加到发送邮件窗口中，如图 6-42 所示。

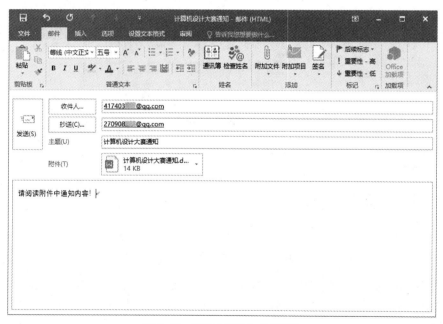

图 6-42　新建（发送）邮件窗口

④ 单击"发送"按钮，将邮件内容和附件一起发送给收件人和抄送人。

如果已经将收件人邮箱添加到"联系人"，则可以单击"收件人"按钮，弹出"选择姓名:联系人"窗口，在窗口中单击联系人姓名，将其快速设置为"收件人""抄送""密件抄送"等。可以像编辑 Word 文档一样设置邮件正文内容的字体、字号、颜色等。

（3）接收和阅读邮件（保存附件）

具体操作步骤如下。

① 启动 Outlook 2016。如果要查看是否有新的电子邮件，选择"发送/接收"选项卡→"发送/接收所有文件夹"命令。此时，出现发送和接收邮件的对话框，下载完邮件后，就可以阅读查看了。

② 单击 Outlook 2016 窗口左侧的"收件箱"，窗口显示如图 6-43 所示，左部为文件夹窗格，中部为邮件列表区，右部是邮件预览区。若在中部的列表区选择一个邮件并单击，则可在右部的预览区查看邮件的内容。

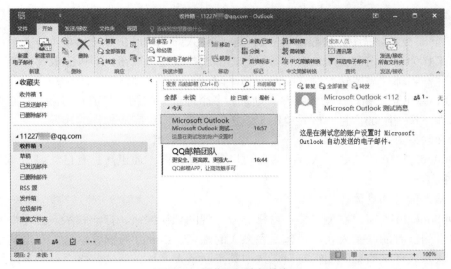

图 6-43　接收和阅读邮件窗口

如果要简单地浏览某个邮件，单击邮件列表区的某个邮件即可。如果要详细阅读或对邮件进行各种操作，可以双击该邮件将其打开。阅读完邮件后，可以直接单击窗口中的"关闭"按钮，结束该邮件的阅读。

如果邮件中含有附件，则在邮件图标下方会列出附件的名称，需要查看附件内容时，可单击附件名称，在 Outlook 2016 中预览附件。对于某些不是文档的附件，无法在 Outlook 2016 中预览，可以双击该附件将其打开。

如果要保存附件到另外的文件夹中，可用鼠标右键单击附件名称，在弹出的图 6-44 所示的快捷菜单中选择"另存为"命令，在打开的"保存附件"窗口中指定保存路径，单击"保存"按钮。

图 6-44　选择"另存为"命令

（4）回复或转发邮件

回复与转发邮件，可以在阅读邮件窗口中选择"邮件"选项卡→"响应"命令组下的相关命令来完成，如图 6-45 所示；也可以在 Outlook 2016 窗口右侧预览区选择上方的"答复""全部答复""转发"命令来完成。

图 6-45 "邮件"选项卡→"响应"命令组

当阅读完一封邮件需要回复时，在阅读邮件窗口中选择"邮件"选项卡→"响应"命令组→"答复"或"全部答复"命令，会显示答复窗口，收件人的地址已由系统自动填好，原信件的内容也都显示出来作为引用内容。回信内容写好后，单击"发送"按钮，即可完成邮件的回复。

当阅读完一封邮件需要转发时，在阅读邮件窗口中选择"邮件"选项卡→"响应"命令组→"转发"命令，弹出转发窗口，输入收件人地址，多个地址之间用逗号或分号隔开；必要时，可在待转发的邮件下撰写附加信息；最后单击"发送"按钮，即可完成邮件的转发。

（5）管理联系人

利用 Outlook 2016 的"联系人"列表，可以建立通讯簿，通讯簿具有自动填写邮箱地址、电话拨号等功能。

添加联系人信息的具体操作如下。

单击 Outlook 2016 窗口左侧文件夹窗格下方的视图切换按钮，打开联系人管理视图。可以在这个视图中看到已有的联系人名片，包括联系人的姓名、E-mail 等摘要信息。双击某个联系人，可以打开该联系人详细信息的编辑窗口。选中某个联系人名片，阅读窗格会显示该联系人的相关信息，在阅读窗格上单击"发送电子邮件"按钮，可以给该联系人编写并发送邮件。

选择"开始"选项卡→"新建"命令组→"新建项目"→"联系人"命令，打开联系人资料填写窗口，联系人资料包括姓氏、名字、单位、电子邮件、电话号码、地址及头像等；将联系人的各项信息输入相应文本框中，并单击"保存并关闭"按钮，即可添加联系人信息。

6.4 网络安全与防范

6.4.1 网络安全概述

21 世纪是信息时代，信息作为一种无形的物质资源，其重要性日益显著。信息系统对各种信息进行高速海量的采集、存储、处理和交换，替代传统低效的人工处理，被广泛应用于政治、军事、经济、科研、生活等各个领域。Internet 的飞速发展和普及，更加促进了网络信息的应用与发展。网络信息遍布国家安全、企业经营和人们日常生活的方方面面，因此需要更加安全的网络来保障信息的安全。

网络安全指计算机网络安全，也称为计算机通信网络安全，指网络系统的硬件、软件、数据不因偶然的或者恶意的事件而遭受破坏、更改、泄露，系统连续、可靠、正常地运行，网络服务不中断。计算机网络的根本目的是实现资源共享和数据传输，那么计算机网络安全就需要首先保证网络的硬件、软件能正常运行，保障计算机中数据的完整性、可用性、可控性和不可替代性。

然后要保证数据信息交换的安全性，即网络传输要安全。

计算机网络的通信面临的威胁有以下常见形式。

（1）截获，指攻击者从网络上窃听他人的通信内容。攻击者只是观察和分析窃听的内容，而不修改通信内容。

（2）篡改，指攻击者故意篡改网络上传送的报文，包括彻底中断报文的传送，甚至把完全伪造的报文传送给接收方。

（3）恶意程序，恶意程序种类繁多，其中对网络安全威胁较大的有计算机病毒、计算机蠕虫、逻辑炸弹等。

（4）拒绝服务（Denial of Service，DoS），指攻击者向互联网上的某个服务器不停地发送大量分组，使该服务器无法提供正常服务，甚至完全瘫痪。

6.4.2　网络安全机制

为了提供安全服务，网络需要网络安全机制的支持。下面介绍几种常见的网络安全机制。

（1）数据加密

为了在计算机网络通信即使被窃听的情况下，也能保证数据的安全，需要对传输的数据进行加密。通过加密算法对原始数据进行变换，得到隐藏的数据信息的过程称为加密。相应的加密过程的逆过程，称为解密。

（2）数字签名

数字签名是由信息发送者生成的一段数字串，别人无法伪造。通过数字签名，信息接收者不但能够确认信息是由发送者发送的，而且也能够确认所收到的信息和发送者发送的完全一样，即没有被篡改过。

（3）身份鉴别与访问控制

身份鉴别是指在计算机及计算机网络系统中确认某人或某物（消息、文件、主机等）的真实身份与其所声称的身份是否相符的过程，也称为身份认证。身份鉴别的目的是防止欺诈和攻击。

身份鉴别是访问控制的基础。对资源的访问需要进行有序的控制，这是身份鉴别之后根据不同身份进行授权的。访问控制的任务是对系统内的资源规定各个用户对它的操作权限。访问控制是从计算机系统的处理能力方面对信息提供保护。

6.4.3　个人网络安全性措施

作为普通网络用户，要想避免网络安全事件带来的损失，就要提高网络安全意识，了解网络安全防范措施，做到防范心中有数，确保计算机网络安全并有效地运行。

（1）系统访问控制

系统访问控制是通过某种途径准许或限制访问能力，从而控制对资源的访问，以防止非法用户的入侵或合法用户的不慎操作造成的破坏。常用的方法是设置合法的用户名和口令。口令充当了认证用户身份的机制，不同账户要用不同的口令。设置口令时尽量选择综合性口令，即用字母、数字和特殊字符混合构成，这样的口令不易被破解。此外，用户应该定期更改自己的口令，这样会降低口令被盗的概率。用户名和口令不要借给他人使用，避免不必要的麻烦。

（2）用备份和镜像技术提高数据的完整性

在其他安全的地方备份文件副本，一旦发生硬件故障导致数据丢失时，用户可启用备份数据。镜像指两个部件执行完全相同的工作，当其中一个发生故障时，另一个仍可以继续工作。备份和镜像技术通过提高系统可靠性来提高系统的安全性。

（3）定期查杀病毒

安装杀毒软件，配置病毒查杀功能，全面监控系统，保证病毒库的不断更新。对外接 U 盘、电子邮件、下载等操作中的程序和文档进行安全病毒查杀，安全后才进行访问。

（4）安装系统更新的安全程序

及时安装系统的各种安全更新程序。

（5）开启防火墙

安装防火墙，配置防火墙的防护功能。防火墙安装在内部网络和外部网络之间，目的是实施访问控制策略，禁止不必要的通信，减少潜在入侵的发生，尽可能降低这类安全威胁带来的安全风险。

Windows 安全中心可以持续扫描恶意软件、病毒和安全威胁，还可以自动下载系统更新的安全程序，以帮助保护设备的安全，使其免受威胁。选择"开始"菜单→"Windows 安全中心"命令（或者单击任务栏通知区域中的"Windows 安全中心"图标），打开"Windows 安全中心"窗口，如图 6-46 所示。

图 6-46 "Windows 安全中心"窗口

病毒和威胁防护：帮助用户扫描设备上的威胁，运行不同的扫描，查看之前病毒和威胁扫描结构，也会显示第三方防病毒软件的运行状态。

账户保护：访问登录选项和账户设置，包括 Windows Hello 和动态锁屏。

防火墙和网络保护：管理防火墙设置，并监控网络和 Internet 连接的状况。

应用和浏览器控制：提供 Windows Defender SmartScreen 和隔离浏览器设置。SmartScreen 筛选器保护设备免受恶意网站和下载的危害。Windows Defender 应用程序防护在隔离的浏览环境中打开 Microsoft Edge，更好地保护设备和数据，使其免受恶意软件的侵害。

设备安全性：查看有助于保护设备免受恶意软件攻击的内置安全选项。内核隔离是基于虚拟化的安全性，可保护设备的核心部分。

设备性能和运行状况：查看有关设备性能和运行状况的状态信息，维持设备干净并更新至最新版本的 Windows 10。

家庭选项：获得家庭数字生活所需的功能，可以设置孩子使用 Microsoft Edge 浏览器浏览网页时可以访问的网站、设置其使用设备的时间和时长、跟踪孩子的数字生活等。

练习题 6

【操作题】

Internet 操作题 1。

运行 Internet Explorer（或其他浏览器），并完成下面的操作：打开某网页浏览并将该页面的内容以及文本文件的格式保存到 EX6 文件夹下，命名为"study1.txt"。

Internet 操作题 2。

运行 Internet Explorer（或其他浏览器），并完成下面的操作。

打开某网页 NBA 图片，选择喜欢的图片保存到 EX6 文件夹下，并命名为"NBA.jpg"。

Internet 操作题 3。

使用 Internet Explorer（或其他浏览器），在百度搜索引擎（网址为 http://www.baidu.com）中搜索含有单词"basketball"的页面，将搜索到的第一个网页的内容保存到 EX6 文件夹下，并命名为"SS.htm"。

Internet 操作题 4。

运行 Internet Explorer（或其他浏览器），并完成下面的操作。

整理 IE 收藏夹，在 IE 收藏夹中新建"学习相关""娱乐相关""下载相关"3 个文件夹。

Internet 操作题 5。

向部门经理张明发送一封电子邮件，并将 EX6 文件夹下的一个 Word 文档"Gzjh.docx"作为附件一起发送，同时抄送给总经理刘斌。主要内容如下。

收件人：Zhangming@mail.pchome.com.cn

抄送：Liubin@mail.pchome.com.cn

主题：工作计划。

函件内容："发送全年工作计划草案，请审阅。具体见附件。"

Internet 操作题 6。

接收并阅读由 rock@cuc.edu.cn 发来的电子邮件，将随信发来的附件"spalt.docx"下载并保存到 EX6 文件夹下。立即回复邮件，回复内容为"您需要的资料已用快递寄出。"，并将 EX6 文件夹下的一个资料清单文件"spabc.xlsx"作为附件一起发送。

【选择题】

（1）计算机网络的目标是实现（　　）。

    A．数据处理   B．文献检索

    C．资源共享和信息传输   D．信息传输

（2）广域网中采用的交换技术大多是（　　）。

    A．分组交换   B．自定义交换   C．报文交换   D．电路交换

（3）计算机网络分为局域网、城域网和广域网，下列属于局域网的是（　　）。

    A．ChinaDDN   B．Novell   C．CHINANET   D．Internet

（4）以下有关光纤通信的说法中，错误的是（　　）。

    A．光纤通信具有通信容量大、保密性强和传输距离长等优点

    B．光纤通信常用波分多路复用技术提高通信容量

    C．光纤通信是利用光导纤维传导光信号来进行通信的

    D．光纤线路的损耗大，所以每隔1～2km就需要使用中继器

（5）调制解调器的作用是（　　）。

    A．将数字脉冲信号转换成模拟信号   B．将模拟信号转换成数字脉冲信号

    C．将数字脉冲信号和模拟信号互相转换   D．使上网与打电话不冲突

（6）计算机网络中常用的传输介质中传输速率最快的是（　　）。

    A．光纤   B．电话线   C．同轴电缆   D．双绞线

（7）若某一用户要拨号上网，不需要的是（　　）。

    A．一个上网账号   B．一条电话线   C．一个路由器   D．一个调制解调器

（8）下列说法中不正确的是（　　）。

    A．调制解调器是局域网设备   B．集线器是局域网设备

    C．网卡是局域网设备   D．中继器是局域网设备

（9）下列不属于网络拓扑结构形式的是（　　）。

    A．星型   B．分支   C．总线型   D．环型

（10）按照网络的拓扑结构划分，以太网（Ethernet）属于（　　）。

    A．星型网络拓扑结构   B．环型网络拓扑结构

    C．树型网络拓扑结构   D．总线型网络拓扑结构

（11）一台微型计算机要与局域网连接，成为该网的一个节点，必须安装的硬件是（　　）。

    A．网卡   B．交换机   C．中继器   D．集线器

（12）主要用于实现两个不同网络互联的设备是（　　）。

    A．集线器   B．调制解调器   C．路由器   D．转发器

（13）无线网络最突出的优点是（　　）。

    A．共享文件和收发电子邮件   B．提供随时随地的网络服务

    C．文献检索和网上聊天   D．资源共享和快速传输信息

（14）下列度量单位中，可以用来度量计算机网络数据传输速率（比特率）的是（　　）。

    A．MB/s   B．MIPS   C．GHz   D．Mbit/s

（15）英文缩写ISP指的是（　　）。

    A．电子邮局   B．电信局

    C．Internet服务提供商   D．供他人浏览的网页

（16）Internet实现了将分布在世界各地的各类网络互联，其核心协议组是（　　）。

    A．HTTP   B．TCP/IP   C．HTML   D．FTP

（17）TCP的主要功能是（　　）。

    A．对数据进行分组   B．确保数据的可靠传输

    C．确定数据传输路径   D．提高数据传输速率

（18）关于Internet防火墙，下列叙述中错误的是（　　）。

    A．防止外界入侵单位内部网络   B．可以使用过滤技术在网络层选择数据

C．可以阻止来自内部的威胁与攻击　　　D．为单位内部网络提供安全边界

（19）接入 Internet 的每一台主机都有一个唯一的可识别地址，称作（　　　）。

A．URL　　　　　　B．TCP 地址　　　　C．IP 地址　　　　D．域名

（20）下列各项中，非法的 Internet 的 IP 地址是（　　　）。

A．202.96.12.14　　B．202.196.72.140　　C．112.256.23.8　　D．201.125.38.79

（21）Internet 中，用于实现域名和 IP 地址转换的是（　　　）。

A．SMTP　　　　　B．FTP　　　　　　C．HTTP　　　　　D．DNS

（22）在 Internet 上浏览时，浏览器和 Web 服务器之间的传输使用的协议是（　　　）。

A．SMTP　　　　　B．IP　　　　　　C．FTP　　　　　　D．HTTP

（23）根据域名代码的规定，域名 www.gov.cn 表示（　　　）。

A．文献检索　　　　B．政府机关　　　　C．军事部门　　　　D．教育机构

（24）域名 MH.BIT.EDU.CN 中的主机名是（　　　）。

A．CN　　　　　　B．BIT　　　　　　C．EDU　　　　　　D．MH

（25）FTP 是 Internet 中（　　　）。

A．用于文件传输的一种服务　　　　B．浏览网页的工具

C．一种聊天工具　　　　　　　　　D．发送电子邮件的软件

（26）在 Internet 上，一台计算机可以作为另一台主机的远程终端，使用该主机的资源，该项服务称为（　　　）。

A．Telenet　　　　B．BBS　　　　　　C．FTP　　　　　　D．WWW

（27）假设邮件服务器的地址是 email.bj163.con，则正确的电子邮件地址的格式是（　　　）。

A．用户名#email.bj163.com　　　　B．用户名@email.bj163.com

C．用户名.email.bj163.com　　　　D．用户名$email.bj163.com

（28）下列关于电子邮件的叙述中，正确的是（　　　）。

A．收件人的计算机没有打开时，发件人发来的电子邮件将丢失

B．收件人的计算机没有打开时，发件人发来的电子邮件将被退回

C．收件人的计算机没有打开时，收件人的计算机打开时再重发电子邮件

D．发件人发来的电子邮件保存在收件人的电子邮箱中，收件人可随时接收

（29）下面电子邮件地址写法正确的是（　　　）。

A．nu.edu.cn#yiqi　　　　　　　B．yiqi@163com

C．yiqi@nottingham.ac.cn　　　　D．yiqi#nu.edu.dn

（30）下列关于电子邮件的说法，错误的是（　　　）。

A．发送电子邮件需要电子邮箱软件支持　B．发件人必须有自己的电子邮箱账号

C．必须知道收件人的电子邮件地址　　　D．收件人必须有自己的邮政编码

选择题答案

（1～10）CABDC　ACABD　　　　　（11～20）ACBDC　BBCCC

（21～30）DDBDA　ABDCD

参 考 文 献

［1］教育部考试中心. 计算机基础及 MS Office 应用（2021 版）［M］. 北京：高等教育出版社，2020.

［2］刘志成，石坤泉. 大学计算机基础（基于 Windows 10+Office 2016）［M］. 3 版. 北京：人民邮电出版社，2020.

［3］李宏，罗在文. 计算机应用基础（Windows 10+Office 2016）［M］. 上海：上海交通大学出版社，2020.

［4］甘勇，尚展垒，王伟，王爱菊. 大学计算机基础（Windows 10+Office 2016）［M］. 4 版. 北京：人民邮电出版社，2020.

［5］阳晓霞，谭卫. 计算机应用基础（Windows 10+Office 2016）［M］. 北京：中国水利水电出版社，2020.

［6］夏鸿斌. 新编计算机文化基础［M］. 2 版. 北京：人民邮电出版社，2020.

［7］林永兴. 大学计算机基础——Office 2016［M］. 北京：电子工业出版社，2020.

［8］梁娟. 计算机应用基础项目化教程（Windows 10+Office 2016）［M］. 上海：同济大学出版社，2020.

［9］徐丽. 计算机应用基础项目化教程（Windows 10+Office 2016）［M］. 北京：北京邮电大学出版社，2020.

［10］刘卉，张研研. 大学计算机应用基础教程（Windows 10+Office 2016）［M］. 北京：清华大学出版社，2020.

［11］熊燕，杨宁. 大学计算机基础（Windows 10+Office 2016）（微课版）［M］. 北京：人民邮电出版社，2019.

［12］杨东慧，高璐. 大学计算机应用基础：Windows 10+Office 2016［M］. 上海：上海交通大学出版社，2018.